国家出版基金项目
绿色制造丛书
组织单位 | 中国机械工程学会

国家出版基金项目
NATIONAL PUBLICATION FOUNDATION

废弃电器电子产品绿色处置与资源化工程技术

符永高　胡嘉琦　邓梅玲　王鹏程　曹　诺　韩文生
杜　彬　李淑媛　邓　毅　于可利　陈　曦　编著

U0379952

机械工业出版社
CHINA MACHINE PRESS

我国是电器电子产品的制造大国，电冰箱、电视机、空调、手机等产品产量均居世界第一，同时我国又是电器电子产品的消费大国，人们享受到行业快速发展带来的巨大的生活质量提升与便利的同时，大量产生的电器电子产品废弃物也给生态环境带来巨大挑战。废弃电器电子产品具有资源性与污染性双重属性，绿色处置与资源化是实现电器电子产品全生命周期绿色制造的重要环节，对保护环境、节约资源，促进生态文明建设，实现碳达峰、碳中和具有重要意义。目前，国内废弃电器电子产品处置技术在成套装备效率、再资源化产品附加值、过程污染控制、规范化管理等方面仍存在一些不足，特别是在相关技术的工程化应用方面与国外存在一定差距。为此，作者基于多年的研究成果，针对废弃电器电子产品绿色处置与资源化的核心技术问题，结合国内外发展现状及日益严格的管理要求，对典型废弃电器电子产品的处置技术与设备、金属与非金属的资源化、有毒有害物质的处理、管理措施等进行了总结与提炼，提出了资源化新技术，给出了规模化运行的工程案例。本书适合废弃电器电子产品绿色处置与资源化技术相关的管理人员、研究人员、学生以及企业技术人员阅读。

图书在版编目（CIP）数据

废弃电器电子产品绿色处置与资源化工程技术/符永高等编著. —北京：机械工业出版社，2022.3

（绿色制造丛书）

国家出版基金项目

ISBN 978-7-111-64550-4

I. ①废… Ⅱ. ①符… Ⅲ. ①日用电气器具—废弃物—回收处理—中国 ②电子产品—废弃物—回收处理—中国 Ⅳ. ①X76

中国版本图书馆 CIP 数据核字（2022）第 024905 号

机械工业出版社（北京市百万庄大街 22 号　邮政编码 100037）
策划编辑：李 楠　　　　责任编辑：李 楠 张 丽 杨 璇
责任校对：潘 蕊 王明欣　责任印制：郑小光
北京宝昌彩色印刷有限公司印刷
2022 年 5 月第 1 版第 1 次印刷
169mm×239mm・16.25 印张・315 千字
标准书号：ISBN 978-7-111-64550-4
定价：78.00 元

电话服务　　　　　　　网络服务
客服电话：010-88361066　机 工 官 网：www.cmpbook.com
　　　　　010-88379833　机 工 官 博：weibo.com/cmp1952
　　　　　010-68326294　金 书 网：www.golden-book.com
封底无防伪标均为盗版　机工教育服务网：www.cmpedu.com

"绿色制造丛书" 编撰委员会

主 任
宋天虎　中国机械工程学会
刘　飞　重庆大学

副主任（排名不分先后）
陈学东　中国工程院院士，中国机械工业集团有限公司
单忠德　中国工程院院士，南京航空航天大学
李　奇　机械工业信息研究院，机械工业出版社
陈超志　中国机械工程学会
曹华军　重庆大学

委 员（排名不分先后）
李培根　中国工程院院士，华中科技大学
徐滨士　中国工程院院士，中国人民解放军陆军装甲兵学院
卢秉恒　中国工程院院士，西安交通大学
王玉明　中国工程院院士，清华大学
黄庆学　中国工程院院士，太原理工大学
段广洪　清华大学
刘光复　合肥工业大学
陆大明　中国机械工程学会
方　杰　中国机械工业联合会绿色制造分会
郭　锐　机械工业信息研究院，机械工业出版社
徐格宁　太原科技大学
向　东　北京科技大学
石　勇　机械工业信息研究院，机械工业出版社
王兆华　北京理工大学
左晓卫　中国机械工程学会
朱　胜　再制造技术国家重点实验室
刘志峰　合肥工业大学
朱庆华　上海交通大学
张洪潮　大连理工大学

李方义　山东大学
刘红旗　中机生产力促进中心
李聪波　重庆大学
邱　城　中机生产力促进中心
何　彦　重庆大学
宋守许　合肥工业大学
张超勇　华中科技大学
陈　铭　上海交通大学
姜　涛　工业和信息化部电子第五研究所
姚建华　浙江工业大学
袁松梅　北京航空航天大学
夏绪辉　武汉科技大学
顾新建　浙江大学
黄海鸿　合肥工业大学
符永高　中国电器科学研究院股份有限公司
范志超　合肥通用机械研究院有限公司
张　华　武汉科技大学
张钦红　上海交通大学
江志刚　武汉科技大学
李　涛　大连理工大学
王　蕾　武汉科技大学
邓业林　苏州大学
姚巨坤　再制造技术国家重点实验室
王禹林　南京理工大学
李洪丞　重庆邮电大学

"绿色制造丛书" 编撰委员会办公室

主　任

刘成忠　陈超志

成　员（排名不分先后）

王淑芹　曹　军　孙　翠　郑小光　罗晓琪　李　娜　罗丹青　张　强　赵范心
李　楠　郭英玲　权淑静　钟永刚　张　辉　金　程

制造是改善人类生活质量的重要途径，制造也创造了人类灿烂的物质文明。

也许在远古时代，人类从工具的制作中体会到生存的不易，生命和生活似乎注定就是要和劳作联系在一起的。工具的制作大概真正开启了人类的文明。但即便在农业时代，古代先贤也认识到在某些情况下要慎用工具，如孟子言："数罟不入洿池，鱼鳖不可胜食也；斧斤以时入山林，材木不可胜用也。"可是，我们没能记住古训，直到 20 世纪后期我国乱砍滥伐的现象比较突出。

到工业时代，制造所产生的丰富物质使人们感受到的更多是愉悦，似乎自然界的一切都可以为人的目的服务。恩格斯告诫过：我们统治自然界，决不像征服者统治异民族一样，决不像站在自然以外的人一样，相反地，我们同我们的肉、血和头脑一起都是属于自然界，存在于自然界的；我们对自然界的整个统治，仅是我们胜于其他一切生物，能够认识和正确运用自然规律而已（《劳动在从猿到人转变过程中的作用》）。遗憾的是，很长时期内我们并没有听从恩格斯的告诫，却陶醉在"人定胜天"的臆想中。

信息时代乃至即将进入的数字智能时代，人们惊叹欣喜，日益增长的自动化、数字化以及智能化将人从本是其生命动力的劳作中逐步解放出来。可是蓦然回首，倏地发现环境退化、气候变化又大大降低了我们不得不依存的自然生态系统的承载力。

不得不承认，人类显然是对地球生态破坏力最大的物种。好在人类毕竟是理性的物种，诚如海德格尔所言：我们就是除了其他可能的存在方式以外还能够对存在发问的存在者。人类存在的本性是要考虑"去存在"，要面向未来的存在。人类必须对自己未来的存在方式、自己依赖的存在环境发问！

1987 年，以挪威首相布伦特兰夫人为主席的联合国世界环境与发展委员会发表报告《我们共同的未来》，将可持续发展定义为：既满足当代人的需要，又不对后代人满足其需要的能力构成危害的发展。1991 年，由世界自然保护联盟、联合国环境规划署和世界自然基金会出版的《保护地球——可持续生存战略》一书，将可持续发展定义为：在不超出支持它的生态系统承载能力的情况下改善人类的生活质量。很容易看出，可持续发展的理念之要在于环境保护、人的生存和发展。

世界各国正逐步形成应对气候变化的国际共识，绿色低碳转型成为各国实现可持续发展的必由之路。

中国面临的可持续发展的压力尤甚。经过数十年来的发展，2020年我国制造业增加值突破26万亿元，约占国民生产总值的26%，已连续多年成为世界第一制造大国。但我国制造业资源消耗大、污染排放量高的局面并未发生根本性改变。2020年我国碳排放总量惊人，约占全球总碳排放量30%，已经接近排名第2~5位的美国、印度、俄罗斯、日本4个国家的总和。

工业中最重要的部分是制造，而制造施加于自然之上的压力似乎在接近临界点。那么，为了可持续发展，难道舍弃先进的制造？非也！想想庄子笔下的圃畦丈人，宁愿抱瓮舀水，也不愿意使用桔槔那种杠杆装置来灌溉。他曾教训子贡："有机械者必有机事，有机事者必有机心。机心存于胸中，则纯白不备；纯白不备，则神生不定；神生不定者，道之所不载也。"（《庄子·外篇·天地》）单纯守纯朴而弃先进技术，显然不是当代人应守之道。怀旧在现代世界中没有存在价值，只能被当作追逐幻境。

既要保护环境，又要先进的制造，从而维系人类的可持续发展。这才是制造之道！绿色制造之理念如是。

在应对国际金融危机和气候变化的背景下，世界各国无论是发达国家还是新型经济体，都把发展绿色制造作为赢得未来产业竞争的关键领域，纷纷出台国家战略和计划，强化实施手段。欧盟的"未来十年能源绿色战略"、美国的"先进制造伙伴计划2.0"、日本的"绿色发展战略总体规划"、韩国的"低碳绿色增长基本法"、印度的"气候变化国家行动计划"等，都将绿色制造列为国家的发展战略，计划实施绿色发展，打造绿色制造竞争力。我国也高度重视绿色制造，《中国制造2025》中将绿色制造列为五大工程之一。中国承诺在2030年前实现碳达峰，2060年前实现碳中和，国家战略将进一步推动绿色制造科技创新和产业绿色转型发展。

为了助力我国制造业绿色低碳转型升级，推动我国新一代绿色制造技术发展，解决我国长久以来对绿色制造科技创新成果及产业应用总结、凝练和推广不足的问题，中国机械工程学会和机械工业出版社组织国内知名院士和专家编写了"绿色制造丛书"。我很荣幸为本丛书作序，更乐意向广大读者推荐这套丛书。

编委会遴选了国内从事绿色制造研究的权威科研单位、学术带头人及其团队参与编著工作。丛书包含了作者们对绿色制造前沿探索的思考与体会，以及对绿色制造技术创新实践与应用的经验总结，非常具有前沿性、前瞻性和实用性，值得一读。

丛书的作者们不仅是中国制造领域中对人类未来存在方式、人类可持续发展的发问者，更是先行者。希望中国制造业的管理者和技术人员跟随他们的足迹，通过阅读丛书，深入推进绿色制造！

华中科技大学　李培根

2021 年 9 月 9 日于武汉

丛书序二

在全球碳排放量激增、气候加速变暖的背景下，资源与环境问题成为人类面临的共同挑战，可持续发展日益成为全球共识。发展绿色经济、抢占未来全球竞争的制高点，通过技术创新、制度创新促进产业结构调整，降低能耗物耗、减少环境压力、促进经济绿色发展，已成为国家重要战略。我国明确将绿色制造列为《中国制造2025》五大工程之一，制造业的"绿色特性"对整个国民经济的可持续发展具有重大意义。

随着科技的发展和人们对绿色制造研究的深入，绿色制造的内涵不断丰富，绿色制造是一种综合考虑环境影响和资源消耗的现代制造业可持续发展模式，涉及整个制造业，涵盖产品整个生命周期，是制造、环境、资源三大领域的交叉与集成，正成为全球新一轮工业革命和科技竞争的重要新兴领域。

在绿色制造技术研究与应用方面，围绕量大面广的汽车、工程机械、机床、家电产品、石化装备、大型矿山机械、大型流体机械、船用柴油机等领域，重点开展绿色设计、绿色生产工艺、高耗能产品节能技术、工业废弃物回收拆解与资源化等共性关键技术研究，开发出成套工艺装备以及相关试验平台，制定了一批绿色制造国家和行业技术标准，开展了行业与区域示范应用。

在绿色产业推进方面，开发绿色产品，推行生态设计，提升产品节能环保低碳水平，引导绿色生产和绿色消费。建设绿色工厂，实现厂房集约化、原料无害化、生产洁净化、废物资源化、能源低碳化。打造绿色供应链，建立以资源节约、环境友好为导向的采购、生产、营销、回收及物流体系，落实生产者责任延伸制度。壮大绿色企业，引导企业实施绿色战略、绿色标准、绿色管理和绿色生产。强化绿色监管，健全节能环保法规、标准体系，加强节能环保监察，推行企业社会责任报告制度。制定绿色产品、绿色工厂、绿色园区标准，构建企业绿色发展标准体系，开展绿色评价。一批重要企业实施了绿色制造系统集成项目，以绿色产品、绿色工厂、绿色园区、绿色供应链为代表的绿色制造工业体系基本建立。我国在绿色制造基础与共性技术研究、离散制造业传统工艺绿色生产技术、流程工业新型绿色制造工艺技术与设备、典型机电产品节能减排技术、退役机电产品拆解与再制造技术等方面取得了较好的成果。

但是作为制造大国，我国仍未摆脱高投入、高消耗、高排放的发展方式，资源能源消耗和污染排放与国际先进水平仍存在差距，制造业绿色发展的目标尚未完成，社会技术创新仍以政府投入主导为主；人们虽然就绿色制造理念形成共识，但绿色制造技术创新与我国制造业绿色发展战略需求还有很大差距，一些亟待解决的主要问题依然突出。绿色制造基础理论研究仍主要以跟踪为主，原创性的基础研究仍较少；在先进绿色新工艺、新材料研究方面部分研究领域有一定进展，但颠覆性和引领性绿色制造技术创新不足；绿色制造的相关产业还处于孕育和初期发展阶段。制造业绿色发展仍然任重道远。

本丛书面向构建未来经济竞争优势，进一步阐述了深化绿色制造前沿技术研究，全面推动绿色制造基础理论、共性关键技术与智能制造、大数据等技术深度融合，构建我国绿色制造先发优势，培育持续创新能力。加强基础原材料的绿色制备和加工技术研究，推动实现功能材料特性的调控与设计和绿色制造工艺，大幅度地提高资源生产率水平，提高关键基础件的寿命、高分子材料回收利用率以及可再生材料利用率。加强基础制造工艺和过程绿色化技术研究，形成一批高效、节能、环保和可循环的新型制造工艺，降低生产过程的资源能源消耗强度，加速主要污染排放总量与经济增长脱钩。加强机械制造系统能量效率研究，攻克离散制造系统的能量效率建模、产品能耗预测、能量效率精细评价、产品能耗定额的科学制定以及高能效多目标优化等关键技术问题，在机械制造系统能量效率研究方面率先取得突破，实现国际领先。开展以提高装备运行能效为目标的大数据支撑设计平台，基于环境的材料数据库、工业装备与过程匹配自适应设计技术、工业性试验技术与验证技术研究，夯实绿色制造技术发展基础。

在服务当前产业动力转换方面，持续深入细致地开展基础制造工艺和过程的绿色优化技术、绿色产品技术、再制造关键技术和资源化技术核心研究，研究开发一批经济性好的绿色制造技术，服务经济建设主战场，为绿色发展做出应有的贡献。开展铸造、锻压、焊接、表面处理、切削等基础制造工艺和生产过程绿色优化技术研究，大幅降低能耗、物耗和污染物排放水平，为实现绿色生产方式提供技术支撑。开展在役再设计再制造技术关键技术研究，掌握重大装备与生产过程匹配的核心技术，提高其健康、能效和智能化水平，降低生产过程的资源能源消耗强度，助推传统制造业转型升级。积极发展绿色产品技术，研究开发轻量化、低功耗、易回收等技术工艺，研究开发高效能电机、锅炉、内燃机及电器等终端用能产品，研究开发绿色电子信息产品，引导绿色消费。开展新型过程绿色化技术研究，全面推进钢铁、化工、建材、轻工、印染等行业绿色制造流程技术创新，新型化工过程强化技术节能环保集成优化技术创新。开展再制造与资源化技术研究，研究开发新一代再制造技术与装备，深入推进废旧汽车（含新能源汽车）零部件和退役机电产品回收逆向物流系统、拆解/破碎/分离、高附加值资源化等关键技术与装备研究并应用示范，实现机电、汽车等产品的可拆卸和易回收。研究开发钢铁、冶金、石化、轻工等制造流程副产品绿色协同处理与循环利用技术，提高流程制造资源高效利用绿色产业链技术创新能力。

在培育绿色新兴产业过程中，加强绿色制造基础共性技术研究，提升绿色制造科技创新与保障能力，培育形成新的经济增长点。持续开展绿色设计、产品全生命周期评价方法与工具的研究开发，加强绿色制造标准法规和合格评判程序与范式研究，针对不同行业形成方法体系。建设绿色数据中心、绿色基站、绿色制造技术服务平台，建立健全绿色制造技术创新服务体系。探索绿色材料制备技术，培育形成新的经济增长点。开展战略新兴产业市场需求的绿色评价研究，积极引领新兴产业高起点绿色发展，大力促进新材料、新能源、高端装备、生物产业绿色低碳发展。推动绿色制造技术与信息的深度融合，积极发展绿色车间、绿色工厂系统、绿色制造技术服务业。

非常高兴为本丛书作序。我们既面临赶超跨越的难得历史机遇，也面临差距拉大的严峻挑战，唯有勇立世界技术创新潮头，才能赢得发展主动权，为人类文明进步做出更大贡献。相信这套丛书的出版能够推动我国绿色科技创新，实现绿色产业引领式发展。绿色制造从概念提出至今，取得了长足进步，希望未来有更多青年人才积极参与到国家制造业绿色发展与转型中，推动国家绿色制造产业发展，实现制造强国战略。

中国机械工业集团有限公司　陈学东

2021 年 7 月 5 日于北京

绿色制造是绿色科技创新与制造业转型发展深度融合而形成的新技术、新产业、新业态、新模式，是绿色发展理念在制造业的具体体现，是全球新一轮工业革命和科技竞争的重要新兴领域。

我国自20世纪90年代正式提出绿色制造以来，科学技术部、工业和信息化部、国家自然科学基金委员会等在"十一五""十二五""十三五"期间先后对绿色制造给予了大力支持，绿色制造已经成为我国制造业科技创新的一面重要旗帜。多年来我国在绿色制造模式、绿色制造共性基础理论与技术、绿色设计、绿色制造工艺与装备、绿色工厂和绿色再制造等关键技术方面形成了大量优秀的科技创新成果，建立了一批绿色制造科技创新研发机构，培育了一批绿色制造创新企业，推动了全国绿色产品、绿色工厂、绿色示范园区的蓬勃发展。

为促进我国绿色制造科技创新发展，加快我国制造企业绿色转型及绿色产业进步，中国机械工程学会和机械工业出版社联合中国机械工程学会环境保护与绿色制造技术分会、中国机械工业联合会绿色制造分会，组织高校、科研院所及企业共同策划了"绿色制造丛书"。

丛书成立了包括李培根院士、徐滨士院士、卢秉恒院士、王玉明院士、黄庆学院士等50多位顶级专家在内的编委会团队，他们确定选题方向，规划丛书内容，审核学术质量，为丛书的高水平出版发挥了重要作用。作者团队由国内绿色制造重要创导者与开拓者刘飞教授牵头，陈学东院士、单忠德院士等100余位专家学者参与编写，涉及20多家科研单位。

丛书共计32册，分三大部分：① 总论，1册 ；② 绿色制造专题技术系列，25册，包括绿色制造基础共性技术、绿色设计理论与方法、绿色制造工艺与装备、绿色供应链管理、绿色再制造工程5大专题技术 ；③ 绿色制造典型行业系列，6册，涉及压力容器行业、电子电器行业、汽车行业、机床行业、工程机械行业、冶金设备行业等6大典型行业应用案例。

丛书获得了2020年度国家出版基金项目资助。

丛书系统总结了"十一五""十二五""十三五"期间，绿色制造关键技术与装备、国家绿色制造科技重点专项等重大项目取得的基础理论、关键技术和装备成果，凝结了广大绿色制造科技创新研究人员的心血，也包含了作者对绿色制造前沿探索的思考与体会，为我国绿色制造发展提供了一套具有前瞻性、系统性、实用性、引领性的高品质专著。丛书可为广大高等院校师生、科研院所研发人员以及企业工程技术人员提供参考，对加快绿色制造创新科技在制造业中的推广、应用，促进制造业绿色、高质量发展具有重要意义。

当前我国提出了 2030 年前碳排放达峰目标以及 2060 年前实现碳中和的目标，绿色制造是实现碳达峰和碳中和的重要抓手，可以驱动我国制造产业升级、工艺装备升级、重大技术革新等。因此，丛书的出版非常及时。

绿色制造是一个需要持续实现的目标。相信未来在绿色制造领域我国会形成更多具有颠覆性、突破性、全球引领性的科技创新成果，丛书也将持续更新，不断完善，及时为产业绿色发展建言献策，为实现我国制造强国目标贡献力量。

中国机械工程学会　宋天虎
2021 年 6 月 23 日于北京

前　言

　　生态文明建设与保障资源安全供给是国家重大战略需求。《关于加快推进生态文明建设的意见》首次提出"绿色化"概念，并将其与新型工业化、信息化、城镇化、农业现代化并列。作为一种科技含量高、资源消耗低、环境污染少的产业结构和生产方式，绿色化可以带动形成经济社会发展新的增长点，已成为新常态下经济发展的新任务、推进生态文明建设的新要求。党的十八届五中全会确立了"创新、协调、绿色、开放、共享"五大发展理念，凸显了绿色发展的重要性。党的十九大明确提出"加强固体废弃物和垃圾处置""推进资源全面节约和循环利用"的部署。"二氧化碳排放力争于 2030 年前达到峰值，努力争取 2060 年前实现碳中和"是我国做出的庄严承诺。"绿水青山就是金山银山"，建设环境友好型和资源节约型社会是建设中国特色社会主义的本质要求。

　　5G 时代的来临将进一步加速电器电子产品的更新换代速度，据统计，目前我国电器电子产品社会保有量已经超过 70 亿台，年报废量近 5 亿台。众所周知，废弃电器电子产品既具有污染性，又具有资源性，绿色处置与资源化是实现电器电子产品全生命周期绿色制造的重要环节，已成为重大的国计民生问题，引起了广泛关注，对保护环境、节约资源，促进生态文明建设，实现碳达峰、碳中和具有重要意义。

　　为此，作者基于多年的研究成果和国内外工程实践，针对废弃电器电子产品绿色处置与资源化的核心技术及工程应用问题，对典型及新型废弃电器电子产品拆解处置技术与设备、金属与非金属材料的资源化、有毒有害物质处置以及管理措施等进行了总结与提炼，提出了资源化新技术，给出了规模化运行的工程案例，力求能帮助相关的管理人员、研究人员、学生以及企业技术人员快速了解废弃电器电子产品绿色处置与资源化工程技术领域的核心内容。

　　各章的主要编著人员如下：第 1 章：符永高、胡嘉琦、邓梅玲、陈曦；第 2 章：符永高、邓梅玲、杜彬；第 3 章：王鹏程、符永高、韩文生；第 4 章：曹诺、符永高；第 5 章：邓梅玲、胡嘉琦、符永高、陈曦；第 6 章：胡嘉琦、符永高、邓毅、李淑媛、于可利；第 7 章：胡嘉琦、韩文生、邓梅玲、王鹏程、符永高。全书由符永高、胡嘉琦、邓梅玲统稿，由符永高、胡嘉琦定稿。

本书在编写过程中得到了生态环境部固体废物与化学品管理技术中心、中国物资再生协会等机构的大力支持；同时，本书参考了大量学者文献和著作，在此表示诚挚的谢意。

由于作者的时间和专业知识范围有限，书中难免有疏漏和不妥之处，敬请广大读者和专家批评指正。

作　者

2021 年 5 月

目录 CONTENTS

丛书序一

丛书序二

丛书序三

前言

第1章　绪论 ⋯⋯⋯⋯⋯⋯⋯⋯⋯⋯⋯⋯⋯⋯⋯⋯⋯⋯⋯⋯⋯⋯ 1

1.1　废弃电器电子产品范畴 ⋯⋯⋯⋯⋯⋯⋯⋯⋯⋯⋯⋯⋯⋯⋯ 2

1.2　废弃电器电子产品特性 ⋯⋯⋯⋯⋯⋯⋯⋯⋯⋯⋯⋯⋯⋯⋯ 4

1.3　国内外废弃电器电子产品处置现状 ⋯⋯⋯⋯⋯⋯⋯⋯⋯⋯ 7

　　1.3.1　国内废弃电器电子产品的现状 ⋯⋯⋯⋯⋯⋯⋯⋯⋯ 9

　　1.3.2　国外废弃电器电子产品的现状 ⋯⋯⋯⋯⋯⋯⋯⋯⋯ 15

　　1.3.3　国内外废弃电器电子产品的处理技术 ⋯⋯⋯⋯⋯⋯ 21

　　参考文献 ⋯⋯⋯⋯⋯⋯⋯⋯⋯⋯⋯⋯⋯⋯⋯⋯⋯⋯⋯⋯⋯ 26

第2章　废弃电器电子产品拆解处置工程技术 ⋯⋯⋯⋯⋯⋯⋯⋯ 29

2.1　废弃电冰箱拆解处置技术与设备 ⋯⋯⋯⋯⋯⋯⋯⋯⋯⋯ 30

　　2.1.1　电冰箱结构 ⋯⋯⋯⋯⋯⋯⋯⋯⋯⋯⋯⋯⋯⋯⋯⋯ 30

　　2.1.2　电冰箱拆解流程 ⋯⋯⋯⋯⋯⋯⋯⋯⋯⋯⋯⋯⋯⋯ 32

　　2.1.3　电冰箱拆解产物物料平衡 ⋯⋯⋯⋯⋯⋯⋯⋯⋯⋯ 34

　　2.1.4　电冰箱拆解设备与布局 ⋯⋯⋯⋯⋯⋯⋯⋯⋯⋯⋯ 34

　　2.1.5　电冰箱拆解核心设备 ⋯⋯⋯⋯⋯⋯⋯⋯⋯⋯⋯⋯ 38

2.2　废弃CRT电视机拆解处置技术与设备 ⋯⋯⋯⋯⋯⋯⋯⋯ 39

　　2.2.1　CRT电视机结构 ⋯⋯⋯⋯⋯⋯⋯⋯⋯⋯⋯⋯⋯⋯ 40

　　2.2.2　CRT电视机拆解流程 ⋯⋯⋯⋯⋯⋯⋯⋯⋯⋯⋯⋯ 40

　　2.2.3　CRT电视机拆解产物物料平衡 ⋯⋯⋯⋯⋯⋯⋯⋯ 43

　　2.2.4　CRT电视机拆解设备与布局 ⋯⋯⋯⋯⋯⋯⋯⋯⋯ 44

　　2.2.5　CRT电视机拆解核心设备 ⋯⋯⋯⋯⋯⋯⋯⋯⋯⋯ 45

2.3　废弃液晶电视机拆解处置技术与设备 ⋯⋯⋯⋯⋯⋯⋯⋯ 47

　　2.3.1　液晶电视机结构 ⋯⋯⋯⋯⋯⋯⋯⋯⋯⋯⋯⋯⋯⋯ 47

　　2.3.2　废弃液晶电视机拆解流程 ⋯⋯⋯⋯⋯⋯⋯⋯⋯⋯ 49

　　2.3.3　废弃液晶电视机拆解产物物料平衡 ⋯⋯⋯⋯⋯⋯ 49

　　　2.3.4　废弃液晶电视机拆解设备与布局 ⋯⋯⋯⋯⋯⋯⋯⋯⋯ 51
　　　2.3.5　废弃液晶电视机拆解核心设备 ⋯⋯⋯⋯⋯⋯⋯⋯⋯⋯ 53
　2.4　废弃洗衣机拆解处置技术与设备 ⋯⋯⋯⋯⋯⋯⋯⋯⋯⋯⋯⋯ 54
　　　2.4.1　洗衣机结构 ⋯⋯⋯⋯⋯⋯⋯⋯⋯⋯⋯⋯⋯⋯⋯⋯⋯⋯ 55
　　　2.4.2　废弃洗衣机拆解流程 ⋯⋯⋯⋯⋯⋯⋯⋯⋯⋯⋯⋯⋯⋯ 57
　　　2.4.3　废弃洗衣机拆解产物物料平衡 ⋯⋯⋯⋯⋯⋯⋯⋯⋯⋯ 57
　　　2.4.4　废弃洗衣机拆解设备与布局 ⋯⋯⋯⋯⋯⋯⋯⋯⋯⋯⋯ 58
　2.5　废弃空调拆解处置技术与设备 ⋯⋯⋯⋯⋯⋯⋯⋯⋯⋯⋯⋯⋯⋯ 60
　　　2.5.1　空调结构 ⋯⋯⋯⋯⋯⋯⋯⋯⋯⋯⋯⋯⋯⋯⋯⋯⋯⋯⋯ 60
　　　2.5.2　废弃空调拆解流程 ⋯⋯⋯⋯⋯⋯⋯⋯⋯⋯⋯⋯⋯⋯⋯ 62
　　　2.5.3　废弃空调拆解产物物料平衡 ⋯⋯⋯⋯⋯⋯⋯⋯⋯⋯⋯ 63
　　　2.5.4　废弃空调拆解设备与布局 ⋯⋯⋯⋯⋯⋯⋯⋯⋯⋯⋯⋯ 64
　2.6　废弃移动终端拆解处置技术与设备 ⋯⋯⋯⋯⋯⋯⋯⋯⋯⋯⋯⋯ 66
　　　2.6.1　移动终端结构 ⋯⋯⋯⋯⋯⋯⋯⋯⋯⋯⋯⋯⋯⋯⋯⋯⋯ 66
　　　2.6.2　废弃移动终端拆解流程 ⋯⋯⋯⋯⋯⋯⋯⋯⋯⋯⋯⋯⋯ 67
　　　2.6.3　废弃手机拆解产物物料平衡 ⋯⋯⋯⋯⋯⋯⋯⋯⋯⋯⋯ 69
　　　2.6.4　废弃移动终端拆解核心设备 ⋯⋯⋯⋯⋯⋯⋯⋯⋯⋯⋯ 69
　2.7　其他废弃电器电子产品拆解处置技术与设备 ⋯⋯⋯⋯⋯⋯⋯⋯ 71
　　　2.7.1　废弃打印机拆解处置技术与设备 ⋯⋯⋯⋯⋯⋯⋯⋯⋯ 71
　　　2.7.2　废弃复印机拆解处置技术与设备 ⋯⋯⋯⋯⋯⋯⋯⋯⋯ 72
　　　2.7.3　废弃电话单机拆解处置技术与设备 ⋯⋯⋯⋯⋯⋯⋯⋯ 73
　2.8　国内主要的废弃电器电子产品拆解处理设备制造厂家 ⋯⋯⋯ 73
　参考文献 ⋯⋯⋯⋯⋯⋯⋯⋯⋯⋯⋯⋯⋯⋯⋯⋯⋯⋯⋯⋯⋯⋯⋯⋯⋯ 75
第3章　废弃电器电子产品中金属资源化技术 ⋯⋯⋯⋯⋯⋯⋯⋯⋯ 77
　3.1　废弃电器电子产品中金属材料简介 ⋯⋯⋯⋯⋯⋯⋯⋯⋯⋯⋯⋯ 78
　　　3.1.1　废弃电器电子产品中的金属材料 ⋯⋯⋯⋯⋯⋯⋯⋯⋯ 78
　　　3.1.2　废弃电器电子产品中的有毒有害金属 ⋯⋯⋯⋯⋯⋯⋯ 79
　3.2　稀贵金属的绿色资源化技术 ⋯⋯⋯⋯⋯⋯⋯⋯⋯⋯⋯⋯⋯⋯⋯ 80
　　　3.2.1　废弃电器电子产品中的稀贵金属 ⋯⋯⋯⋯⋯⋯⋯⋯⋯ 80
　　　3.2.2　废弃电器电子产品中稀贵金属资源化技术 ⋯⋯⋯⋯⋯ 81
　3.3　其他金属回收与资源化技术 ⋯⋯⋯⋯⋯⋯⋯⋯⋯⋯⋯⋯⋯⋯⋯ 97
　　　3.3.1　废弃计算机中其他金属回收与资源化技术 ⋯⋯⋯⋯⋯ 97
　　　3.3.2　废弃电视机中其他金属回收与资源化技术 ⋯⋯⋯⋯⋯ 99
　　　3.3.3　废弃电冰箱中其他金属回收与资源化技术 ⋯⋯⋯⋯⋯ 100
　　　3.3.4　印制电路板中其他金属回收与资源化技术 ⋯⋯⋯⋯⋯ 101

　　3.3.5　CRT 含铅玻璃中金属铅回收与资源化技术 ················ 105

　3.4　小结 ·· 106

　　参考文献 ·· 107

第4章　废弃电器电子产品中塑料资源化技术 ·························· 109

　4.1　废弃电器电子产品中塑料简介 ································ 110

　　4.1.1　各类废弃电器电子产品中废塑料的种类及组成 ·········· 110

　　4.1.2　废塑料的危害 ·· 112

　　4.1.3　废塑料综合治理对策 ···································· 112

　4.2　废塑料的分离分选技术 ······································ 113

　　4.2.1　废塑料与其他材料的分离技术 ·························· 115

　　4.2.2　混合废塑料分选技术 ···································· 118

　4.3　废塑料回收与高值资源化技术 ································ 127

　　4.3.1　废塑料化学解聚回收技术 ································ 128

　　4.3.2　废塑料热解回收技术 ···································· 130

　　4.3.3　废塑料直接再生技术 ···································· 133

　　4.3.4　废塑料改性再生技术 ···································· 134

　　4.3.5　废塑料原位扩链修复再生技术 ·························· 136

　　参考文献 ·· 141

第5章　废弃电器电子产品中有毒有害物质处置技术 ·················· 145

　5.1　废弃电器电子产品中有毒有害物质简介 ······················ 146

　5.2　废弃印制电路板处置与资源化技术 ···························· 148

　　5.2.1　废弃印制电路板的组成 ·································· 148

　　5.2.2　废弃印制电路板的危害 ·································· 150

　　5.2.3　废弃印制电路板的处置技术 ······························ 151

　5.3　制冷设备中有毒有害物质处置技术 ···························· 154

　　5.3.1　氟利昂 ·· 154

　　5.3.2　压缩机油 ·· 155

　5.4　显示器中有毒有害物质处置技术 ······························ 156

　　5.4.1　铅玻璃 ·· 156

　　5.4.2　荧光粉 ·· 161

　5.5　废弃电池处置技术 ·· 163

　　5.5.1　锂离子电池 ·· 163

　　5.5.2　锌锰干电池 ·· 166

　　参考文献 ·· 169

第6章　废弃电器电子产品管理措施 ································ 173

6.1 国外废弃电器电子产品管理措施 ··································· 174

6.1.1 美国废弃电器电子产品管理措施 ························· 174

6.1.2 欧洲废弃电器电子产品管理措施 ························· 179

6.1.3 韩国废弃电器电子产品管理措施 ························· 182

6.2 我国废弃电器电子产品管理措施 ··································· 185

6.2.1 废弃电器电子产品管理相关法规 ························· 187

6.2.2 基于生产者责任延伸制度的基金管理措施 ··············· 189

6.2.3 废弃电器电子产品拆解处理管理措施 ··················· 195

参考文献 ··· 197

第7章 废弃电器电子产品绿色处置与资源化技术典型工程案例 ·········· 199

7.1 废弃电器电子产品绿色处置与资源化生产整厂设计工程案例 ····· 200

7.1.1 基本情况 ··· 200

7.1.2 主要技术工艺 ····································· 201

7.1.3 主要生产设备 ····································· 210

7.1.4 物料平衡 ··· 215

7.1.5 生产线生产人员配置 ······························· 216

7.1.6 环境保护 ··· 217

7.1.7 立体效果 ··· 218

7.2 废弃手机电路板绿色处置与资源化生产工程设计案例 ··········· 220

7.2.1 基本情况 ··· 220

7.2.2 总体技术方案 ····································· 221

7.2.3 工艺参数优化 ····································· 223

7.2.4 废弃手机电路板有价金属湿法提取工程示范 ············· 229

7.2.5 废水及废气处理 ··································· 233

参考文献 ··· 240

第 1 章

——

绪　论

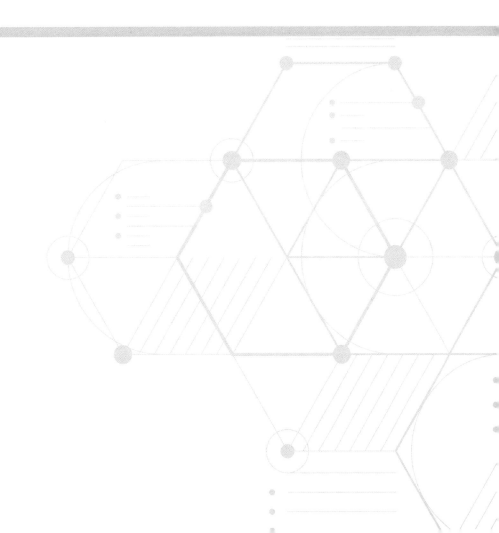

1.1 废弃电器电子产品范畴

电器电子产品种类繁多，数量巨大，并随着科学技术的发展与人民生活水平的提升，种类与数量仍在迅速增加，见表 1-1。中国是电器电子产品的制造与消费大国，2019 年电冰箱、空调、电视机、计算机、洗衣机、手机等产品产量均居世界第一。

表 1-1　典型电器电子产品近年来产量　（单位：万台）

产品	2017 年	2018 年	2019 年
家用电冰箱	8314.48	8108.79	7904.25
空调	17861.53	20955.68	21866.16
家用洗衣机	7500.88	7261.50	7432.99
手机	188982.37	180050.62	169603.36
微型计算机	30678.37	31580.23	34163.22
笔记本计算机	17243.52	17761.32	18533.22
彩色电视机	15932.62	19695.03	18999.06

随着更新迭代加速，大量的废弃电器电子产品随之产生。根据 GB/T 29769—2013，将废弃电器电子产品定义为"拥有者不再使用且已经丢弃或放弃的电器电子产品（包括构成其产品的所有零（部）件、元（器）件等），以及在生产、流通和使用过程中产出的不合格产品和报废产品"。

SB/T 11176—2016 根据废弃电器电子产品多渠道分类回收和集中处理的行业发展需求，将废弃电器电子产品分成了显示器件类产品，温度调节产品，电光源，信息技术、通信与电子产品等 6 大类，见表 1-2。

表 1-2　废弃电器电子产品分类

序号	分	类
1	废弃显示器件类产品	含阴极射线管（Cathode Ray Tube，CRT）的产品
		14in（1in＝2.54cm）及以上含液晶屏的产品
		含等离子屏的产品
		含 OLED 显示屏的产品
		背投显示设备
		其他显示器件类产品

序号	分 类	
2	废弃温度调节产品	家用和类似用途的制冷产品
		工商用制冷产品
		家用和类似用途的空调
		工商用空调设备
		其他温度调节产品
3	废弃电光源	含汞荧光灯
		非含汞荧光灯（不包括 LED 灯）
		LED 灯
		其他废弃电光源
4	废弃信息技术、通信与电子产品	电子计算机
		通信终端
		移动通信终端设备
		电子产品
		其他信息技术和通信产品
5	废弃家用和类似用途电器产品	厨卫电器
		清洁电器
		电暖器具
		美容保健电器
		其他家用和类似用途产品
6	废弃专业用途产品	用于商业、饮食、服务的专业用途产品
		办公电器
		仪器仪表
		电动工具
		医疗设备
		其他专业用途产品

《废弃电器电子产品处理目录（2014 年版）》明确了 14 种产品，该 14 种产品也是目前国内拆解回收企业处理处置的主要产品，分别是：

（1）电冰箱 冷藏冷冻箱（柜）、冷冻箱（柜）、冷藏箱（柜）及其他具有制冷系统、消耗能量以获取冷量的隔热箱体（容积≤800L）。

（2）空调 整体式空调（窗式、穿墙式等）、分体式空调（挂壁式、落地式等）、一拖多空调等制冷量在 14000W 及以下（一拖多空调时，按室外机制冷量计算）的空调。

（3）吸油烟机　深型吸排油烟机、欧式塔形吸排油烟机、侧吸式吸排油烟机和其他安装在炉灶上部，用于收集、处理被污染空气的电动器具。

（4）洗衣机　波轮式洗衣机、滚筒式洗衣机、搅拌式洗衣机、脱水机及其他依靠机械作用洗涤衣物（含兼有干衣功能）的器具（干衣量≤10kg）。

（5）电热水器　储水式电热水器、快热式电热水器和其他将电能转换为热能，并将热能传递给水，使水产生一定温度的器具（容量≤500L）。

（6）燃气热水器　以燃气作为燃料，通过燃烧加热方式将热量传递到流经热交换器的冷水中以达到制备热水目的的一种燃气用具（热负荷≤70kW）。

（7）打印机　激光打印机、喷墨打印机、针式打印机、热敏打印机和其他与计算机联机工作或利用云打印平台，将数字信息转换成文字和图像并以硬拷贝形式输出的设备，包括以打印功能为主，兼有其他功能的设备（印刷幅面<A2，印刷速度≤80张/min）。

（8）复印机　静电复印机、喷墨复印机和其他用各种不同成像过程产生原稿复印品的设备，包括以复印功能为主，兼有其他功能的设备（印刷幅面<A2，印刷速度≤80张/min）。

（9）传真机　利用扫描和光电变换技术，把文字、图表、相片等静止图像变换成电信号发送出去，接收时以记录形式获取复制稿的通信终端设备，包括以传真功能为主，兼有其他功能的设备。

（10）电视机　阴极射线管（黑白、彩色）电视机、等离子电视机、液晶电视机、OLED电视机、背投电视机、移动电视机接收终端及其他含有电视调谐器（高频头）的用于接收信号并还原出图像及伴音的终端设备。

（11）监视器　阴极射线管（黑白、彩色）监视器、液晶监视器等由显示器件为核心组成的图像输出设备（不含高频头）。

（12）微型计算机　台式微型计算机（含一体机）和便携式微型计算机（含平板计算机、掌上计算机）等信息事务处理实体。

（13）手机　GSM手机、CDMA手机、SCDMA手机、3G手机、4G手机、小灵通等手持式的，通过蜂窝网络的电磁波发送或接收两地讲话或其他声音、图像、数据的设备。

（14）电话单机　PSTN普通电话机、网络电话机（IP电话机）、特种电话机和其他通信中实现声能与电能相互转换的用户设备。

1.2　废弃电器电子产品特性

如图1-1及表1-3所示，电器电子产品广泛使用各类金属、塑料、陶瓷等材料，这些材料绝大部分可以实现再利用，而再利用的成本将远远低于直接从矿

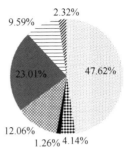

电视机

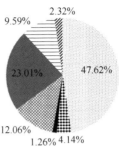

计算机

铁及铁合金
铜及铜合金
铝及铝合金
塑料
玻璃
线路板
其他

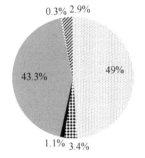

电冰箱

铁及铁合金
铜及铜合金
铝及铝合金
塑料
线路板
其他

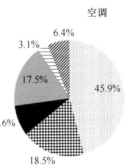

空调

铁及铁合金
铜及铜合金
铝及铝合金
塑料
线路板
其他

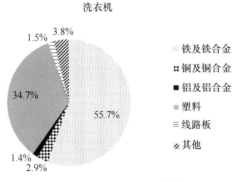

洗衣机

铁及铁合金
铜及铜合金
铝及铝合金
塑料
线路板
其他

图1-1 典型电器电子产品成分组成

石、原油等矿产资源中获取材料的成本,进而产生巨大的节能减排效益。根据生态环境部固体废物与化学品管理技术中心发布的《废弃电器电子产品处理产业研究报告(2020)》的数据显示,2020年,我国废弃电器电子产品处理企业回收得到铜及铜合金2.4万t,可实现节能约2.5万t标准煤,节水约948万m^3,减少固体废物排放约912万t,减少二氧化硫排放约3288t;回收得到铝及铝合金1.5万t,可实现节能约5.2万t标准煤,节水约33万m^3,减少固体废物排放约30万t;此外,还获得铁及铁合金47.2万t、塑料46.7万t。因此,废弃电器电

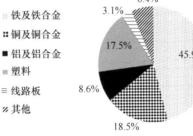

子产品被称为"城市矿山",其资源效益与环境效益是对其开展处置与资源化活动的驱动力。

表1-3　各种电器电子产品中电路板的金属含量

产品	金属含量								
	Al（%）	Cu（%）	Fe（%）	Pb（%）	Sn（%）	Zn（%）	Ag/（g/t）	Au/（g/t）	Pd/（g/t）
手机	1.5	33	1.8	1.3	3.5	0.5	3800	1500	300
台式计算机	1.8	20	1.3	2.3	1.8	0.27	570	240	150
手提计算机	1.8	19	3.7	0.98	1.6	1.6	1100	630	200
液晶电视机	6.3	18	4.9	1.7	2.9	2.0	600	200	—
洗衣机	0.1	7.0	9.5	0.22	0.91	0.24	51	17	—
空调	0.69	7.5	2.0	0.58	1.9	0.49	58	15	—
电冰箱	1.6	17	2.1	2.1	8.3	1.7	42	44	—

　　但同时,电器电子产品的成千上万种材料中,约有一半以上对生态环境、人体健康有明显的影响（表1-4）,如电冰箱中的氟利昂,阴极射线管中的铅,液晶显示器中的汞,尤其是大量使用的电路板,其基板中含有溴化阻燃剂,电容等电子元件中含有多溴联苯、镉、铅等重金属,必须对其进行妥善处理,处置不当而造成的环境污染将对人类与地球产生反噬。

表1-4　废弃电器电子产品中主要的有毒有害物质

名称	来源	危害
镉	镍镉充电电池、光敏感电阻、耐蚀合金	镉易在生物体内积累,对肾脏和骨骼具有很高的毒性。据报道,当水中镉含量超过0.2mg/L时,通过长期饮水和进食摄取含镉物质,可引起"骨痛病"
汞	荧光灯管、机械门铃、恒温器和平板显示器	元素汞和甲基汞对中枢和外周神经系统有毒。吸入汞蒸气会对神经、消化和免疫系统、肺和肾脏产生有害影响。汞会腐蚀皮肤,眼睛,如果摄入会腐蚀胃肠道,可能诱发肾脏毒性
铅	CRT显示器玻璃、铅酸电池和PVC	婴儿和幼儿极易受到铅的毒性影响,特别是影响大脑和神经系统的发育。铅对成年人造成长期伤害,包括增加患高血压和肾脏损害的风险
六价铬	金属零件上的防腐涂料、塑料零件和油漆、搪瓷	它与Cr(VI)暴露相关的不良健康影响,包括职业性哮喘、眼睛刺激和损害、鼓膜穿孔、呼吸刺激、肾脏损害、肝脏损害。它还能引起肺充血和水肿、皮肤刺激等

名称	来源	危害
锌	阴极射线管和金属外壳	摄入过多锌可引起急性锌中毒，出现呕吐、腹泻等胃肠道症状；在工厂中吸入锌雾会出现低热及感冒症状；慢性锌中毒会出现贫血症状
钡	阴极射线管和荧光灯	钡中毒的典型症状包括低钾血症、心律失常、呼吸衰竭、胃肠功能障碍、瘫痪、肌肉抽搐和血压升高。严重的钡中毒可导致肾脏损害、呼吸衰竭，甚至死亡
溴化阻燃剂	塑料制件、印制电路板	它具有较高的持久性与亲脂性，容易在人体和动物体内累积，危害大脑与骨骼发育，影响内分泌系统，燃烧时释放二噁英和呋喃致癌物质
氟利昂	电冰箱、空调制冷剂，发泡剂	破坏臭氧层
多溴联苯	印制电路板、塑料、涂层、电线电缆的溴化阻燃剂之中	它易在生物以及人体脂肪中蓄积，对人体的主要危害为影响免疫系统、致癌、损害大脑及神经组织等
多溴联苯醚	印制电路板、塑料、涂层、电线电缆的溴化阻燃剂之中	接触低浓度的多溴联苯醚可能对神经和生殖系统造成无法弥补的损害

1.3 国内外废弃电器电子产品处置现状

随着科技的发展，电子产品的消费量飞速增长，随之而来是废弃电器电子产品巨大的产生量。联合国大学（United Nations University，UNU），国际电信联盟（International Telecommunication Union，ITU）和国际固体基金会等联合发布的《The Global E-waste Monitor 2020》显示，2019 年全球产生了创纪录的 5360 万 t 废弃电器电子产品，重量远远超过了欧洲所有成年人的重量总和，在短短 5 年内增长了 21%。报告预测，到 2030 年，全球废弃电器电子产品（带电池或插头的废弃产品）将达到 7470 万 t，在短短 16 年内将几乎增加 1 倍，这使得废弃电器电子产品成为世界上增长最快的生活垃圾（图1-2）。而 2019 年，只有 17.4 % 的废弃电器电子产品被收集和回收，相较 2014 年，回收量增长 180 万 t，但废弃电器电子产品的总产生量增加了 920 万 t，回收量远远落后于废弃电器电子产品的增长。同时，这也意味着金、银、铜、铂和其他高价值的可回收材料没有被合理回收与再利用，保守估计由此造成的浪费价值达到 570 亿美元，甚至高于大多数国家的国内生产总值。

自 2014 年以来，建立废弃电器电子产品回收处理政策、立法或法规的国家从 61 个增加到 78 个。但很多地区仍然存在执法不严、监督不力的情况，导致废弃电器电子产品的回收进展缓慢。废弃电器电子产品含有几种有毒添加剂或有害物质，如汞、溴化阻燃剂和氯氟烃。废弃电器电子产品的不断增加、回收率低以及非无害化处理对环境和人类健康存在重大风险，每年在全球无文件记录的废弃电器电子产品物流中发现的汞总量为 50t，溴化阻燃剂塑料总量为 7.1 万 t，这些有毒、有害物质大部分被释放到环境中，影响了接触者的健康。

另一方面，发达国家向发展中国家非法越境转移废弃电器电子产品，引发严重的环境污染和危害人体健康。《控制危险废物越境转移及其处置巴塞尔公约》（简称《巴塞尔公约》）旨在保护人类健康和环境，特别是保护发展中国家免受因危险废物和其他废物产生、越境转移和处置所造成的危害，废弃电器电子产品是公约关注的废物之一，在《巴塞尔公约》框架下建立了"计算设备行动伙伴关系"和"手机伙伴关系"两个倡议，2008 年启动了"关于电子和电器废物以及废旧电器和电子设备的越境转移——尤其是关于依照《巴塞尔公约》对废物和非废物加以区别准则"（简称"电子废物准则"）的制定工作。"电子废物准则"的核心内容是电器电子产品的废旧标准。旧电器电子产品的判定条件主要以企业合同和声明为基准，较为宽松，为"以废充旧"的非法越境转移留下了漏洞。"电子废物准则"在以发达国家为主的出口方与以发展中国家为主

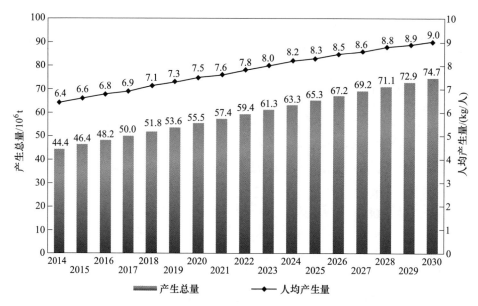

图 1-2 全球废弃电器电子产品产生状况

注：未来的预测未考虑新冠肺炎疫情的影响

的进口方之间存在巨大争议，发达国家通过宽松的出口政策试图将废物压力转移到其他国家，而发展中国家日益意识到废弃电器电子产品导致的环境危机从而采取措施限制进口，因此《巴塞尔公约》尚无法达成一致，发展中国家仍面临较大的废弃电器电子产品越境转移风险。

全球废弃电器电子产品的处理处置亟待有效地解决。

1.3.1　国内废弃电器电子产品的现状

1. 国内废弃电器电子产品相关立法

我国废弃电器电子产品回收处理行业发展较早，先后颁布了多项相关法律法规。

2006年2月28日颁发了《电子信息产品污染控制管理办法》作为中国针对欧盟RoHS指令的重要贸易举措，被称为中国的RoHS指令。2006年4月，由环境保护部、科技部、信息产业部、商务部联合发布的《废弃家用电器与电子产品污染防治技术政策》，对电器电子产品的环境友好设计与有毒有害物质信息标识进行了明确规定。

2011年1月1日起施行的《废弃电器电子产品回收处理管理条例》及其配套政策，重点规定了中国废弃电器电子产品的回收处理和再利用等制度，确定对中国废弃电器电子产品采用生产者责任延伸制度和多渠道回收、集中处理的管理模式，并规定了各利益相关方的责任和义务，具有重要的里程碑意义。

同时，为配合《废弃电器电子产品回收处理管理条例》的执行，2012年7月，《废弃电器电子产品处理基金征收使用管理办法》（财综〔2012〕34号）正式实施，与其相关配套管理政策法规标准的陆续颁布，开启了我国废弃电器电子产品回收处理行业规范化管理的序幕。

2013年3月15日商务部颁布的《旧电器电子产品流通管理办法》，对废旧电器电子产品的流通行为进行了规范。

2015年2月9日公布的《废弃电器电子产品处理目录（2014年版）》于2016年生效。

从我国废弃电器电子产品回收处理行业管理历程来看，大致分为几个阶段：第一个阶段是2008年以前，废弃电器电子产品回收处理相关管理措施尚未颁布实施；第二个阶段是2008年至2011年，在我国"以旧换新"政策驱动下，国家相关部委先后颁布了拆解企业准入制度和相关管理政策法规；第三个阶段是2012年至今，面向全国废弃电器电子产品拆解处理企业先后发布了基金补贴、基金审核、拆解指南等系列管理措施。2021年，为进一步完善废弃电器电子产品处理基金补贴政策，合理引导废弃电器电子产品回收处理，颁布并实施了《关于调整废弃电器电子产品处理基金补贴标准的通知》，废弃电器电子产品处理基金补贴标准整体下调约31%。

▶▶ 2. 国内废弃电器电子产品的来源

我国作为世界上最大的电子制造业国家和新兴经济体之一，一方面国内废弃电器电子产品产生量不断增加，另一方面也面临着大量国外非法进口废弃电器电子产品的处理压力。目前，我国回收的废弃电器电子产品主要来自消费、进口两方面。

我国是世界第二大废弃电器电子产品产生国，国内电器电子产品消费不断加速导致了相应的废弃电器电子产品的增加。据我国家用电器研究院发布的《中国废弃电器电子产品回收处理及综合利用》（2012年—2019年）显示，2009年—2019年，我国报废的个人计算机、电视机、冰箱、空调、洗衣机的数量大幅上升，分别达到2048.82万台、5028.10万台、3275.74万台、3353.70万台、2891.61万台。生态环境部固体废物与化学品管理技术中心研究报告显示，列入《废电器处理目录（2014版）》的14类电器电子产品2019年废弃总量约为1418.6万t，2020年达到1546万t，2023年将达到2840万t，平均年增长率为7.5%。

目前，我国废弃电器电子产品的回收渠道主要有游动商贩上门回收、销售商"以旧换新"收购、国有的社区回收站回收、旧货市场回收、新兴互联网回收。但进入正规处理渠道的比例仍不高，以2018年为例，流入正规拆解企业的"四机一脑（电视机、电冰箱、空调、洗衣机、计算机）"拆解量约为8100万台，不足50%，有大量的废弃电器电子产品流入非正规的处理市场。为提升回收率，我国大力推动多元化回收体系的建设，近年来更积极探索"互联网+回收"的模式及路径，引导废弃电器电子回收企业利用互联网、物联网等现代信息手段，实现线上回收线下物流的融合。表1-5列举了我国"互联网+回收"模式典型代表。

表1-5 "互联网+回收"模式典型代表

回收渠道	典型代表
生产商回收渠道	长虹格润："天网"系统；华为：官网回收
处理商回收渠道	华新绿源公司：香蕉皮网；格林美：回收哥；上海新金桥：阿拉环保网；桑德集团：易再生网
经销商回收渠道	国美在线；苏宁回收；京东
第三方回收渠道	爱博绿；爱回收；嗨回收；回收宝；有闲有品；废品大叔；虎哥；小黄狗

与传统的回收模式相比，"互联网+回收"模式可以有效地整合资源、融合多方数据、精准对接交易需求的特点，从而提高回收效率，并降低交易成本。"互联网+回收"渠道的建设力量主要来自四个方面——生产商、处理商、经销商、第三方，其中第三方"互联网+回收"渠道发展蓬勃，涌现了爱回收、爱博绿、嗨回收、虎哥、废品大叔等一批基于互联网的新兴企业。但"互联网+回收"的模式尚处于发展初期，回收规模不大，且其发展制约因素较多，直接影响其可持续发展能力，但随着消费者习惯培养、环保意识增加和政府相关措施的配套，该模式具有巨大的发展潜力。2020 年，我国发布了《关于完善废旧家电回收处理体系推动家电更新消费的实施方案》，提出用 3 年左右的时间，基本建成规范有序、运行顺畅、协同高效的家电回收处理体系，推广一批生产责任延伸、"互联网+回收"、处理技术创新等典型案例和优秀经验做法，促进废旧家电规范回收数量大幅提升，废旧家电交售渠道更加便利顺畅，该方案对构建我国规范的废旧家电回收处理体系进行了顶层设计，对于建立完善的废旧家电回收处理体系，具有十分重要的推动作用。

除了由国内电器电子产品消费带来的废弃电器电子产品，我国正在处理的废弃电器电子产品中还包含从海外非法进口的废旧电器电子产品。我国是世界上最大的废弃电器电子产品倾倒地之一，不断接收来自美国、欧洲和包括韩国和日本在内的亚洲邻国的废弃电器电子产品运输。全球有 50%~80% 的废弃电器电子产品是合法或非法进口到亚洲的，其中 90% 运输给我国。造成电子废物的跨境流动主要原因在于利益驱动：在发达国家每吨垃圾的处理费用在 400~1000 美元，然而将垃圾进口到我国，即使加上运费每吨的成本也只有 10~40 美元，导致大量的废弃电器电子产品出口到我国。对于国内的回收商和废品经纪人而言，他们以相较于国内更为低廉的价格买来这些海外废弃电器电子产品，利用廉价的人工回收成本通过分拣回收具有较高经济价值的部件。正是由于国外对于废弃电器电子产品方面的严格立法，废弃电器电子产品出口至发展中国家低廉的成本，以及我国相对薄弱的海关管制导致了大量废弃电器电子产品非法进入到我国。

2000 年以来，为了遏制废弃电器电子产品的非法进口，我国实施了一系列海关监管条例，以监测和打击非法进口各类废弃电器电子产品的现象。2017 年 7 月发布了《禁止洋垃圾入境推进固体废物进口管理制度改革实施方案》，明确在 2017 年年底前，全面禁止进口环境危害大、群众反映强烈的固体废物；2019 年年底前，逐步停止进口国内资源可以替代的固体废物，这将彻底解决废弃电器电子产品进口的问题。表 1-6 列举废弃电器电子产品非法出口至我国的途径，表 1-7 列举我国实施的关于废弃电器电子产品的海关监管条例。

表 1-6   废弃电器电子产品非法出口至我国的途径

途径	具体内容
直接发货到我国港口	由于越来越严格的海关控制和易于识别，直接出货到我国的港口的废弃电器电子产品非常少见
与散装废钢、废铜混运	由于进口混合金属废料进行回收利用在我国是合法的，废弃电器电子产品通过与其他类型垃圾（如混合金属废料、电缆等）混合后，进口至我国。废弃电器电子产品在这些垃圾中的比例往往在 10% 左右，由于碎片很小，且混合在一起，很难分离
过境中国香港	在一国两制政策下，中国作为《巴塞尔公约》的缔约国，只对中国内地实施海关监管。中国香港负责对危险废物的跨境流动实施单独的管制。如在中国香港取得进口许可证，则二手电子产品及电子废物进入或经中国香港是合法的。此外，设备一旦进口中国香港，便可运往中国内地直接再用，而毋须向环保署申领废物进出口许可证

表 1-7   我国实施的关于废弃电器电子产品的海关具体内容监管条例

时间	相关文件	具体内容
2000 年 2 月	《关于进口第七类废物有关问题的通知》（环发 [2000] 第 19 号）	环境保护部批准进口的第七类废物中不包括废电视机及显像管、废电冰箱（柜）、废空调器（柜）、废微波炉、废计算机、废显示器及显示管、废复印机、废摄（录）像机、废电饭锅、废游戏机（加工贸易除外）、废家用电话等废电器
2002 年 7 月	《禁止进口货物目录》（第四批、第五批）	列出了禁止进口的货物。名单包括 21 种禁止进口的电子废物
2008 年 2 月	《禁止进口固体废物目录》（公告 2008 年第 11 号）	禁止进口废机械及电子仪器（包括其零件、部件及残片），但另有规定的除外
2009 年 7 月	《关于调整进口废物管理目录的公告》	禁止进口废玻璃（包括废阴极射线管（CRT）玻璃和放射性废玻璃）、废电池、废计算机设备及办公室电气设备（打印机、复印机、传真机、打字机、计算器、计算机等）、废家用电器（空调、冰箱等制冷设备等）、废通信设备（电话、网络通信设备等）和废电器电子元器件（印制电路板、阴极射线管等）
2017 年 7 月	《禁止洋垃圾入境推进固体废物进口管理制度改革实施方案》	2017 年年底前，全面禁止进口环境危害大、群众反映强烈的固体废物；2019 年年底前，逐步停止进口国内资源可以替代的固体废物

▶▶ 3. 国内废弃电器电子产品的处理现状

我国废弃电器电子产品主要有三个流向，一个是被当垃圾直接丢弃，进入垃圾处理厂；二是进入维修市场，经过返修后作为二手机出售或者零部件被再利用；其余的进入拆解企业完成整机拆解与材料再资源化。2016 年以来，国家大力推行"互联网+传统行业"发展，一方面"互联网+回收"的新模式快速发展，另一方面 EPR 回收模式进行试点建设并初见成效，回收体系的发展促使更多废弃电器电子产品流入正规拆解企业。

目前，我国进入废弃电器电子产品拆解基金补贴目录的企业有 109 家，受基金补贴等政策的影响，其处理产品主要是传统的"四机一脑"（电视机、电冰箱、空调、洗衣机、计算机），全国废弃电器电子产品拆解企业"四机一脑"的年处理能力约为 1.64 亿台（来自生态环境部固体废物与化学品管理技术中心发布的《废弃电器电子产品处理产业研究报告（2020）》），根据生态环境部废弃电器电子产品处理信息系统公示数据统计显示，2020 年"四机一脑"报告拆解处理数量达到 8498.11 万台（表 1-8）。废弃电器电子产品的处理手段以手工拆解与机械处理相结合的方式为主，属于劳动密集型行业，工人拆解娴熟、效率较高，而采用的技术与机械装备以国产和自主研发为主，进口技术与装备（包括欧洲、日本）较少。国产装备在设备稳定性、环保性、安全性等方面仍与进口装备存在差距，但也形成了较为完整的废弃电器电子产品回收处理系列装备，设备产能水平发展较快，设备性价比远高于进口产品。近年来，拆解回收技术与装备出现了升级改造的趋势，企业对装备的绿色化、集约化、高效化产生了更高的需求。

表 1-8   2016 年—2020 年我国"四机一脑"实际拆解量 （单位：万台）

产品	年份				
	2016 年	2017 年	2018 年	2019 年	2020 年
电视机	4424.52	4207.83	4253.23	4351.64	4087.59
计算机	1491.62	1226.58	978.51	774.37	824.32
电冰箱	615.31	804.04	921.78	1085.81	1215.23
空调	210.62	397.96	505.75	622.87	705.34
洗衣机	1270.58	1359.80	1441.22	1582.41	1665.63
总计	8012.65	7996.21	8100.49	8417.10	8498.11

而对于废弃手机等新型的废弃电器电子产品，国内正规处理发展相对滞后。该类废弃产品的拆解线基本采用纯人工拆解方式，机械化程度低。一方面，由于手机拆解回收的基金补贴等具体措施未明确，正规企业并未真正投入手机拆解的生产，仅少数企业与国际大品牌手机（如苹果手机）建立了合作关系，负

责其国内废弃手机拆解破碎处理，开展了一定量的生产活动。而另一方面，由于废弃手机等价值较高，吸引了大量非正规企业与人员进入到该市场中，并形成了一定规模的产业集群，其拆解过程基本都是原始的手工作坊式，获得的元器件再利用，无法再利用的普遍采用先焚烧再用强酸（如硝基盐酸）浸出的方法提取黄金，该过程造成了巨大的环境代价。

同时，我国废弃电器电子回收处理行业总体资源化利用水平不高，但越来越多的处理企业开始关注拆解产物的资源综合利用，尤其是废塑料及金属的资源化回收利用。

废塑料的回收利用主要包括化学回收、热能回收以及物理回收等方式。化学回收可得到价值较高的原料单体或中间体，但工艺复杂、技术难度大、设备投资也较大，不易于推广应用；热能回收适用于各类低质废料，但在回收过程中可能发生二次污染，同时设备投资巨大，限制了其应用范围；物理回收工艺简单、投资门槛低，是废塑料回收利用的研究与应用热点，但也存在着高值化利用核心技术较为缺乏的问题。

金属再资源化方面，废弃电器电子产品中的铁、铜、铝等大量普通金属的获得主要是通过机械破碎结合磁力分选、涡电流分选、静电分选、风力分选等多级分选的方式，回收纯度（重量比）在80%～99%之间，其中铁的回收纯度较高，可以达到95%以上，但回收率则难以测算。而针对电路板、元器件中的金、银等稀贵金属，主要技术有火法冶金、湿法冶金、生物冶金等。火法冶金是一种通过焚烧、熔炼、烧结和熔融等过程，去除废弃电器电子产品中的有机成分后富集金属的传统方法。比利时优美科采用超高温处理技术以实现有机成分与金属的分离：经预处理→熔炼→精炼电解后得到粗铜，回收其中的铜、稀贵金属，炉渣转到鼓风炉回收铅、锡等其他金属；加拿大 Noranda 公司先通过高温使得金属与杂质分离，然后通过后处理过程精炼各种金属；江西瑞林稀贵金属科技有限公司开发了协同废杂金属清洁冶炼技术，通过火法熔炼、电解精炼等工序生产金、银、铂、钯、铜等金属。湿法冶金也是目前常见的处理方法，主要是利用金属能够溶解在硫酸、硝基盐酸、氰化物、硫代硫酸盐等化学溶液中的原理，可将金属从废弃电器电子产品中脱除，然后再采用置换、电解、浮选、沉淀、离子交换、蒸馏结晶等工艺回收提取金属。荆门市格林美新材料有限公司采用物理法分离塑料与金属，再通过压制→电解产生阴极铜和阳极泥，最后经过无氰化湿法冶金技术提取出锡、铜、金、银等金属。生物冶金是利用微生物来提取废弃电器电子产品中金属的方法，基本原理是利用微生物细胞生长繁殖中的代谢将金属通过自身代谢中的物理和化学作用进行吸附，所需要的生物培养基主要为氧化铁流感菌、青霉菌、黑霉菌和硫杆菌，目前在实际生产中应用较少，总体而言，在程序的复杂性、回收率、工程化应用成熟度等方面仍有不足。

1.3.2 国外废弃电器电子产品的现状

2019 年全球产生了 5360 万 t 废弃电器电子产品。图 1-3 所示为各洲废弃电器电子产品产生情况。其中亚洲产生的废弃电器电子产品量最大，约为 2490 万 t，相当于每名居民产生 5.6kg 废弃电器电子产品，然而只有约 290 万 t 的废弃电器电子产品记录在案被收集和回收，仅占废弃电器电子产品总产生量的 11.7%；美洲产生约 1310 万 t 废弃电器电子产品，人均 13.3kg，收集和回收约 120 万 t 废弃电器电子产品，回收率仅为 9.4%；欧洲人均产生的废弃电器电子产品量最高，人均 16.2kg，整个地区产生的废弃电器电子产品总量约为 1200 万 t，收集和回收约为 510 万 t，区域回收率最高，达 42.5%；非洲人均产生的废弃电器电子产品最少，人均 2.5kg，整个大陆产生了约 290 万 t 的电子废物，根据目前的数据，只有 3 万 t 的电器电子废物被记录在案，回收率小于 1%；大洋洲产生的废弃电器电子产品数量是世界上最低的，约为 70 万 t，人均产生的废弃电器电子产品数量为 16.1kg，只有 8.8% 的废弃电器电子产品被记录在案，收集和回收废弃电器电子产品仅 6 万 t。

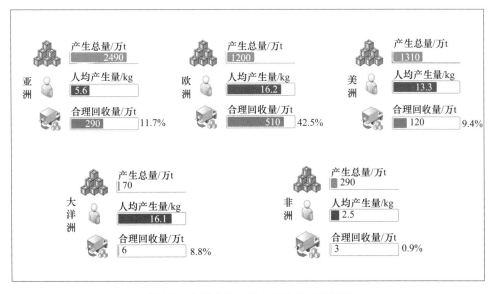

图 1-3 各洲废弃电器电子产品产生情况

2019 年产生的 82.6% 废弃电器电子产品没有得到合理的收集与回收，其去向和对环境的影响也因地区而异。在高收入的发达国家，通常已发展了废物回收基础设施，约有 8% 的废弃电器电子产品被丢弃在垃圾桶内，然后被堆填或焚化，这主要包括小型设备和小型 IT；废弃电器电子产品可能被翻新和重复使用，作为二手产品从高收入国家运往低收入或中等收入国家，然而，仍有相当数量的废弃电器电子产品被非法跨境转移；还有大量的废弃电器电子产品与其他的垃圾混合，如塑料废物、金属废物，混合垃圾中易于回收的部分可以被回收，但是混合垃圾一般回收质量较差，也不会实现所有有价值材料回收，仍造成较大的浪费。

在中低收入国家，废弃电器电子产品回收处理的基础设施相对落后甚至没有，回收处理的条件相对恶劣，对工人以及经常在附近生活、工作和玩耍的人员尤其是儿童造成严重的健康影响。

▶▶ 1. 亚洲国家

（1）立法 南亚地区逐渐开始认识回收废弃电器电子产品的重要性。印度每年处理大量的废弃电器电子产品，也是目前南亚地区唯一有相关立法的国家，相关法律自 2011 年开始实施，要求只有获得资质的拆解企业和回收商才能回收废弃电器电子产品。制造商、经销商、翻新商和生产商的责任组织被纳入 2016 年废弃电器电子产品（管理）规则的范围。此外，印度也在设想让电器电子产品的生产者在回收过程中发挥强大的作用。

在东南亚，有些国家比较先进。菲律宾虽然没有专门针对废弃电器电子产品的法规，但有一系列有关"危险废物"的法规，涵盖了废弃电器电子产品。菲律宾提出了《报废电子电气设备（WEEE）环境无害化管理（ESM）指南》的草案，草案的制定为生产商、制造商、消费者、分销商、零售商、处理设备厂及其他报废电子电气设备寿命周期内的相关利益方提供了执行框架，该草案有望尽快通过。柬埔寨现有一项关于废弃电器电子产品管理的具体法律，即 2016 年关于废弃电器电子产品管理的次级法令，这一法令涵盖了所有与处置、储存、收集、运输、回收和倾倒废弃电器电子产品有关的活动。

在东亚，日本和韩国都有先进的针对废弃电器电子产品管理制度。在日本，根据《资源有效利用促进法》《家电回收法》《小型电器电子产品回收法》，对大部分电器电子产品进行回收。日本是全球最早实施基于生产者责任制的废弃电器电子产品处理系统的国家之一。

在西亚和中亚，废弃电器电子产品立法仍然进展缓慢，几乎没有针对废弃电器电子产品收集、立法、管理的基础架构。但值得注意的是，吉尔吉斯斯坦政府正在通过立法引入生产者责任延伸制（Extended Producer Responsibility，EPR）的概念，同时政府也在制定有关废弃电器电子产品的管理解决方案，将对这类废物进行定义，并为其收集、存储、处置、运输和回收提供指示。哈萨克斯坦 2013 年提出向绿色经济过渡，并提出了废弃电器电子产品的 EPR 概念，尽管尚不完善，但仍在不断推进该项工作。

（2）管理系统　亚洲的废弃电器电子产品的回收系统水平参差不齐，有如韩国、日本的先进的回收系统，有如中国先进的回收系统与落后的回收系统并存的情况，也有主导亚洲大多数地区的落后的回收系统。

日本依靠强大的法律框架，先进的回收系统和发达的处理基础设施，2016年，通过正规渠道收集了 57.03 万 t 废弃电器电子产品。

印度的立法一直是建立正式回收设施的推动因素，印度有 312 家具有资质的回收商，每年可处理约 80 万 t 垃圾，然而，正规的回收能力仍然未得到充分利用。由于缺乏适当的回收和物流基础设施、消费者对环保意识欠缺、缺乏回收及处理方面的标准、正规处理过程效率低下，大部分废物仍流入非正规市场。

在中亚，产生的大部分废弃电器电子产品最终都被填埋或非法倾倒。在哈萨克斯坦的 EPR 系统中，已经建立了一些回收点，但是没有足够的能力来管理整个国家的废弃电器电子产品或提供运输资金。在乌兹别克斯坦，2014 年—2016 年在市政废物基础设施建设上取得了一定的进展，2017 年启动了一项五年计划，以改善全国范围的废物收集、处置和回收利用，但是还没有专门针对废弃电器电子产品建立监管措施。

在西亚，阿拉伯联合酋长国已经投资了位于迪拜工业园区的专业设施，该设施每年可处理 10 万 t 废弃电器电子产品，但大多数废弃电器电子产品仍未得到正规的合理处理。

▷▷ 2. 欧洲国家

（1）立法　在欧洲，欧盟和挪威的废弃电器电子产品受到 WEEE 指令（2012/19/EU）的监管。而其他国家，如冰岛、瑞士、波斯尼亚和黑塞哥维那等国家也有类似的法律。WEEE 指令为所有六类废弃电器电子产品设定了收集、回收、再利用的目标。从 2018 年起，WEEE 指令第 7 条规定，成员国每年的回收率必须达到前三年电器电子产品品类平均重量的 65% 或 2018 年在其领土上产生的废弃电器电子产品的 85%。WEEE 指令实施的最新进展是引入了开放式范围和新指定的报告指南。自 2018 年 8 月 15 日起，开放式范围已经开始实施，开放式范围意味着未列入的产品亦属规范范围，除非有特定的排除适用。

在乌克兰，正在开发基于欧盟 WEEE 指令的 EPR 系统，以建立废弃电器电子产品和电池处置的法律基础，在最近完成的"在乌克兰实施电器电子产品和电池废物管理系统"项目协助下，制定了《电池和蓄电池法案》和《废弃电器电子产品法案》两项法案。

在白俄罗斯，有一项关于废物管理的一般法律，要求在制造商和供应商的 EPR 框架内管理废弃电器电子产品。白俄罗斯在 2016 年提出目标，到 2019 年回收率达到 20%。

摩尔多瓦于 2018 年批准了废弃电器电子产品的 EPR 系统。在摩尔多瓦，电子废物被分类为旧的欧盟 WEEE 指令的 10 个类别，设定了到 2020 年有 5% 的回收目标，同时每年将以 5% 的速度递增，到 2025 年将达到 30%。

2017 年，俄罗斯启动了针对废弃电器电子产品的 EPR 计划，制造商和进口商必须根据俄罗斯循环经济法规帮助收集和处理过时的产品。

（2）管理系统　在欧盟，已经有一个非常完善的废弃电器电子产品的回收管理基础设施，可以由私人运营商在商店和市政当局收集，并进一步回收其中的可循环利用的部分，并采用无害化的方式处理不可再利用的部分。统计数据表明，2017 年，北欧产生的废弃电器电子产品中有 59% 被正规回收，西欧达到54%，这是全球目前最高的回收率。

尽管近年来欧盟国家越来越多的废弃电器电子产品被回收利用，但是仍有大量产品未进入正规的回收系统内，它们可能被出口再利用或者与其他垃圾混合在一起。在荷兰，可再利用废弃电器电子产品的出口量据估计约为所产生废弃电器电子产品总量的 8%，主要包括 IT 服务器、笔记本计算机以及二手冰箱、二手微波炉等。这些产品被运往非洲。电器电子产品消费量低于高收入国家的低收入欧盟国家也可以成为这些出口的接受国，以供再利用。

在白俄罗斯，有市政的废弃电器电子产品收集站，也有私人收集站，还有从维修和服务中心收集电子废物。白俄罗斯政府向一般家庭支付一定的金额以回收废弃电器电子产品，而私人公司、公共机构、政府机构则需要为回收支付费用。2019 年白俄罗斯收集了 2.3 万 t 废弃电器电子产品。

在其他东欧国家，废弃电器电子产品回收工作已经开始，基础设施正在建设中，但尚未达到与北欧和西欧相同的回收率。

在摩尔多瓦，既有市政的收集站，也有私营公司从学校和其他公共机构进行回收。在俄罗斯和乌克兰，有一些企业以无害化的方式处理废弃电器电子产品，但是回收点太少，且处理能力不足以回收所有废弃产品，因此，往往与金属废料等一起回收利用或倾倒在垃圾填埋场中。

▶▶ 3. 美洲国家

（1）立法　美国没有关于废弃电器电子产品管理的国家立法，但 25 个州和哥伦比亚特区已经各自制定了法律。各州的法律在范围和影响以及是否禁止消费者把电子产品扔进垃圾填埋场等方面各不相同。总的来说，这些法律覆盖了美国 75%~80% 的人口。除了加利福尼亚州和犹他州，美国所有已实施相关法律的州都使用 EPR 的管理方法。

加拿大没有废弃电器电子产品管理的国家立法，但是已有 12 个省和地区制定了与行业管理相关的法规，平均而言，产品范围比美国要广泛得多。在许多加拿大省份，可以通过加入批准的电子废物计划来满足 EPR 要求。

在拉丁美洲，只有少数几个国家建立了废弃电器电子产品的有关法律。墨西哥、哥斯达黎加、哥伦比亚和秘鲁是该地区进行无害化处理的主要力量，并且在 2020 年，持续努力改善已经建立的系统。而巴西和智利，正在进行废弃电器电子产品的管理基础建设。

巴西发布了《实施家庭 WEEE 逆向物流系统的部门协议》，以征询公众意见。

智利在 2016 年颁布了《废物管理、生产者责任延伸和促进回收框架法》，目前正在制定具体的废弃电器电子产品法规，其中将包括收集和回收目标。

哥伦比亚几年前实施了有关计算机、打印机和外围设备的废物处理法令，目前正在制定一项新法规，将 EPR 扩展到所有电子废物类别，并根据经验教训对电子废物综合管理系统进行调整。

秘鲁自实施首个电子废物管理系统以来已经有几年的历史。新修订后的法规预计将很快发布，将扩大废弃电器电子产品类别的范围，并强制性要求小型和大型家用电器，特别是制冷电器的收集目标。

墨西哥正在研究以重新定义利益相关者的责任，建立明确定义的类别，并设定强制性的收集目标，从而提高回收量。

厄瓜多尔一直强制要求所有手机运营商和进口商回收手机，其在 2017 年回收近 50000 台手机。

（2）管理系统 美国在联邦层面建立了一些针对废弃电器电子产品监管措施，以限制废弃电器电子产品的不当处理导致的负面影响，其规定某些条件下的电器电子产品必须按照《资源保护和恢复法案》（RCRA）的要求进行管理。联邦机构要求回收商需要经过负责任回收标准（Responsible Recycling，R2）或电子废弃物回收企业认证标准（e-Steward）认证，该认证计划自 2010 年启动以来的标准已得到更新和提高。

在拉丁美洲，有很多公司参与到今天的废弃电器电子产品管理和处理活动中。几年前，墨西哥南部只有 3 家获得 R2 认证的公司，而现在已经超过 15 家，并且几乎所有国家的废弃电器电子产品回收商数量都大幅增长，但大多数新兴公司仍处于发展初期。该地区有越来越多的回收商也是废弃电器电子产品正规回收数量不断增加的结果。在拥有废弃电器电子产品管理的具体法律框架和强制回收目标的国家，如哥伦比亚和秘鲁，回收量一直稳定，与此同时，回收产品的范围也在扩大。

尽管在法规的驱使下，正规回收量在增加，但是很大一部分仍被非正规的市场回收和处理。对于该区域，对废弃电器电子产品回收领域工作的认可、监管和整合是该地区面临的巨大挑战。

▶▶ **4. 大洋洲国家**

（1）立法 根据《2011 年产品管理法案》，澳大利亚实施了"电视机和计算机回收计划",根据该法案,《2011 年产品管理(电视机和计算机)法规》也于 2011 年生效。该法规为澳大利亚家庭和小型企业提供了由产业资助的电视机和计算机的回收服务。共同监管体(生产者责任组织)是上述法规的主要特征,澳大利亚政府通过这些法规确定了要实现的目标以及实施方式。"电视机和计算机回收计划"为大约 98% 的澳大利亚人口提供了合理的回收服务机会,要求电视机和计算机行业每年为电视机和计算机的回收提供资金,并到 2026 年—2027 年将澳大利亚的电视机和计算机的回收率提高到 80%。

(2)管理系统 澳大利亚的"电视机和计算机回收计划"实施以来,已经收集和回收了超过 29.1 万 t 的电视机和计算机电子垃圾。在 2017 年—2018 年,该计划回收了约 5.8 万 t 的废弃电器电子产品,相当于回收率超过 93%。

澳大利亚维多利亚州政府从 2019 年 7 月起开始实施禁令,这是澳大利亚最新的一个禁止垃圾填埋场电子垃圾的州政府,并宣布了一项 1650 万澳元的计划,以鼓励对有害物质安全处理、回收有价值材料,最终为维多利亚州带来更稳定的发展和更多的就业机会。

新西兰没有整体上用于电子废物管理的正规系统,据估计,每年有超过 9.7 万 t 的废弃电器电子产品被当作垃圾填埋处理。

由 22 个国家和地区组成的太平洋岛屿地区由于其分布的地理位置而面临着独特的挑战。南太平洋区域环境计划署(South Pacific Regional Environment Programme,SPREP)正致力该地区的废物、化学品和污染管理。

▶▶ 5. 非洲国家

(1)立法 过去几年,非洲少数国家在废弃电器电子产品法律、体制和基础设施框架方面取得了一些进展。在加纳,为收集中心、运输者、处理设施和最后处置制定了无害化处理技术准则,并正在执行。在尼日利亚,2018 年由惠普、戴尔、飞利浦、微软和德勤等利益相关者共同在成立"废弃电器电子产品生产者责任组织"。在卢旺达,通过了废弃电器电子产品管理条例。

然而,大多数非洲国家仍然缺乏关于废弃电器电子产品管理的具体立法。只有少数非洲国家颁布废弃电器电子产品立法,如埃及、加纳、马达加斯加、尼日利亚、卢旺达、南非、喀麦隆。然而,即便颁布了相关法案,其执行非常具有挑战性。

(2)管理系统 非洲的废弃电器电子产品的处理主要由非正规的回收活动完成,政府对这一领域的控制力非常小。废弃电器电子产品的处理通常是在非正规场所进行的,方法是手工剥去电路板以转售,露天焚烧以回收铜、铝和铁等,以及在露天垃圾场堆积其他部件,如阴极放射管。一个引起国际关注的例子是加纳的 Agbogbloshie,它一直被称为非洲最大的废弃电器电子产品场,然而 Agbogbloshie 的情况是复杂的,它也可以被描述为一个组织良好的废料场。在

Agbogbloshie，每天大约有 5000 名废料工人出现在废料场，以寻找废物中所含的贵重金属。在这样的城市或国家中，废弃电器电子产品是许多人的收入来源，"非正规"的废弃电器电子产品回收率非常高，大多数有价值的材料都被回收，许多部件都被重复使用或转售。

只有很少数的非洲国家，如南非、摩洛哥、埃及、纳米比亚和卢旺达，有一些废弃电器电子产品回收设施，但这些设施也与庞大的非正规处理市场共存。一方面，回收企业一直在努力提高处理量，但另一方面这些国家仍然非常依赖非正规回收。每年有大量的废弃电器电子产品进口到这些国家，大部分来自德国、英国、比利时、美国等发达国家。

非洲的废弃电器电子产品的问题是显而易见的，主要问题包括缺乏足够的公众意识、缺乏政府政策和立法、缺乏有效的回收系统和 EPR 系统、回收设备不足、非正规个人与集体在回收领域的主导地位、危险废物管理活动的资金不足等。

1.3.3 国内外废弃电器电子产品的处理技术

废弃电器电子产品中含有丰富的金属价值，废弃电器电子产品中铜和金的含量分别是矿石的 13~26 倍和 35~50 倍。有研究表明，如果中国 2008 年丢弃的手机全部回收，将回收 1250t 铜、13t 银、3t 金和 2t 钯，市场价值达 1.05 亿美元。与此同时，废弃电器电子产品中含有的重金属以及卤代有机物，如果处理不当会对人体和环境造成一定的危害。因此从经济和环境两方面来看，从废弃电器电子产品中回收金属是必要且具有经济价值的。废弃电器电子产品的金属回收一般先通过拆解、破碎、分选等物理工艺，将金属进行富集，然后采用湿法冶金或火法冶金对金属进行有效回收。没有一种单独的方法能够有效地回收金属，因此金属回收过程分为物理/机械法、冶金处理等不同阶段，并开发出一种从废弃电器电子产品中提取金属的联合工艺。图 1-4 给出了综合使用物理、化学、生物方法从废弃电器电子产品中回收物质的工艺流程。

1. 机械方法对废弃电器电子产品进行拆解、破碎和分选

利用各组分间物理性质的差异进行分选的机械处理方法存在着成本低、操作简单、不易造成二次污染、易实现规模化等优势。机械处理可以使废弃电器电子产品中的有价物质充分地富集，减少后续处理的难度，提高回收效率。目前的机械处理方法主要包括拆解、破碎、分选等，处理后的物质再经过冶炼、焚烧等处理后可获得金属、塑料、玻璃等再生原材料。

（1）拆解　废弃电器电子产品中含有多种电子元器件，如变压器、电池、电容、晶体管等，这些元器件含有铅、汞、铜等多种重金属和有害物质，处理时预先将其拆解下来，并进行单独处理，这样不仅能富集有价物质，还可以防

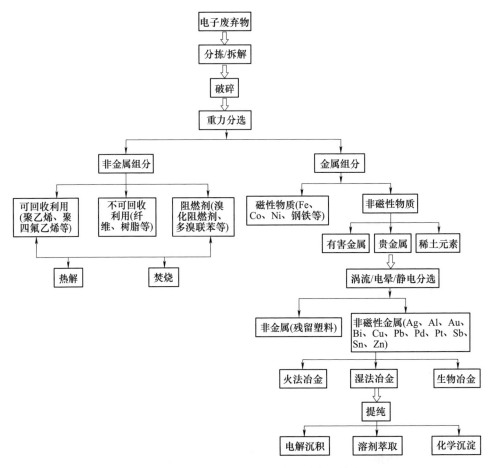

图1-4 废弃电器电子产品中回收物质的工艺流程

止其对后续工艺的污染，减少处理成本。目前发展中国家一般进行非正规的手工拆解工作。

（2）破碎　单体的充分解离是实现高效机械分选的前提，破碎是实现单体解离的有效方法。因此，根据物料的物理特性选择有效的破碎设备，并根据所采用的分选方法选择物料的破碎程度，不仅可以提高破碎效率，减少能源消耗，而且还能为不同物料的有效分选提供前提和保证。废旧电路板的破碎和非金属成分的有效释放是提高废旧电路板回收率的前提。低速大扭矩剪切破碎机（10mm）被认为是理想的初级破碎机器，而近期也报道了具有摆动锤的轧机可以更精细破碎。然而，破碎可能导致40%的贵金属损失和/或形成危险的金属微粒，且产生的粉尘含有溴化阻燃剂和二噁英。在破碎过程中须采用良好的除尘系统，以避免吸入粉尘和有害气体。球磨和盘磨也可以将电路板破碎为更小颗粒。

（3）分选　采用重力分选、磁力分选、静电分选和浮选的方法对金属和非金属组分进行分离。废弃电器电子产品中存在不同密度范围的颗粒组分，采用重力分离的方法对其进行回收利用，如电子废料由塑料（密度<2.0g/cm³）、轻金属和玻璃（密度2.7g/cm³）、重金属（密度>7g/cm³）组成。磁选机广泛应用于从有色金属和其他非磁性废物中回收铁磁性金属。对于研磨后的印制电路板（PCB）有重力分离和两级磁选的分选工艺。采用重力分离法将粒径<5.0mm的印制电路板颗粒和粒径>5.0mm的印制电路板颗粒分离。第一阶段磁选时，0.07T的低磁场使磁性组分中镍和铁的分离率为83%，非磁性组分中铜的分离率为92%。第二阶段磁选在0.3T的磁场中进行，导致镍铁精矿品位下降，铜精矿品位上升。由于废弃电器电子产品中的元件极性和电导率存在极大差异，基于电导率的分离技术也用于废弃电器电子产品处理。

▶▶ 2. 冶金过程

废弃电器电子产品的冶金就是从废弃电器电子产品中提取金属或金属化合物，用各种加工方法将金属制成具有一定性能的金属材料的过程和工艺。金属物质的处理及其回收是废弃电器电子产品管理的一个重要方面。采用多种冶金工艺对废弃电器电子产品的金属和非金属组分进行提取和分离。废弃电器电子产品中提取金属的现有方法有火法冶金、湿法冶金和生物冶金等，下面简要回顾了这些方法。

（1）火法冶金　火法冶金是传统的金属回收方法，包含焚烧法、等离子电弧炉冶炼法、高炉冶炼法等。采用高温冶金技术回收金属效果显著，但能量需求大、有毒气体排放到环境等是这些过程相关的主要限制。在Noranda工艺中，铜精矿和废弃电器电子产品在1250℃的氧化气氛下熔化，铜和贵金属组成的金属组分被转移，产生纯度为99.1%的铜。其余成分可在后续的电解精炼中回收。由于纯金属与合金的混合，从废弃电器电子产品回收的最终金属产品的升级是一项具有挑战性的任务。较高的合金稳定性以及熔炼过程中合金的分离行为，使得采用高温冶金方法回收纯金属耗能高且相对困难。废弃电器电子产品再处理所产生的气体排放、炉渣产生、贵金属的损失以及铝、铁等金属的回收困难是火法冶金有关的附加问题。

（2）湿法冶金　由于从电子废料中回收金属具有较高的选择性，提高最终金属的水平后期常常需要使用湿法冶金处理。与火法冶金过程相比，具有灰尘减少、能量需求更少、容易在实验室条件下实现的优势，可降低投资和运营成本。碱金属经湿法冶金处理后，在水溶液中容易析出，从而保证了贵金属在固体残渣中的富集。传统的金属回收方法包括沉淀法、溶剂萃取法、吸附法、离子交换法和电积法，目的是在湿法冶金去除贱金属后的后续循环中回收贵金属。

1）化学浸出。浸出剂采用氰化物和非氰化物浸出剂。非氰化物浸出剂有硫脲、硫代硫酸盐和卤化物浸出试剂等。氰化物浸出剂因其高效、低成本等优点，常用于贵金属（金、银）的回收。利用氰化物浸出的最佳提取 pH 值为 10.5 或更大。整体氰化反应是氰化物氧化为氰酸盐，形成金属氢氧化物/氧化物的钝化反应，即

$$4Au + 8(K/Na)CN + O_2 + 2H_2O \rightarrow 4(K/Na)[Au(CN)_2] + 4(K/Na)OH$$

$$(1-1)$$

$$4Au + 8CN^- + O_2 + 2H_2O \rightarrow 4Au(CN)_2^- + 4OH^- \qquad (1-2)$$

然而氰化物废水如果处理不当，废水中残留的氰化物可能渗入土壤和地下水，最终可能导致慢性健康问题。因此，各国已经研究开发利用卤化物、硫脲、硫代硫酸盐等低毒试剂从废弃电器电子产品中浸出贵金属。

硫代硫酸盐主要用于铜离子（Cu^{2+}）和氨（NH_3）存在下的金的溶解。硫代硫酸盐溶液中的 Cu^{2+} 和 NH_3 作为催化剂，形成一种铜四胺络合物，能稳定硫代硫酸金络合物 $[Au(S_2O_3)_2^{3-}]$，提高金属回收率。式（1-3）和式（1-4）介绍了硫代硫酸盐浸出的化学反应。

$$2Cu(NH_3)_4^{2+} + 8S_2O_3^{2-} \rightarrow 2Cu(S_2O_3)_3^{5-} + S_4O_6^{2-} + 8NH_3 \qquad (1-3)$$

$$2Cu(S_2O_3)_3^{5-} + 8NH_3 + 0.5O_2 + H_2O \rightarrow 2Cu(NH_3)_4^{2+} + 6S_2O_3^{2-} + 2OH^-$$

$$(1-4)$$

硫脲毒性低、回收率高、反应动力学快、选择性高，在金属浸出中也得到了广泛的应用。文献表明，与氰化物相比，氮原子和硫原子之间的电子对更有可能形成金与银之间的配位键。硫脲浸出的相关化学反应见式（1-5）和式（1-6）。

$$Au + 2CS(NH_2)_2 + Fe^{3+} \rightarrow Au(CS(NH_2)_2)_2^+ + Fe^{2+} \qquad (1-5)$$

$$Ag + 3CS(NH_2)_2 + Fe^{3+} \rightarrow Ag(CS(NH_2)_2)_3^+ + Fe^{2+} \qquad (1-6)$$

硫脲在碱性溶液中不稳定，但在酸性溶液中容易溶解。因此，反应是在酸性溶液中进行的，其中铁离子氧化硫脲试剂形成二硫甲脒。该络合物迅速分解为硫和氰胺，最终转化为稳定的硫酸铁络合物，见式（1-7）~式（1-9）。

$$2CS(NH_2)_2 + 2Fe^{3+} \rightarrow (SCN_2H_3)_2 + 2Fe^{2+} + 2H^+ \qquad (1-7)$$

$$(SCN_2H_3)_2 \rightarrow CS(NH_2)_2 + NH_2CN + S \qquad (1-8)$$

$$Fe^{3+} + SO_4^{2-} + CS(NH_2)_2 \rightarrow (FeSO_4CS(NH_2)_2)^+ \qquad (1-9)$$

卤化物浸出方法包括氯、溴、碘浸出。有几项研究报道了使用各种卤化物从电子废料中提取金属的方法。在 2% 过氧化氢的氧化剂存在下，3% 碘浓度下的金回收率约为 90%，而在没有氧化剂的情况下，金回收率不显著。采用超临界水氧化剂（SCWO）和盐酸预处理 60min 回收 Cu^{2+}。在 420℃ 的条件下，碘浸出可显著回收贵金属。尽管卤化物浸出法具有显著的金属萃取效率，但由于卤

化物浸出法存在诸多缺点，限制了卤化物浸出法的大规模应用。高试剂消耗和高经济性是卤化物浸出的主要缺点，因此需要进行更多的研究工作来解决这些问题。

2）利用酸/碱浸出。酸/碱浸出是将破碎后的废弃电器电子产品颗粒在酸性或碱性条件下浸出，浸出液再经过萃取、沉淀、置换、离子交换、过滤以及蒸馏等一系列过程最终得到高品位及高回收率的金属。硫酸（H_2SO_4）、盐酸（HCl）、硝基盐酸和硝酸（HNO_3）溶液等多种无机酸从 WEEE 中回收资源。Naseri Joda 和 Rashchi 采用硝酸浸出废 PCB。浸出液中含有溶解态的银、铜等金属，金、钯为残渣。滤液经 NaCl 处理后沉淀氯化银，在 KOH 和 H_2O_2 中浸出，回收 82.6% 的银，第二步得到的残渣中含有丰富的塑料、汞和氯化铅。

（3）生物冶金　利用生物浸出处理电子废物是无害环境的，具有降低操作成本和满足能量需求的巨大潜力。化学-岩石自养菌（酸化亚铁硫杆菌和酸化硫杆菌）具有通过一系列生物氧化和生物浸出反应促进金属溶解的能力，已成为生物浸出应用最广泛的微生物群。利用硫杆菌群和嗜热菌真菌，如黑曲霉、单青霉。可用于回收铜、镍、铁、锌、锡等重金属以及部分贵金属（金、铂）。紫蓝藻、荧光藻等产氰细菌也被用于从 WEEE 中提取金。Jadhav 等采用 A. niger 进行两步生物浸出，第一步培养真菌生产有机酸，第二步生物浸出实验中收集无真菌细胞的培养上清液用于金属浸出工艺。尽管生物浸出技术具有许多优点，但由于工艺过程缓慢、易受污染以及微生物对 pH 和温度的敏感性，其商业化应用仍处于起步阶段。因此，有必要开发一种快速、经济、具有工业规模应用的生物浸出工艺。

▶▶ 3. 废弃电器电子产品中塑料的处理工艺

典型的废弃电器电子产品中含有 10%～30% 的塑料，其中往往含有溴化阻燃剂（BFRs），包括多溴二苯醚（PBDE）和四溴双酚 A（TBBA）。废弃电器电子产品中的塑料可能包含超过 15 种不同的聚合物，使回收过程变得困难。而且，塑料回收过程中存在的主要问题是溴化阻燃剂的含量过高，可能引发严重的环境污染。

（1）焚烧　焚烧回收塑料在塑料废弃物回收过程中得到了广泛的应用，在此过程中可以获得大量的能量用于发电或其他过程。然而，焚烧可能对环境造成危险，因为在飞灰和残留物中可以发现多环芳烃（PAHs）、多氯联苯（PCBs）和多氯二噁英（PCDs）等有毒成分的排放。采用高温燃烧可以减少二噁英的形成，燃烧的完全程度与卤代烃的生成也有关，一般要求燃烧室出口的温度控制在 850～950℃。另一方法就是对烟气进行高温（1000℃以上）分解处理，二次燃烧技术也适用于电子废物的安全燃烧，二次燃烧室的温度最好控制在 1000℃以上，停留时间不少于 1s。无论哪种处理方式，最终排出的废气必须用急冷方式快速冷却到 250℃ 以下避免有害物质的重新形成。

（2）热解　热解是将材料在无氧条件下加热至高温，然后分解成小分子的过程。热解产物由油、炭和天然气组成，其中石油占绝大多数，结果表明，油品主要含有苯乙烯、苯酚和其他的芳香族化合物。与此同时，在裂解油中发现非常少的有机卤素，因此这种油可以用作燃料。热解回收热能的方式，能量利用效率比焚烧高得多，回收成本也更低。热解所消耗的能量一般只占废弃物总能量的 10% 左右。热解实验结果表明，混合塑料约 70%（质量分数）可转化为潜在燃料。

（3）超临界流体　近年来，利用超临界流体作为有机化学反应介质对废旧塑料进行回收利用已成为一个很有前景的研究领域。超临界流体具有介电常数低、黏度低、质量输运系数高、扩散系数高等优点，已被广泛应用于废旧塑料的环保回收利用。此外，超临界流体的独特性质赋予其良好的溶剂能力，可用于氧化等有机反应。接近或超过其临界点（374℃，22.1MPa）的水表现得像其他有机溶剂，对有机化合物和气体具有高溶解性。在 SCFs 条件下，WEEE 塑料中绝大多数的溴化阻燃剂易降解。两种常用的 WEEE 塑料 Br-ABS 和 Br-HIPS 可在 450℃ 和 31MPa 的超临界水中降解。反应产物包括气、油和固体残渣。油中含有多种苯衍生物，如甲苯、乙苯、异丙苯、丁苯、苯乙酮、萘等。ABS 油中含有酚类物质和取代酚类物质。在气体方面，两种塑料都主要产生氢气和碳氢化合物气体。

（4）汽化　利用汽化回收技术回收废旧塑料工艺的主要目的是在加工过程中聚合物废料进行裂解形成合成气体（CO，H_2）。CO_2、H_2O、CH_4 和煤烟可能是汽化过程中的副产物。汽化的温度高达 1000℃ 以上，一般在 1300~1500℃ 之间，因而汽化过程能够控制溴代二噁英和呋喃的生成。此外，燃料气也可以获得和用于产生热量和电力，但该产品的价值远远低于合成气。汽化技术同时结合了热解和焚烧技术的特点，在过程中引入氧气加速分解，并起到了避免炭化结焦的效果，与燃烧不同的是，汽化过程是使用纯氧，汽化的产物为 H_2 和 CO，不是 CO_2。

参 考 文 献

［1］The Global E-waste Monitor 2020 ［EB/OL］.［2021-1-1］. https：//www. itu. int/en/ITU-D/Environment/Pages/Spotlight/Global-Ewaste-Monitor-2020. aspx.

［2］CHAUHAN G，JADHAO P R，PANT K K，et al. Novel technologies and conventional processes for recovery of metals from waste electrical and electronic equipment：challenges & opportunities-a review ［J］. Journal of environmental chemical engineering，2018，6（1）：1288-1304.

［3］胡嘉琦，邓梅玲．中国典型地区废弃电器电子产品的现状研究［J］．日用电器，2011（11）：44-48.

［4］刘国正，韦洪莲．废弃电器电子产品处理产业研究报告：2020［R］．北京：生态环境部固体废物与化学品管理技术中心，2020.

［5］于可利，张贺然，刘雨淼．中国废弃电器电子产品回收处理行业发展报告：2020［R］．北京：中国物资再生协会电子产品回收利用分会，2020.

［6］杨红斌．电子废弃物的处理回收技术［C］∥中国环境科学学会2006年学术年会优秀论文集：下卷．北京：中国环境科学学会，2006：2906-2910.

［7］靳敏，郭甲嘉，苏明明．互联网+WEEE回收模式的路径设计［J］．环境保护科学，2019，45（3）：1-7.

［8］刘芳，郑莉霞，谭全银，等．废旧电器电子产品越境转移国际管理制度比较［J］．中国环境科学，2018，38（6）：2193-2201.

［9］段立哲，李金惠．巴塞尔公约发展和我国履约实践［J］．环境与可持续发展，2020，45（5）：27-29.

第 2 章

废弃电器电子产品拆解
处置工程技术

2.1 废弃电冰箱拆解处置技术与设备

电冰箱的组成材料包括铁、铜、铝、塑料、泡沫，在压缩机内部有氟利昂制冷剂，在泡沫内部填充有碳氢化合物类的发泡剂，其拆解处置过程一方面要尽可能获得各类材料，另一方面要避免有害气体逃逸或者引发起燃、起爆等安全事故。拆解过程一般包括人工预拆解、两级机械破碎、铁分选、铜铝分选、粉尘收集、泡沫减容等工序。在废弃电器电子产品拆解处置生产设备中，电冰箱拆解处置的生产线设备总体自动化程度最高，设备成本投入最大，国内企业主要采用国产的先进设备，少数企业进口整条生产线或部分关键设备。

▶▶ 2.1.1 电冰箱结构

电冰箱主要包括了 5 大系统：保温箱体、保温门体、制冷系统、电气控制系统、应用附件，见表 2-1，不同系统的结构特点不同。

（1）保温箱体　保温箱体表面为一层镀锌铁板层，厚度约 1.2mm，箱体内胆为塑料，中间保温层为聚氨酯泡沫绝热层，聚氨酯泡沫与外层铁皮、内层塑料紧密粘连。滚轮、铰链的结构中铁的厚度较大，可单独拆卸。

（2）保温门体　跟保温箱体类似，保温门体表面为一层铁皮，内胆为塑料，中间保温层为聚氨酯泡沫绝热层，聚氨酯泡沫与外层铁皮、内层塑料紧密粘连。

（3）制冷系统　制冷系统中的压缩机、冷凝器、蒸发器结构独立，揭开盖板后可单独拆卸，压缩机中残留润滑油与制冷剂。

（4）电气控制系统　电气控制系统主要在电冰箱内部，照明灯等分布在内胆内，一般单独拆卸。

（5）应用附件　应用附件的材料单一，与电冰箱主体可直接分离。

表 2-1　电冰箱主要系统组成

保温箱体	保温门体	制冷系统	电气控制系统	应用附件
箱体内胆、箱体外壳、箱体绝热层、台面板	门外壳、绝热层、内胆、磁性门封	压缩机、冷凝器、干燥过滤器、毛细管、蒸发器	温度控制器、起动继电器、热保护继电器、照明灯、开关	隔板、果蔬盒、储物盒、制冰盒

电冰箱典型结构图如图 2-1 所示。

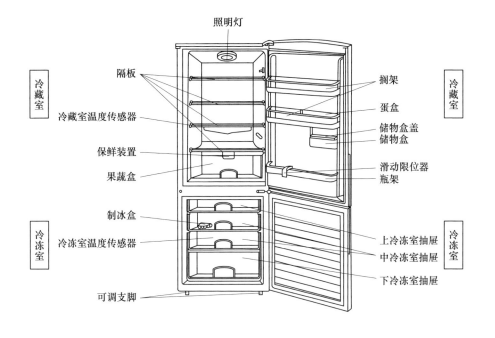

照明灯

隔板

冷藏室

冷藏室温度传感器

保鲜装置

果蔬盒

搁架

蛋盒

储物盒盖
储物盒

冷藏室

滑动限位器
瓶架

制冰盒

冷冻室

冷冻室温度传感器

上冷冻室抽屉

中冷冻室抽屉

冷冻室

下冷冻室抽屉

可调支脚

a)

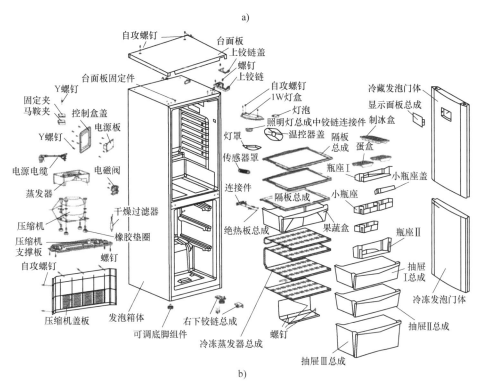

自攻螺钉

台面板

上铰链盖

螺钉

上铰链

自攻螺钉

1W灯盒

灯泡

照明灯总成中铰链连接件

温控器盖

隔板
总成

蛋盒

瓶座 I

小瓶座盖

小瓶座

果蔬盒

瓶座 II

冷藏发泡门体

显示面板总成

制冰盒

台面板固定件

Y螺钉

固定夹
马鞍夹

控制盒盖

电源板

Y螺钉

电源电缆

电磁阀

蒸发器

干燥过滤器

压缩机

压缩机
支撑板

橡胶垫圈

螺钉

自攻螺钉

压缩机盖板

发泡箱体

可调底脚组件

右下铰链总成

螺钉

冷冻蒸发器总成

灯罩

传感器罩

连接件

隔板总成

绝热板总成

抽屉 I总成

冷冻发泡门体

抽屉 II总成

抽屉III总成

b)

图 2-1　电冰箱典型结构图

▶▶ 2.1.2 电冰箱拆解流程

国内电冰箱拆解基本采用人工预拆解→压缩机中润滑油收集→箱体物理破碎分选的工艺流程，具体可以归纳为以下步骤。

（1）电冰箱主要零部件检查 由于《废弃电器电子产品规范拆解处理作业及生产管理指南（2015 年版）》要求废弃电冰箱必须有完整的关键零部件压缩机与保温层材料，否则该电冰箱不可获得相应基金补贴，因此拆解前首先检查关键零部件的完整性。

（2）分离独立的应用附件 取出内部间隔的玻璃板、内部活动式的塑料盒。

（3）拆解箱门 拆除铰链，卸下电冰箱箱门，将电冰箱门内侧的门封条撕除。

（4）拆解坚硬的结构件 拆下底部及门角处强化钢板（6mm 以上），否则对电冰箱箱体破碎机等会造成严重损害。

（5）拆卸含有有毒、有害物质的部件等 拆除风扇、照明灯、定时器、温控器、电路板、电线等。

（6）回收制冷剂 制冷剂的回收首先要区分消耗臭氧层物质的制冷剂与异丁烷类的制冷剂。前者采用制冷剂回收机回收；后者在回收过程中，应注意采取防火措施、手眼防护和保持车间良好通风。

（7）拆解压缩机、冷凝器、蒸发器 压缩机一般是通过螺钉、螺母安装在制冷设备上的。拆除压缩机可以通过简单的套筒扳手和一对斜纹刀具完成，也可以用等离子体焰炬等完成。

首先割开压缩机上的加液管，泄放并回收制冷剂。泄放时间需 5~10min。

通过气焊设备等加热，使压缩机上的高压管接头、低压管接头、干燥过滤器与毛细管的连接头、干燥过滤器与冷凝器的连接头逐一断开，拆下干燥过滤器。拆下固定螺钉，拆下压缩机、冷凝器、温控器的感温管、蒸发器。

（8）拆解电气控制系统 取下压缩机接线盒盒盖，将接线盒内的起动继电器及过载保护器从压缩机接线柱上拔下，分别取下起动继电器及过载保护器。

用螺钉旋具旋下固定温控器盒的螺钉，卸下温控盒，取下温控器和门开关、照明灯泡。

（9）其他外部电线及铜管 剪断其他可见的外部电线，剪断铜管时应尽量靠近电冰箱本体。

（10）压缩机打孔沥油 压缩机润滑油为危险废物，拆解过程中，采用手动或气动打孔钻对其进行穿孔处理，将打孔后的压缩机放置在沥油槽中，用专用容器回收存储润滑油。对于含有异丁烷类制冷剂的压缩机，则在自然通风贮存条件下放置两周后再进行打孔操作。

（11）压缩机的进一步拆解 压缩机进一步拆解可获得铜、铝、铁材料，其拆解开盖过程采用机械刀切割或者电离子切割，再通过定子绕组切割与拉出设备将其分离。

（12）箱体自动破碎分选 上述前期人工拆解的完成不仅可以很好地延长箱体自动破碎分选生产线设备的使用运行寿命，而且对破碎系统的刀具起到很好的保护作用，更能有效提高废弃电冰箱的回收处理效率。一般经过两级破碎实现了材料的粉碎与解离，再经过风力分选、磁力分选、涡电流分选加以人工分选实现塑料、铁、铜、铝、泡沫材料的逐级分离。在自动破碎分选过程中，配置除尘设备、氟利昂收集装置、碳氢化合物监控装置、灭火设置等，预防生产过程中有毒、有害气体逃逸、粉尘扩散及起燃起爆发生。

图 2-2 所示为废弃电冰箱拆解回收的一般工艺流程。

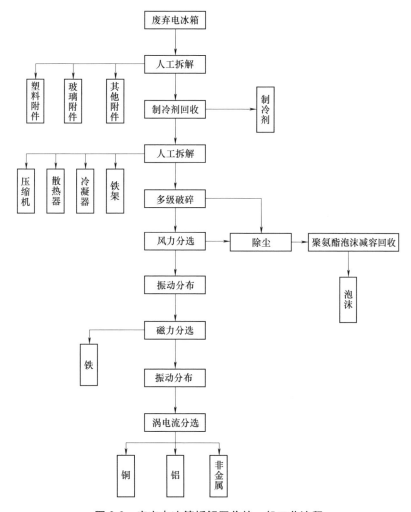

图 2-2 废弃电冰箱拆解回收的一般工艺流程

首先对废弃电冰箱进行人工拆解，得到塑料、玻璃等，然后回收制冷剂，再人工拆解压缩机和冷凝器等，然后对箱体进行多级破碎，破碎后物料先进行风力分选，分离出的聚氨酯泡沫经减容设备压缩成块，破碎箱体混合物料中铁和磁铁具有强磁性，再通过磁力分选的方法分离出铁和磁铁，最后进行涡电流分选，分离出铜、铝等。

2.1.3 电冰箱拆解产物物料平衡

经拆解后的电冰箱主要有冷媒、电路板、灯泡、电子元件、电线、润滑油等不同产物，其分类与质量分数见表2-2。

表 2-2 废弃电冰箱拆解产物物料平衡

序号	材料	质量分数		
1	冷媒（压缩机内）	0.1%		
2	润滑油	0.2%		
3	电线	0.16%	塑料（PVC）	30%
			铜	70%
4	电子元件	1.83%		
5	电路板	0.3%		
6	压缩机	11.2%		
7	电冰箱外壳	86.12%	PUR（塑胶混合物）	23.66%
			铁	46.45%
			塑料	26.46%
			铜	2.73%
			发泡剂气体	0.7%
8	灯泡	0.09%		

2.1.4 电冰箱拆解设备与布局

根据电冰箱的拆解回收流程，电冰箱的拆解回收生产线应包括破碎机、风选机、输送机等设备。为了方便掌握生产线，将其分为9个系统，包括预处理系统、破碎及输送系统、泡沫分离系统、除铁系统、有色金属分离系统、泡沫减容回收系统、尾气处理系统、安全系统、控制系统，每个分系统包含有不同的设备，详细分类见表2-3。

表 2-3　废弃电冰箱拆解主要设备

系统分类	设备名称
预处理系统	人工拆解输送线
	冷媒回收机
	压缩机打孔放油装置
破碎及输送系统	入料带式输送机
	一级破碎机
	排屑链板输送机 1
	二级破碎机
	排屑链板输送机 2
泡沫分离系统	风选机
除铁系统	斗式提升机
	振动分布机 1
	悬挂式磁选机
	铁料分选输送机
有色金属分离系统	振动分布机 2
	偏心式涡电流分选机
	塑料分选输送机
	铜铝人工分选输送机
泡沫减容回收系统	聚氨酯泡沫减容机
尾气处理系统	除尘器 1
	除尘器 2
	除尘器 3
	活性炭吸附装置
安全系统	喷淋系统
	视频监控系统
	碳氢化合物检测系统
控制系统	控制箱

　　预处理系统包括人工拆解输送线、冷媒回收机、压缩机打孔放油装置，人工拆解输送线进料口配置气动或液压翻转装置，便于电冰箱的上料及翻转。人工拆解输送线一般前段采用无动力滚筒，而破碎及输送系统段采用动力滚筒，中间设有氟利昂抽取工位。

　　破碎及输送系统一般采用两级破碎，破碎机要求运行平稳，破碎刀具易于更换，采用剪切式破碎的一级破碎机刀具可反转，以避免发生大物料卡机。国内设备在电冰箱箱体入料时，主要有竖向入料和横向入料两种方式，横向入料一般采用一级两轴式剪切破碎机，竖向入料的有采用两轴式剪切破碎机或四轴式剪切破碎机。此外，也有设备采用单级破碎的方法，仅仅使用一台链条式破碎机满足粉碎要求，该方法效率高，但是增大了破碎过程中起燃的风险。破碎机入料及出料采用的输送系统，一般为带式输送机，带式输送机使用寿命较短但易于维护，而不锈钢链条式输送机使用寿命长、防火性好，但是维护较为复杂，无论采用哪种输送机，因在生产过程中物料大小不一，容易散落，输送机都应做好防漏和封闭处理，同时留出检修口。

泡沫分离系统采用风选机，将轻质的泡沫材料与塑料、金属材料分离开来。

除铁系统主要包括斗式提升机、振动分布机、悬挂式磁选机、铁料分选输送机。斗式提升机实现物料从低到高的转移，振动分布机用以平均分布物料以提高分选效率，悬挂式磁选机分离出金属铁，质量较好的生产线设备，铁的分选纯度可达到99%以上。

有色金属分离系统主要包括振动分布机、偏心式涡电流分选机、塑料分选输送机、铜铝人工分选输送机。采用偏心式涡电流分选机，将混合物料分选为塑料、铜铝混合物，铜铝混合物通过人工分选输送机做进一步分选。

泡沫减容回收系统中聚氨酯泡沫减容机采用螺旋挤压等方式实现泡沫的减容，同时进一步释放泡沫中残留的发泡剂气体。

尾气处理系统选用负压除尘方式。一个除尘器连接破碎机，通过抽风集中粉尘和破碎过程中逸出的氟利昂类发泡剂气体或降低碳氢化合物可燃气体浓度；另两个除尘器连接风选设备、泡沫减容回收系统，完成泡沫吸出与发泡剂气体收集。除尘器为变频控制，并在抽风管道的每个支路上设置手动风门，通过调整风量和风门的大小得到最佳的除尘效果。经过活性炭吸附装置净化后排出。

安全系统包括喷淋系统、碳氢化合物检测系统、视频监控系统。喷淋系统分布在破碎机腔体内，在极端情况，如排风系统运转不良或有明火产生等导致发生火情的情况下，及时启用水喷淋，保障设备安全运行；在一级破碎机破碎室（或者两级破碎机破碎室均安装）安装一套碳氢化合物检测系统，设定不同碳氢化合物浓度的报警值，在不同的报警值下，通过自动起动氮气充气系统、设备紧急排放口自动打开、声音、灯光警示、停止破碎机的动作等措施或措施的组合达到降低氧气浓度，避免爆炸危险的目的。视频监控系统采用多个摄像头分布在箱体入料口、破碎腔体、破碎料出口、铁出料口、塑料出料口、铜铝出料口等处。视频显示集中在控制面板，同时视频监控系统可在线显示检测数据，如温度、转速、噪声、电流、压力以观察生产情况。

控制系统的一般控制箱为落地式，采用可编程逻辑控制器（Programmable Logic Controller, PLC）集中控制。

此外，由于废弃电冰箱回收处理生产线有防火需求，一般做防火隔声围房，仅将入料口与出料口露在围房外。

图 2-3 所示为废弃电冰箱回收处理生产线布局。

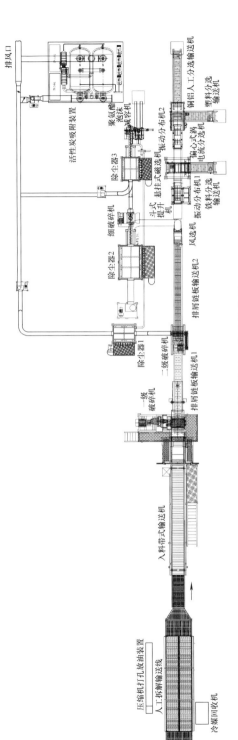

图 2-3 废弃电冰箱回收处理生产线布局

▶ 2.1.5 电冰箱拆解核心设备

废弃电冰箱回收处理工艺流程主要包括手工拆解，箱体一级破碎、二级破碎，分选分离等。其中，箱体一级破碎是整个工艺流程中较为关键的环节，其设备也是整条拆解回收生产线设备中成本最高的核心设备。经过人工预拆解后，剩余电冰箱箱体进入到破碎设备中。废弃电冰箱箱体破碎是利用外力克服固体废物之间的内聚力使大块固体废物分裂成小块的过程。对于废钢铁、废汽车、废器材和废塑料等柔硬性废物，多采用冲击和剪切等机械式破碎。经拆解后的电冰箱壳体主要有镀锌铁质面板、聚氨酯泡沫保温层和塑料内胆三层结构，根据其特殊结构，多采用剪切破碎方法，采用齿辊破碎机。

目前国际上使用的破碎机有很多，旋回破碎机和颚式破碎机应用较为普遍。但是经过国内外破碎机的运行实践并对比分析，颚式破碎机、旋回破碎机常出现"堵塞现象"使功率增加；锤式破碎机生产率低，反击式破碎机生产率高，但结构复杂。而齿辊破碎机的发展却越来越迅速，其优点也有很多：结构简单，维护方便；外形尺寸小，重量轻；生产能力大，能耗低；工作受力均为内力，为简化基础设计创造了条件；产品粒度均匀；安全保护可靠。

根据破碎对象的不同，齿辊破碎机也有相应的不同结构，但总体上讲都由原动机、传动机构、减速装置、主机等组成。

（1）原动机　原动机采用电动机，用户可根据使用条件选择。这增加了破碎机的使用范围。

（2）传动机构　传动机构采用带轮传动，可以使原动机的工作更加平稳，具有过载保护作用。

（3）减速装置　破碎机采用慢速齿辊的方式运行，为了得到所要求的减速比，采用三角胶带和齿轮两次减速，传动轴和主轴都采用圆锥滚子轴承。

（4）主机

1）箱体。齿辊破碎机的主机采用箱形结构，机架用钢板焊接而成，采用分体式，由底板、侧板和上盖组成，齿辊安装在机架的固定轴承上，轴承通过轴承座与机架连接。辊子之间用两个参数相同精确制造的齿轮连接。

2）辊子。齿辊破碎机的主要工作部件是2个或4个平行安装的齿辊，破碎齿通过键槽与心轴连接，通过改变破碎齿上的键槽角度来实现破碎齿在心轴上的螺旋式排列。

3）辅助装置。齿辊破碎机的主机内设有辅助装置，箱体的下部两齿辊之间装有破碎砧，与齿辊配合形成第三阶段的破碎，控制产品粒度。

4）排粒料装置。齿板、破碎砧之间的间隙形成了动态筛分机构。进入破碎腔的物料中所含有的合格粒级的物料迅速从间隙排出，而大块物料被旋转的齿对咬住，受冲击剪切和冲击拉伸力而破碎，这种结构提高了破碎机的工作效率和处理能力。

图 2-4 为废弃电冰箱双齿辊破碎机的结构图。破碎机通过大功率电动机并经减速机减速后提供动力，使用两对相向旋转的带齿滚轴将电冰箱体强制挤入并切割。刀具剪切物料的过程一般由两个阶段组成：压入变形阶段和滑移阶段。剪切力是随着切入深度的变化而变化的，当刀刃接触并逐渐压入物料时，剪切力由零逐渐增大。在整个压入阶段，剪切面上的剪切力小于被剪切体的抗剪能力，被剪切体只产生局部压缩塑性变形，这时被剪切体剪切面两侧将产生偏转；随着刀刃的逐渐压入，剪切力继续增加，当剪切力产生的剪应力等于被剪切体的剪切强度时，被剪切体便沿剪切面产生相对滑移。在滑移阶段，剪切断面逐渐减小，剪切力也随着不断减小，直至剪断物料，剪切力为零。破碎机的关键部件是破碎刀具，破碎刀具的材料选择和结构设计决定着废旧电冰箱破碎效率。在喂料斗内设计有辅助喂料强压装置，通过液压驱动，如果电冰箱箱体不能自然进入破碎腔内的话，可以通过辅助喂料强压装置将电冰箱强制压入破碎腔进行破碎，从而能够保证破碎的顺利进行。

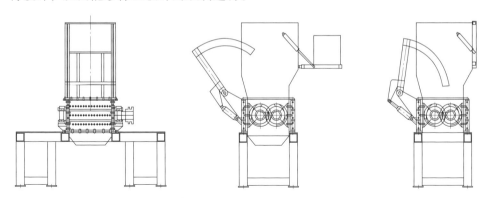

图 2-4　废弃电冰箱双齿辊破碎机的结构图

2.2　废弃 CRT 电视机拆解处置技术与设备

电视机，被公认为是 20 世纪最伟大、最重要的发明之一，其发展经过了机械电视机、阴极射线管（Cathode Ray Tube，CRT）电视机、彩色显像管电视机、等离子电视机、液晶（Liquid Crystal Display，LCD）电视机、有机发光二极管（Organic Light-Emitting Diode，OLED）电视机，并随着时代的发展，产生了 3D、智能、4K、曲面等功能。电视机早已经成为千家万户最重要的家用电器之一，同时也是报废量最大的家用电器之一。

2.2.1 CRT 电视机结构

CRT 电视机是一种使用阴极射线管的电器，主要由电子枪（Electron Gun）、偏转线圈（Deflection Coils）、荫罩（Shadow Mask）、高压石墨电极和荧光粉涂层（Phosphor）及玻璃外壳组成。CRT 电视机是应用最广泛的电视机之一，CRT 纯平电视机具有可视角度大、无坏点、色彩还原度高、色度均匀、可调节的多分辨率模式、响应时间极短等 LCD 电视机难以超过的优点，而且价格更便宜。

图 2-5 所示为 CRT 电视机的结构示意图。

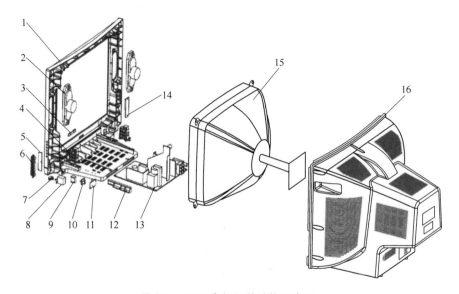

图 2-5　CRT 电视机的结构示意图

1—前壳　2—扬声器　3—商标　4—显像管支撑　5—按键板　6—按键　7—电源按钮
8—电源开关　9—电源线夹　10—导光柱　11—遥控板　12—导轨　13—机芯
14—侧 AV 板　15—显像管　16—后壳

2.2.2 CRT 电视机拆解流程

CRT 电视机与 CRT 计算机显示器具有相似的结构，主要构件是显像管和电路板，各部分之间界限分明，装配关系简单，容易拆卸。电视机的壳体材料通常为高抗冲击级聚苯乙烯（HIPS），计算机显示器的壳体材料通常为工程塑料丙烯腈-丁二烯-苯乙烯共聚物（ABS）。CRT 电视机和计算机显示器的核心问题在 CRT 显像管和电路板处理上。因此对 CRT 电视机的处理工艺通常是先进行拆解，分成壳体、电路板、电源、高频头、扬声器、电缆等部分，然后分别进行专业处理或利用。对于拆解出的壳体，表面有涂层的需要进行表面处理，然后破碎成适当粒度成为再生材料。

CRT 由管屏、管锥、荫罩组件组成，屏锥间用钎料焊接。管锥中的 PbO 含量在 25%（质量分数）左右，焊缝钎料中铅含量更是高达 80%（质量分数）。CRT 上含有荧光性金属（钡/锶），需收集荧光涂布粉以避免污染扩散。含铅玻璃若不能回收妥善处置，势必会造成铅等重金属对环境安全的严重威胁和大量资源的流失。处理废弃 CRT 时，要求含铅玻璃和普通玻璃彻底分离，然后分别加以利用。在拆出物中，荫罩组件可作为废金属利用。处理废弃 CRT 需要解决的是屏锥分离、荧光粉的收集、锥含铅玻璃的再生与环保处理、屏普通玻璃的再生处理。

对于 CRT 的处理工艺通常有两种。一种工艺是首先破碎 CRT 电视机，然后进行净化筛分处理，最后进行含铅玻璃的识别分选。另一种工艺首先将 CRT 的含铅部分和不含铅部分进行切割分离，然后进行破碎与净化处理，达到再生可利用的标准。

第一种工艺在欧洲比如瑞士有应用，处理废弃 CRT 多采用 X 射线自动识别分选法。工艺流程为：拆除偏转线圈、锥柄、防爆带及电线等附件，将待处理 CRT 破碎成一定块度的碎片，磁选分离铁磁材料，玻璃碎片净化处理，利用振动给料设备将玻璃块均布在平面输送带上，最后进入 X 射线分选机逐片分析识别并由机械手将含铅与非含铅玻璃分离。该工艺具有设备集成度高、自动化程度高、减少操作工人、处理效率高、处理费用比较低、工作环境好等一系列优点，是一种先进的处理方法，但设备造价较高，应用不普及。

第二种工艺处理废弃 CRT 屏锥分离采用电阻丝（带）热爆法，目前在德国、日本和我国都有很好的应用。该方法是由人工或机械将电阻丝（带）沿 CRT 的屏锥熔接带一侧缠绕，然后通电加热，利用热胀冷缩产生的应力实现屏锥分离。该工艺的特点是设备费用低、能耗低、生产线自动化程度稍低。

国内企业 CRT 电视机拆解基本采用人工预拆解→屏锥机械分离→收集荧光粉的工艺流程，具体可以归纳为以下步骤。

（1）CRT 电视机主要零部件检查　由于《废弃电器电子产品规范拆解处理作业及生产管理指南（2015 年版）》要求废弃 CRT 电视机（包括 CRT 台式计算机）必须有完整的关键零部件 CRT、机壳与电路板，否则该 CRT 电视机不可获得相应基金补贴，因此拆解前首先检查关键零部件的完整性。

（2）拆解电源线　拆解电源线时，应在机体侧根部整齐剪切、分离电源线。

（3）拆除后壳、机内清理　检查电视机后壳上相连部件并拆除，拆除后壳，清理机内积尘，获得电视机后壳及相连部件，如天线。

（4）CRT 解除真空　取下电子枪端电路板，钳裂管颈管上端玻璃，拆除高压帽。

（5）拆除电路板　切断电线，取下电路板。

（6）拆除扬声器　拧开螺钉，剪除连接线，取出扬声器。

（7）拆除偏光调节圈、偏转线圈　拧开螺钉，拆除偏光调节圈、偏转线圈。

（8）拆除前壳，取出 CRT　拧开前壳螺钉，将前壳与 CRT 分离。

（9）拆除消磁线、接地线、变压器、高频头等　拆下消磁线、接地线、变压器、高频头等。

（10）拆除管颈管　使用套管、砂轮片或切割器等专用设备拆除管颈管。

（11）切割防爆带　使用切割设备获得防爆带。

（12）清理 CRT　除胶，清理金属及橡胶件。

（13）屏锥分离　使用加热、机械切割、激光、等离子等分离设备，进行屏锥分离。锥玻璃里含有铅，属于危险废物，因此必须进行屏锥分离，该环节是 CRT 拆解过程的关键环节，目前在拆解企业基本实现了机械化操作，特殊情况下使用分离设备无法完全分离时，可以使用辅助工具进行人工分离。为了进一步避免彩色 CRT 屏锥分离时屏玻璃中混入含铅玻璃，建议现有设备的分离位置在屏玻璃与锥玻璃结合部向屏玻璃方向适当下移。为方便屏玻璃与含铅玻璃分离，可在分离位置提前做出划痕。屏锥分离必须在负压环境下操作，严格防控粉尘的无组织排放。

（14）收集荧光粉　用专用吸尘器吸取屏玻璃内面、四角及四侧边荧光粉，并用专用贮存容器收集。荧光粉属于危险废物，必须完全收集妥善贮存。

（15）其他　部分使用其他拆解工艺的，如 CRT 整体破碎法分离含铅玻璃、湿法清洗收集荧光粉、高压吹吸法回收废黑白阴极射线管中荧光粉等，应当具有相应的环保手续，以保证分离含铅玻璃，完全收集荧光粉。

图 2-6 所示为 CRT 电视机拆解回收的一般工艺流程。

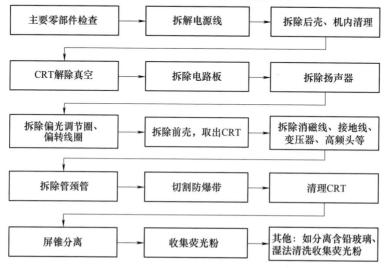

图 2-6　CRT 电视机拆解回收的一般工艺流程

▶ 2.2.3 CRT 电视机拆解产物物料平衡

经拆解后的 CRT 电视机主要有铁、铝、电路板、塑料、玻璃等产物，其分类与质量分数见表 2-4。

表 2-4 CRT 电视机拆解产物物料平衡

序号	材料	质量分数		
1	塑料	16.96%		
2	铁	6.2%		
3	铝	0.3%		
4	电路板	9.41%		
5	其他电子元件	1%		
6	偏转线圈	2.37%	铜	27.91%
			塑料	4.02%
			磁铁	68.07%
7	显像管	59.76%	锥玻璃	23.62%
			屏玻璃	63.88%
			铁	11.5%
			荧光粉	0.1%
			电子枪	0.9%
8	消磁线	1.0%	铜	80%
			塑料	20%
9	电线	3.0%	塑料（PVC）	30%
			铜	70%

废弃 CRT 的管锥玻璃含有氧化铅（PbO），属于高铅晶质玻璃，为危险废物。CRT 玻壳组件进一步可分为屏玻璃、熔结玻璃、管锥玻璃、管颈玻璃四大部件，各部分的铅含量见表 2-5。

表 2-5 CRT 玻壳组件及其中的铅含量

序号	玻壳组件名称	占玻壳组件含量	组件的铅含量	占 CRT 总铅含量
1	屏玻璃	69.90%	0%~4%	15.3%
2	熔结玻璃	4.80%	70%~80%	2.2%
3	管锥玻璃	25.20%	22%~28%	77.2%
4	管颈玻璃	0.10%	26%~32%	1.0%

▶▶ 2.2.4 CRT 电视机拆解设备与布局

CRT 电视机类废弃电器产品拆解以人工操作为主，设备具体见表 2-6。

表 2-6 废弃 CRT 电视机拆解主要设备

系统分类	设备名称
输送系统	上料输送线
	拆解元器件输送线
	拆解塑料外壳输送线
	CRT 玻壳入料输送线
	锥玻璃输送线
	屏玻璃输送线
拆解工作台	双工位拆解工作台
	防爆带切割工作台
	双工位 CRT 切割台
	荧光粉收集设备
除尘系统	
控制系统	

CRT 电视机拆解生产线的输送系统为实现多种传送功能和后端进行产物分拣，往往采用多层结构。如 CRT 电视机经上料输送线将物料分别输送到各个拆解工位，得到各种拆解产物，此时拆解元器件输送线、拆解塑料外壳输送线被设计为双层输送线，拆解工位的拆解产物中的塑料置于上层拆解塑料外壳输送线输送至末端收集或处理，其余拆解产物置于下层拆解元器件输送线，输送至中间分选段进行分选（除 CRT 玻壳），而 CRT 玻壳则转移到 CRT 玻壳入料输送线。

CRT 玻壳分离一般在单独的处理室内，CRT 切割台与荧光粉收集设备均设在处理室内。CRT 玻壳分离采用电阻丝（带）热爆法切割分离锥玻璃与屏玻璃。荧光粉的收集采用真空抽吸法，利用真空吸尘器和毛刷相结合的干法去除屏玻璃上的绝大多数荧光粉，同时安装空气抽取和过滤装置，以防止荧光粉的逸散。经过分离与荧光粉收集的锥玻璃、屏玻璃分别放置在锥玻璃输送线、屏玻璃输送线。锥玻璃输送线、屏玻璃输送线往往也被设计为双层结构，如果塑料外壳一直输送到生产线末端，则将被设计为三层输送结构。

部分工艺流程中会进行锥玻璃的破碎与清洗，一般采用干法清洗。锥玻璃破碎后在玻璃干洗机中清洗，玻璃表面的石墨层通过干磨挤压剥落，剥落的石墨粉末一部分经由吸尘排风口进入除尘系统，另一部分落入过滤网，再进入除尘系统。

在拆解工作台的工位上都设有吸尘装置，并统一通过除尘设备进行空气净化处理。

图 2-7 所示为一套废弃 CRT 电视机拆解生产线的布局。

▶ 2.2.5　CRT 电视机拆解核心设备

CRT 的屏锥玻璃由于铅含量存在较大差异，从后续资源综合利用和环境友好处理等角度考虑，需要采用专门工艺将屏锥分离，CRT 玻壳的屏锥分离设备是废弃 CRT 类电器电子产品的回收处理中最核心的设备。

CRT 屏锥分离主要有机械切割法、激光切割处理法和电阻丝热爆法等。

1）机械切割法。它是用金刚石切刀、砂轮切片切割 CRT。采用此法具有切割面整齐、切割速度较快、效率较高的优点。但切割刀较贵，刀具易磨损，需要经常更换。切割时噪声大（90dB 以上），粉尘严重，且这些粉尘含有大量的铅。此法目前逐渐被淘汰。

2）激光切割处理法。芬兰的 Proventia 公司最早将激光技术应用到 CRT 的屏锥分离。此法的特点是技术含量较高，屏锥分离效果良好。但设备初期投资较大，运行维护成本较高，国内较少采用此法。

3）电阻丝热爆法。它是一种利用电热丝加热—骤冷热应力使之分离的方法，其优点是简单易操作、产生粉尘少，但切割速度相对较慢。国内外在电阻丝热爆法方面的研究和设备最多。在我国，中国电器科学研究院股份有限公司、南京万舟发机电科技有限公司、仁新设备制造（四川）有限公司、清华大学都开展相应的研究并推出了设备产品。随着生产实践的不断验证，设备产品的性能也不断得以提升。图 2-8 为电阻丝热爆法设备。

操作者靠近 CRT 一端，而收缩电阻加热丝的机构在 CRT 另一端，通过气缸实现收缩电阻加热丝。玻璃在局部受热后，会产生暂时的应力，即张应力和压应力，其中张应力是导致玻璃破裂的关键应力。加热丝加热时，加热一侧玻璃受压应力，该压应力是另一侧张应力的 2 倍；停止加热后辅以吹风，加热侧玻璃转变为受张应力，这时张应力是压应力的 2 倍。玻璃将沿着加热丝加热后的应力圈裂开。如果冷却后，操作者给予轻微的外力作用于加热产生的应力圈来释放应力，这样分离的完好率将更高，产能也能被提升。该典型设备采用热电阻加热丝，成本较低，切割的 CRT 玻壳的完好率在 90% 以上，经过不断改进，目前该类设备能处理 8~34in 的显示器，处理相邻管型时不用换丝，处理能力可达到 40~50 台/h（以 21in 的显示器为例），得益于以上优点，此类技术目前在我国被广泛应用。

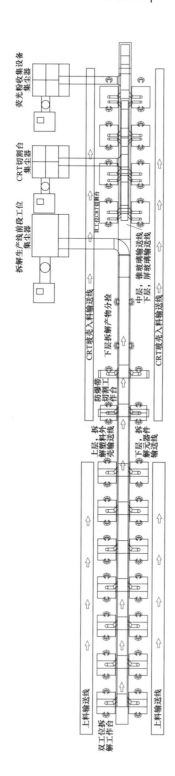

图 2-7 一套废弃 CRT 电视机拆解生产线的布局

图 2-8　电阻丝热爆法设备

2.3　废弃液晶电视机拆解处置技术与设备

随着科学技术发展，液晶电视机逐渐取代传统 CRT 电视机，其在图像显示上更加清晰、在色彩饱和度上更高，随着电视机智能系统的发展，液晶电视机朝向多媒体终端产品发展。同其他废弃电器电子产品一样，废弃液晶电视机电器电子产品同样兼具环境风险与资源化的双重属性。一方面，液晶电视机背光灯内含有毒物质汞，处理不当易对环境及人类健康造成严重影响；另一方面，其所含的玻璃、塑料及金、银、铟、铜、铁、钯、钴、钕、镨、镝、钽等是重要的可再生资源，资源化价值较高。国内企业废弃液晶电视机电器电子产品拆解基本采用人工拆解，背光模组的拆解工作台是整条拆解生产线的核心设备。

2.3.1　液晶电视机结构

液晶电视机主要由液晶显示屏、驱动系统、光源系统、外壳等组成。图 2-9 所示为液晶电视机的典型结构图。

液晶显示屏是液晶电视机的核心部件，主要指薄膜晶体管液晶屏（Thin Film Transistor Liquid Crystal Display，TFT-LCD）。这种显示屏应用范围较广泛，其从内到外的结构组成部分可以概括为：第一片偏光板→玻璃基板→透明导电膜→彩色滤光片→玻璃基板→第二片偏光板，如图 2-9 所示。液晶具有十分优秀的光学效果，液晶所处的位置是两个方向相互垂直的槽状面之间，若是线性偏振光射入至上层槽状面，那么光线便会在旋转的液晶分子的带动下出现相应的旋转，当其再从下层的槽状面射出，线性偏振光将会出现 90°的旋转。以上是未通电前光线的行走路线与方式。若是对上层的槽状面和下层的槽状面施加电压，那么液晶分子会随着电场方向呈直立状排列，这时射入的线性偏振光便不会出

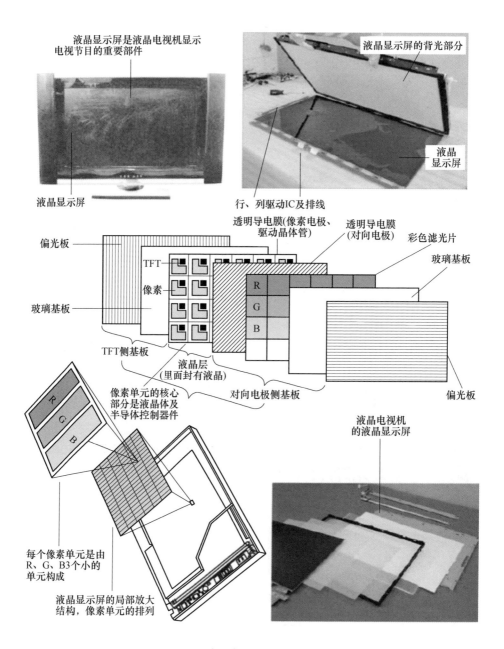

图 2-9　液晶电视机的典型结构图

现旋转，射出的线性偏振光依然呈直线状态，而不会出现 90°的旋转。值得注意的是，若是电压值不同，液晶分子的排列角度也会不同，给线性偏振光射出角度带来的影响也是不同的。偏光板同样有非常重要的光学作用，第一片偏光板可以过滤非偏振光使其为偏振光，而第二片偏光板则具有取向功能，其可以允许同方向分量的偏振光通过。彩色滤光片具有的像素与液晶显示屏像素相对应，各像素又包含蓝、红、绿三种基础色的分量。彩色滤光片过滤处理光线，使显示屏可以呈现出色彩丰富的画面。

2.3.2 废弃液晶电视机拆解流程

国内企业废弃液晶电视机电器电子产品拆解基本采用人工拆解，具体可以归纳为以下步骤。

（1）液晶电视机主要零部件检查 由于《废弃电器电子产品规范拆解处理作业及生产管理指南（2015 年版）》要求废弃液晶电视机（包括液晶台式计算机）必须有完整的关键零部件液晶屏（等离子屏）、机壳、电路板，否则该液晶电视机不可获得相应基金补贴，因此拆解前首先检查关键零部件的完整性。

（2）拆除电源线 检查电视机电源线，并于机体侧根部整齐剪切，分离电源线。

（3）拆除底座和后壳 检查电视机底座和后壳上相连部件并拆除，拆除底座和后壳。

（4）拆除扬声器 拆下扬声器，完整拆除，不连带其他金属附着物。

（5）拆除主电路板 切断电线，取下主电路板，保持电路板独立完整。

（6）拆除高压电路板、控制电路板 拧开螺钉，拆除高压电路板，拆除控制电路板并保持其独立完整。

（7）拆解使用荧光灯管的背光模组 在专用的工作台中拆解背光模组，保证背光源完整无损。工作台应提供负压环境，有专门的密闭容器收集拆解下来的荧光灯管，防止汞蒸气挥发，工作台应具备能防止汞蒸气泄漏的装置（如吸风装置、载硫活性炭吸附等）。

（8）拆解使用非荧光灯管的背光模组 拆解使用非荧光灯管的背光模组，对工作台功能无特殊要求。

（9）拆卸前壳，取出液晶面板 将液晶面板与前壳分离，保证液晶面板完整。

2.3.3 废弃液晶电视机拆解产物物料平衡

庄绪宁、赵颖璠等学者围绕废弃液晶显示器类电器电子产品的潜在资源化价值，以台式计算机、笔记本计算机、液晶电视机 3 大类主要液晶显示器为例对其所含可再生资源进行定量分析，见表 2-7～表 2-9。

表 2-7　废弃台式计算机材料信息

序号	材料分类		含量/g
1	塑料外壳及底座等		780.00
2	金属框架（以钢为主）		390.00
3	光源模组（亚克力导光板）		624.00
4	电线（以铜为主）		70.20
5	印制电路板（PCB）	铜	80.00
		金	0.20
		银	0.52
		钯	0.04
6	LCD 面板	玻璃	270.00
		铟	0.08

表 2-8　废弃笔记本计算机材料信息

序号	材料分类		含量/g
1	塑料外壳及底座等		952.00
2	金属框架（以钢为主）		700.00
3	光源模组（亚克力导光板）		140.00
4	电线（以铜为主）		21.56
5	印制电路板（主板、存储条、硬盘驱动、光驱、显示驱动等）	铜	77.76
		金	0.10
		银	0.44
		钯	0.04
6	LCD 面板	玻璃	225.00
		铟	0.04
7	电池	钴	65.00
8	磁性组件	钽	1.70
		钕	2.14
		镨	0.27
		镝	0.06

表 2-9　废弃液晶电视机材料信息

序号	材料分类	含量/g
1	塑料外壳及底座等	1600.00
2	金属框架（扬声器、底座、螺钉等，以钢材为主）	3200.00

序号	材料分类		含量/g
3	功能膜材料（亚克力导光板）		960.00
4	电线（以铜为主）		24.00
5	印制电路板	铜	460.00
		金	0.14
		银	0.58
		钯	0.23
6	LCD 面板	玻璃	1620.00
		铟	0.26

2.3.4 废弃液晶电视机拆解设备与布局

废弃液晶电视机电器电子产品拆解以人工操作为主，设备具体见表2-10。

表 2-10　废弃液晶电视机拆解主要设备

系统分类	设备名称
输送系统	上料输送线
	背光模组铁壳输送线
	塑料外壳输送线
	屏幕输送线
拆解工作台	双工位拆解工作台
	双工位背光模组拆解工作台
监测系统	汞蒸气监测系统
除尘系统	后段背光模组处理工位（含载硫活性炭）除尘器
	拆解生产线前段工位除尘器
控制系统	

与 CRT 电视机拆解相似，废弃液晶电视机拆解生产线的输送系统为实现多种传送功能和后端进行产物分拣，往往采用多层结构。如经过前端拆解工位拆解后，塑料外壳放置于上层的塑料外壳输送线，一直输送到生产线末端；而背光模组及其他产物放置在下层的屏幕输送线上，在分拣段进行产物分拣，背光模组进入到双工位背光模组拆解工作台进一步进行拆解。由于液晶电视机背光模组中有汞灯，因此在拆解过程中尤其要注意避免发生汞泄漏，双工位背光模组拆解工作台要有必要的汞吸附装置及监测系统。

图 2-10 所示为一套废弃液晶电视机拆解生产线的布局。

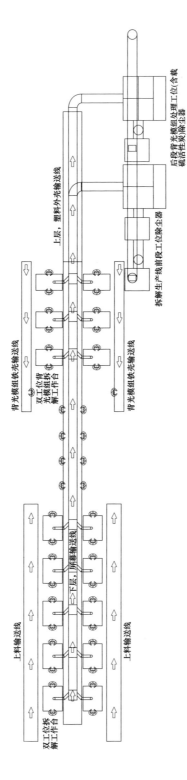

图 2-10　一套废弃液晶电视机拆解生产线的布局

2.3.5 废弃液晶电视机拆解核心设备

废弃液晶电视机的拆解以人工拆解为主，其中背光模组中因含有汞灯，其拆解过程中应谨防二次污染，背光模组拆解工作台是整条拆解生产线的核心设备。

目前国内应用较多的一款背光模组人工拆解工作台如图 2-11 所示，其特点是采用下沉式吸风装置，使拆解时破碎的灯管逸出的汞蒸气被迅速吸走；增加静音风帘装置，防止操作人员误吸入汞蒸气；带自动回位翻转盖的碎灯管收集桶，并有负压吸风，保证碎灯管被密闭收集；配备针对台面汞残留的自吸附系统。

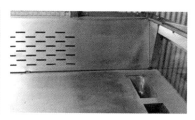

图 2-11 背光模组人工拆解工作台

背光模组是通过人工拆解，速度相对较慢，且对操作人员存在健康威胁。德国 Erdwich 公司研制了一种自动进行液晶电视机切割分离的设备，该设备借助于相机装置和机器人在安全条件下自动化地铣削和拆解外形尺寸最大为 55in 的液晶电视机。首先将所要拆解的液晶电视机放置在一条输送带上，并运送到一个封闭的处理空间内，并在该封闭的处理空间内被推送到拆解作业位置，如图 2-12 所示由一台带有 4 个止动臂的机器人将液晶电视机置于中心位置，铰接臂机器人借助于相机装置测量液晶电视机玻璃的外形尺寸，计算出坐标，然后机器人便开始沿着液晶屏与塑料外壳的交界处铣削。完成铣削后，液晶屏被放下，随输送带送出处理空间，并在负压室里取出液晶屏的各层组成部分，如多层偏极光薄膜和散光片等，如图 2-13 所示。该设备每小时最多可拆解 45 台旧液晶电视机，目前该设备在 2018 年 3 月投产的香港废电器电子产品处理及回收设施 WEEE·PARK 投入使用。

图 2-12   液晶电视机被送入到机器人
自动铣削设备

图 2-13   机器人自动铣削液晶电视机过程

2.4 废弃洗衣机拆解处置技术与设备

洗衣机是利用电能产生机械作用来洗涤衣物的清洁电器。历史上出现过的洗衣机形式很多，但目前，一般最常见的洗衣机，主要分为三大类，分别是①搅拌式洗衣机，为历史最久的一种电动洗衣机，多为全自动机，可再分为附有干衣机和没有干衣机的，所有近代的搅拌式洗衣机都已经有自动脱水功能。②滚筒式洗衣机，可细分为"前揭式"和"顶揭式"，多为全自动机种，前揭式洗衣机机门是开在机身前面，而且多为透明，可以直接看到洗衣桶内的情形，顶揭式洗衣机机门是开在机身上面。这两种形式的洗衣机的洗衣原理一样，滚筒式洗衣机还分为有干衣和无干衣功能的型号，但基本上全部具有脱水功能。③波轮式洗衣机，可细分为"单槽式"和"双槽式"，单槽式洗衣机基本上是由搅拌式洗衣机沿袭改良而成，大多为全自动微计算机控制，双槽式洗衣机多为半自动机，将洗衣和脱水的部分分开，每次洗完都要人手将衣物搬到脱水部分，虽然麻烦，但由于价格相对低廉，所以至今仍有生产。

洗衣机是居民最常用的家用电器电子产品之一，是最早被列入《废弃电器电子产品处理目录》的产品之一。洗衣机各部分之间界限分明、装配关系简单、容易拆卸，处理工艺以人工拆解为主。

▶ 2.4.1 洗衣机结构

洗衣机主要由洗涤系统、进排水系统、支撑机构、传动系统、脱水系统、电气控制系统组成，详细的结构组成如图 2-14 和图 2-15 所示。

图 2-14 普通波轮式洗衣机

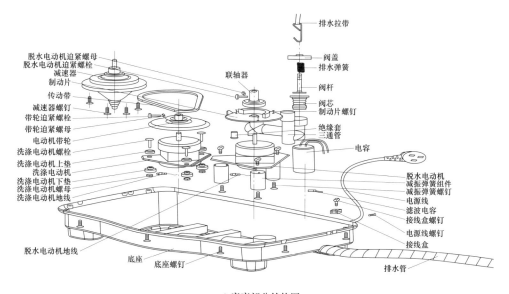

a) 底座部分结构图

图 2-15 波轮式全自动洗衣机的内部结构示意图

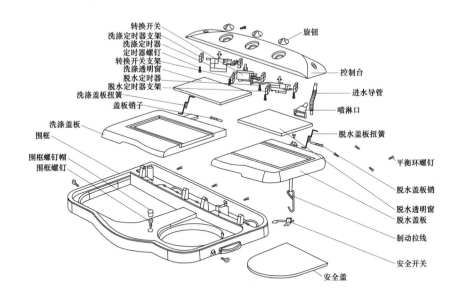

b) 盖板部分结构图

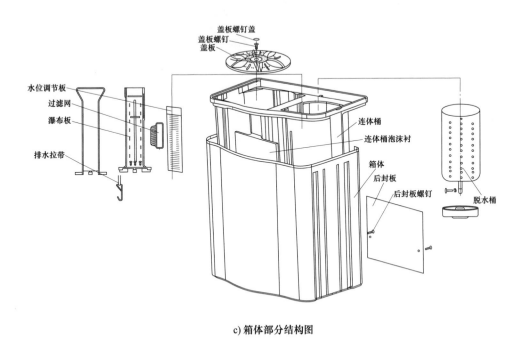

c) 箱体部分结构图

图 2-15　波轮式全自动洗衣机的内部结构示意图（续）

▷▷2.4.2　废弃洗衣机拆解流程

洗衣机洗涤桶或脱水桶内有电动机驱动，其他部分就是箱体和控制部分。洗衣机的机壳主要由钢板、塑料注塑件构成。双联桶体大多数是塑料注塑件，早期也有个别品种是金属拉伸构件。洗衣机各部分之间界限分明、装配关系简单、容易拆卸。处理工艺以人工拆解为主，并对拆解材料分别处理。

（1）废弃洗衣机主要零部件检查　由于《废弃电器电子产品规范拆解处理作业及生产管理指南（2015年版）》要求废弃洗衣机必须有完整的关键零部件电动机，否则该废弃洗衣机不可获得相应基金补贴，因此拆解前首先检查关键零部件的完整性。

（2）拆除外壳　把废弃洗衣机放在生产线上，取下外壳上面的螺钉，取下外壳，剪下相连电线。

（3）拆除分离机体小配件　取下机体上的螺钉，卸下塑胶板、开关、变压器、传动带等配件，并分别放入对应储物盒内，拔下或剪下电线，电线放入对应储物盒内。主要得到印制电路板、控制面板、塑胶板、开关、变压器、传动带、电线等拆解产物。

（4）拆解主机体　取下内桶护圈，排出圈内废水于废水储存桶内，卸下电动机、排水管与机体底座，卸下波轮，得到塑胶圈、电动机、排水管、底座、波轮等拆解产物。

▷▷2.4.3　废弃洗衣机拆解产物物料平衡

经拆解后的洗衣机主要有铁、铝、电路板、塑料等拆解产物，其分类与质量分数见表2-11。

表2-11　废弃洗衣机拆解产物物料平衡

序号	材料	质量分数
1	铁	45.38%
2	铜	0.95%
3	铝	1.25%
4	塑料	34.48%

（续）

序号	材料		质量分数		
5	电子元件		2.55%		
6	变频器		1.25%		
7	电路板		1.5%		
8	电线	0.74%	铜	70%	
			塑料（PVC）	30%	
9	电动机	11.9%	铜	12%	
			铝	1.3%	
			铁	86.7%	

2.4.4 废弃洗衣机拆解设备与布局

废弃洗衣机拆解生产线设备较为简单，主要为上料输送线、双工位拆解工作台和洗衣机甩桶压轴设备，见表 2-12。图 2-16 为一套废弃洗衣机拆解生产线的布局。

表 2-12 废弃洗衣机拆解主要设备

系统分类	设备名称
输送系统	上料输送线
	双层拆解产物输送线
	塑料机壳分拣输送线
双工位拆解工作台	
洗衣机甩桶压轴设备	
控制系统	
除尘系统	

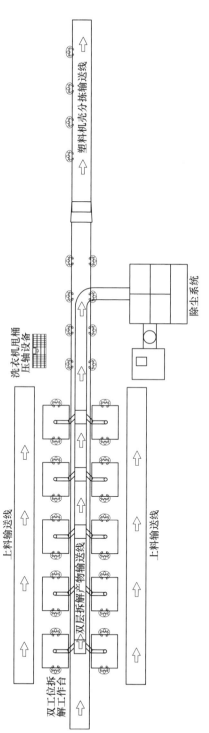

图 2-16 一套废弃洗衣机拆解生产线的布局

2.5 废弃空调拆解处置技术与设备

使用空调的目的是给人们的生活、工作、学习、娱乐等活动提供一个更加舒适、健康的环境。随着人民生活水平的日益提高，空调快速走进了千家万户，成为常用家庭电器之一。

2.5.1 空调结构

空调主要由制冷循环系统、空气循环通风系统、电气控制系统及箱体等部分组成。壁挂式空调是最常见的一种家用空调，是分体式空调的一种，由两个箱体的机组组合而成，一个是压缩冷凝机组（室外机），另一个是蒸发机组（室内机），典型的结构如图 2-17 和图 2-18 所示。

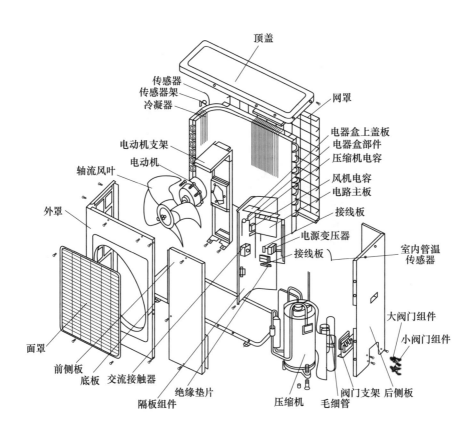

图 2-17　空调室外机结构图

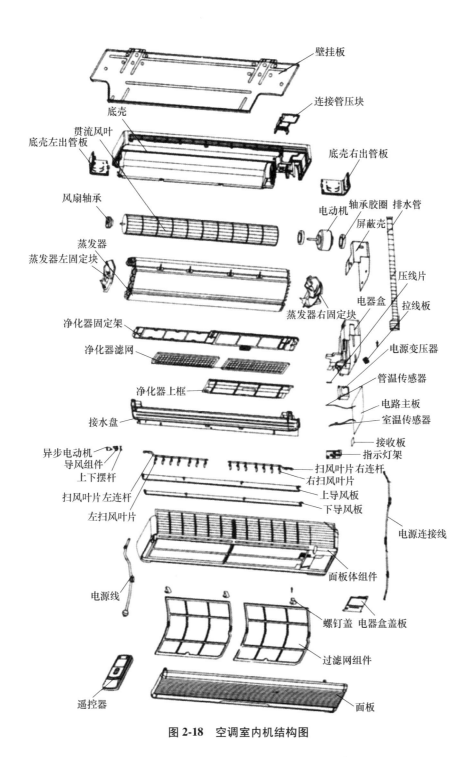

壁挂板

连接管压块

底壳

贯流风叶

底壳左出管板

底壳右出管板

风扇轴承

电动机

轴承胶圈　排水管

屏蔽壳

蒸发器

蒸发器左固定块

压线片

电器盒　拉线板

蒸发器右固定块

净化器固定架

电源变压器

净化器滤网

管温传感器

净化器上框

电路主板

接水盘

室温传感器

接收板

异步电动机

指示灯架

导风组件

上下摆杆

扫风叶片右连杆

扫风叶片左连杆

右扫风叶片

上导风板

左扫风叶片

下导风板

电源连接线

面板体组件

电源线

螺钉盖　电器盒盖板

过滤网组件

遥控器

面板

图 2-18　空调室内机结构图

2.5.2 废弃空调拆解流程

分体式空调分成室内机和室外机两部分，室内机又有挂式机和柜式机之别。室外机部分主要是压缩机、冷凝器。室内机主要是空调的蒸发器和控制装置，但柜式和挂式的结构形式和尺寸规格有较大差异。室内机和室外机通过制冷机管路、动力电路和控制电路连接。废弃空调中对环境有害的材料是氟利昂制冷剂。对于制冷剂收集，技术已经十分成熟，应用专用的抽取压缩机可圆满解决。空调的壳体材料一般有丙烯腈-丁二烯-苯乙烯共聚物（ABS）、聚丙烯（PP）、高抗冲击级聚苯乙烯（HIPS）。其他主要拆解材料通常是铜、铝、铁等金属材料。空调各部分之间界限分明、装配关系简单、容易拆卸。目前国内拆解多采用制冷剂回收+流水线手工拆解的典型工艺，具体如下。

1. 拆解室内机

1）拆除面板部件，检查主要零部件。拆下面板支撑杆、面板，卸下面板上的显示板。检查主要零部件是否完整、缺失。

2）拆除导风板、过滤网。拆下导风板中间轴套、过滤网、导风板。

3）拆除面板体部件。从面板体卡槽中取出环境感温包，卸下面板体。

4）拆除挡水胶片和步进电动机等。取下挡水胶片，卸下电器盒上的接地螺钉、电器盒与底壳之间的固定螺钉、拆下环境感温包、电器盒盖、步进电动机。

5）拆解电器盒部件。拆下电动机线、导风电动机线、左右扫风电动机线等，卸下电器盒、屏蔽盒、固线夹，取出电源连接线，卸下变压器与接线板，取出主板，卸下主板上的螺钉、电器盒、屏蔽盒。

6）拆除接水盘部件。

7）拆除连接管压块、蒸发器固定块、电动机压板。从底壳背面卸下连接管压块、蒸发器组件左右的蒸发器固定块和电动机压板。

8）拆解蒸发与换热组件。卸下蒸发组件与电动机压板螺钉，拆除换热组件。

9）拆除贯流风叶。拆下电动机，拆除轴承胶圈，分离出轴承芯，拆除贯流风叶，并用铁锤分离转轴与叶体。

10）拆除底壳，撕除底壳上的泡沫、海绵、绒布。

2. 拆解室外机

1）拆除外壳，检查室外机主要零部件。由于《废弃电器电子产品规范拆解处理作业及生产管理指南（2015 年版）》要求废弃空调必须有完整的关键零部件压缩机、冷凝器（室内机及室外机）、蒸发器（室内机及室外机），否则该废弃空调不可获得相应基金补贴，因此拆解前首先检查关键零部件的完整性。

2）制冷剂回收。回收压缩机中的制冷剂。

3）拆除压缩机座、冷凝器。

4）拆解压缩机、电动机、机座，拆除电器元件。

5）回收压缩机油。将压缩机打孔，用专用容器回收储存压缩机油。

使用其他工艺的，应当能保证分离压缩机，回收并分类储存压缩机油和其中的制冷剂。

2.5.3 废弃空调拆解产物物料平衡

经拆解后的空调主要有铁、铝、电路板、塑料等拆解产物，其分类与质量分数见表 2-13。

表 2-13 废弃空调拆解产物物料平衡

序号	材料		质量分数	
1	冷媒（压缩机）		0.2%	
2	铁		20.51%	
3	铜		14.42%	
4	铝		6.04%	
5	塑料		16.93%	
6	电子元件		3.3%	
7	电路板		3.1%	
8	变频器		2.4%	
9	电动机	6.4%	铁	86.7%
			铜	12%
			铝	1.3%

（续）

序号	材料	质量分数		
10	压缩机	24.8%	铜	8%
			铝	10%
			铁	80%
			润滑油	2%
11	电线	1.9%	塑料（PVC）	30%
			铜	70%

▶▶ 2.5.4　废弃空调拆解设备与布局

　　废弃空调拆解生产线设备较为简单，具体见表 2-14。在实际生产过程中，由于废弃空调的拆解量相对不大，往往与废弃电冰箱的拆解生产线或者废弃洗衣机的拆解生产线共用一条生产线。图 2-19 为一套废弃空调拆解生产线的布局。

表 2-14　废弃空调拆解主要设备

系统分类	设备名称
输送系统	上料滚筒输送线
	上料输送线
	双层拆解产物输送线
	塑料机壳分拣输送线
拆解工作台	空调外壳拆解工作台
	双工位拆解工作台
	抽氟设备与工作台
压缩机处理系统	压缩机钻孔台
	压缩机放油槽
除尘系统	抽氟工位集尘器（含活性炭）
	拆解生产线前段工位集尘器
控制系统	

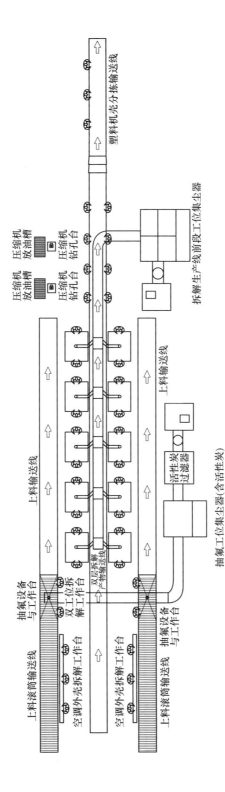

图 2-19　一套废弃空调拆解生产线的布局

2.6　废弃移动终端拆解处置技术与设备

移动终端是指能够执行与无线接口上传输相关功能的终端装置，具备便携性、无线性、个性化、连通性、移动性、简单性等特征。广义上讲包括手机、笔记本计算机、平板计算机、POS 机（Point of Sales Terminal）甚至包括车载计算机，但是大部分情况下是指功能机或者具有多种应用功能的智能手机以及平板计算机。

手机又称移动电话机，最早是由苏联工程师列昂尼德·库普里扬诺维奇于 1958 年发明的，是可以在较广范围内使用的便携式电话终端。随着通信产业的不断发展，手机的功能已经由原来单一的通话向语音、数据、图像、音乐和多媒体方向综合演变。手机从功能上可以分成两种：一种是功能机（也叫传统手机）；另一种是智能手机。智能手机具有功能机的基本功能，还具有开放的操作系统、硬件和软件可扩充性好以及支持第三方的二次开发等特点。相对于功能机，智能手机以其强大的功能和便捷的操作等特点受到了人们的青睐，成为市场的一种潮流。

平板计算机也称便携式计算机，是一种小型、方便携带的个人计算机，以触摸屏作为基本的输入设备。2010 年，苹果 iPad 在全世界掀起了平板计算机热潮。平板计算机市场的爆发，对传统 PC 产业甚至是整个 3C 产业带来了革命性的影响。平板计算机和智能手机的区别主要在于因尺寸不同所导致的应用场景不同。平板计算机的 CPU（Central Processing Unit）和内存的性能都强于普通智能手机。但是随着手机屏幕越做越大，平板计算机加入了通话功能，两者之间的界限越来越模糊。

移动终端技术水平高，其废弃产品的零部件可以循环利用或降级使用。完全报废的废弃移动终端，因含有金、银、铂、钯等贵金属，也具备很高的回收经济价值，是废弃电器电子行业关注的焦点。手机和平板计算机各部分之间界限分明，内部以螺钉连接、卡槽固定、胶黏剂黏结，装配关系简单、容易拆卸，处理工艺以人工拆解为主。

2.6.1　移动终端结构

移动终端由处理器、存储器、输入/输出部件及 I/O 通道组成，具体结构包括外壳组件、键盘、触摸屏/显示屏模块、摄像头模块、电路板（PCB）、电池、连接模块（排线、电线）等。

移动终端的典型结构如图 2-20~图 2-22 所示。

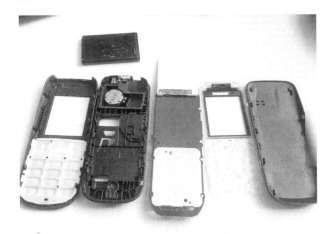

图 2-20　功能机结构图

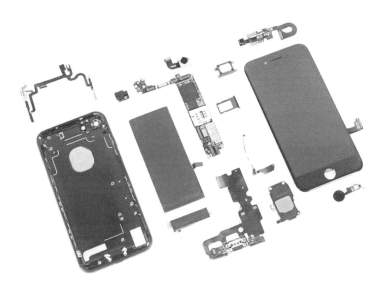

图 2-21　智能手机结构图

2.6.2　废弃移动终端拆解流程

移动终端具有很高的回收利用价值，其关键部件、元器件都可以再循环利用或降级使用，这里只介绍功能机（传统手机）和智能机的粗拆流程，具体如下。

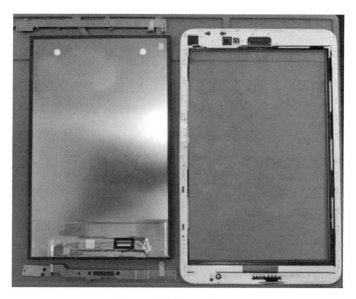

图 2-22　平板计算机结构图

1. 功能机

（1）拆除后壳和电池　在拆解前应当检查手机是否完整（显示屏、电路板）。拆开电池盖，取出手机电池，并放置储存。

（2）拆解手机背壳及电路板　卸下手机背壳紧固螺钉，拔下排线，拔下或剪断各类连接线，清除背壳和电路板上的零件，如卡座、摄像头、扬声器、振子、电池触点、插槽等，拆下手机天线，并分类放置储存。

（3）拆解手机显示屏　拆解手机显示屏，放入对应储物盒内，拆解过程中防止屏幕破裂。

2. 智能机

（1）检查手机部件是否完整　在拆解前应当检查手机部件是否完整，包括液晶屏模组、电路板、电池等。

（2）移动终端信息安全清除　清除智能手机里的各类信息，包括通讯录、短信息、图片、日程记录表、音频文件、视频文件、网站书签、第三方应用软件、手机下载铃声、屏幕保护程序、上网历史记录、用户创建文件夹、用户资料、邮箱收发文件、拨打电话记录、蓝牙设备历史记录等。

（3）拆除后壳和电池　拆开手机后壳，取出手机电池并放置储存。

（4）拆解手机背壳及电路板　卸下手机背壳紧固螺钉，拔下排线，拔下或剪断各类连接线，清除背壳和电路板上的零件，如卡座、摄像头、扬声器、振子、电池触点、插槽等，拆下手机天线，并分类放置储存。

（5）拆解手机显示屏　拆解手机显示屏，放入对应储物盒内。拆解过程中防止屏幕破裂。

2.6.3　废弃手机拆解产物物料平衡

手机的材料及组成根据手机生产商、设备功能以及通信技术的不同而变化。一般而言，手机质量的 30%~40% 为各类金属材料，包括金、银、钯等贵金属，其含量是普通金精矿的 5~10 倍；40%~50% 为塑料；约 20% 为其他材料，如玻璃、陶瓷等。根据苹果公司的《2019 年环境责任报告》，从 10 万台废弃苹果手机中可以得到约 4.8t 可回收利用的金属材料，见表 2-15。

表 2-15　10 万台废弃苹果手机中金属材料的回收量

成分	回收量	来　源
铝	1500kg	外壳
金	1.1kg	主板、后置摄像头、前摄像头和面板 ID、无线充电线圈、尾插排线
银	6.3kg	主板
稀土元素	32kg	接收器、触感引擎、扬声器、后置摄像头
钨	83kg	触感引擎
铜	1000kg	主板、接收器、触感引擎、外壳、扬声器、后置摄像头、前摄像头和面板 ID、无线充电线圈、尾插排线
锡	29kg	主板、后置摄像头、前摄像头和面板 ID、尾插排线
钴	790kg	电池
钢	1400kg	接收器、触感引擎、外壳、扬声器、前摄像头和面板 ID

2.6.4　废弃移动终端拆解核心设备

苹果公司在 2016 年推出了拆解 iPhone 6 手机的机器人 Liam。Liam 拆解一台苹果手机只需要 11s。它将苹果手机变成 8 个部分，并将手机中带有金、银、铜、铝等的零部件单独回收，同时还能够对零部件进行扫描，及时了解其零部件的构成及其用途，进行归类存放。

2018 年苹果公司又推出 Liam 的升级改良款机器人 Daisy。Daisy 每小时可以拆解 200 台苹果手机，并且可以拆解 9 种不同版本的苹果手机。图 2-23 所示为苹果手机拆解机器人 Daisy。

国内目前也在积极开展废弃移动终端的自动化拆解技术与装备的研发。中

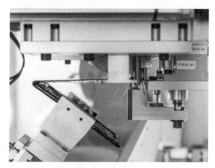

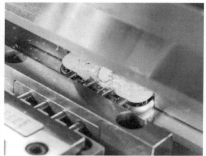

图 2-23　苹果手机拆解机器人 Daisy

国电器科学研究院股份有限公司、青岛科技大学、上海第二工业大学、合肥工业大学、四川长虹格润环保科技股份有限公司联合研发针对手机整机拆解、芯片拆解、液晶屏拆解的自动化设备。设备利用机械视觉技术提升拆解效率，采用柔性化设计适用多种手机型号，通过拆解实现芯片、液晶屏等高值零部件再利用。

2.7　其他废弃电器电子产品拆解处置技术与设备

2.7.1　废弃打印机拆解处置技术与设备

打印机是计算机的输出设备之一，用于将计算机处理结果打印在相关介质上。打印机的种类很多，按工作方式分为激光打印机、喷墨打印机、针式打印机等。打印机类别不同，关键部件和关键拆解产物也不同。

激光打印机关键部件包括外壳组件（塑料）、硒鼓组件、定影组件、激光扫描组件、电路板、直流电动机、传动杆（铁）等。关键拆解产物包括硒鼓、电路板、电动机、激光扫描组件。

喷墨打印机关键部件包括外壳组件（塑料）、喷头墨盒组件、电路板、传动杆。关键拆解产物包括喷头墨盒、电路板、电动机。

针式打印机关键部件包括外壳组件（塑料）、主机芯、电动机、电路板。关键拆解产物包括电动机、打印头、电路板。

打印机结构复杂，紧固方式以螺钉、卡扣为主，拆解方式以手工拆解为主。以激光打印机为例，介绍废弃打印机的拆解流程如下。

（1）拆除硒鼓组件和进纸盒　检查主要零部件是否完整、是否有缺失。打印机拆除硒鼓组件和进纸盒。检查硒鼓是否损坏，防止破损硒鼓泄漏墨粉，危害环境和人体健康。

（2）拆除外壳和控制面板　拆下外壳，卸下控制面板等配件，拔下或剪下电线，并分别放入对应储物盒内。

（3）拆除出纸组件　拆下出纸器件等配件，放入对应储物盒内。

（4）拆除激光扫描组件　卸下固定螺钉，卸下激光扫描组件等配件，再将其拆解分离为电路板、玻璃、塑料等拆解物，并分别放入对应储物盒内。

（5）拆除动力组件　卸下固定螺钉，将动力组件取出，然后拆解为塑料齿轮、直流电动机、电路板等拆解物，并分别放入对应储物盒内。

（6）拆除控制系统组件　卸下固定螺钉，卸下风扇、电路板组件，并分别放入对应储物盒内。

（7）拆除左右侧支撑板　卸下固定螺钉，拆除左右金属支撑架，然后再将金属和塑料分离，并分别放入对应储物盒内。

（8）拆除打印机定影组件　卸下固定螺钉，卸下定影组件，并分别放入对应储物盒内。

（9）拆除电源组件　切断电线，拆开电源保护板，取出电源控制电路板，并分别放入对应储物盒内。

（10）拆除进纸组件　卸下固定螺钉，拆下上面的塑料托板，切断电线，取出传动杆和直流电动机，并分别放入对应储物盒内。

2.7.2　废弃复印机拆解处置技术与设备

复印机是从书写、绘制或印刷的原稿得到等倍、放大或缩小的复印品的设备。按工作原理，复印机可分为光化学复印机、热敏复印机、静电复印机和数码激光复印机四类。复印功能是复印机的核心功能，现在越来越多的复印机，搭配打印、扫描、传真、网络等功能，成为多功能一体机。

复印机（数码多功能机）关键部件包括外壳组件（塑料）、自动输稿器、硒鼓组件、定影组件、光学影像组件、激光扫描组件、电动机、传动杆、电路板。关键拆解产物包括硒鼓、电动机、电路板、定影组件、光学影像组件、激光扫描组件。

复印机结构复杂，紧固方式以螺钉、卡扣为主，拆解方式以手工拆解为主。以数码多功能一体机为例，介绍废弃复印机的拆解流程如下。

（1）拆除硒鼓组件　检查主要零部件是否完整、是否有缺失。打开复印机前盖，将硒鼓取出，放入密封容器保存。检查硒鼓是否损坏，防止破损硒鼓泄漏墨粉，危害环境和人体健康。

（2）拆除自动输稿器　卸下固定螺钉，拆下自动输稿器，取下动力组件螺钉，拆除电动机、电路板、传动杆、齿轮等零件，并分别放入对应储物盒内。

（3）拆除控制面板和外壳　拆下控制面板和左右、前后塑料壳，并放入对应储物盒内。

（4）拆除光学影像组件　卸下固定螺钉，将光学影像组件取出，再将其拆解分离为塑料壳、电路板、电动机、齿轮、反光镜、光学镜头、曝光灯、CCD光学传感器、影像处理单元（存储器、打印卡、传真卡、接线板、打印接口）等拆解物，并分别放入对应储物盒内。

（5）拆除激光扫描组件　卸下固定螺钉，取出中盖，然后拧下固定螺钉，拆下激光扫描组件，再将其拆解为扫描器（激光头、多角旋转棱镜、旋转电动机、控制板）、聚焦透镜、折射镜激光调制器、塑料壳等零件，并分别放入对应储物盒内。

（6）拆除主控制板和电源控制板　卸下固定螺钉，卸下风扇、电路板组件，并分别放入对应储物盒内。

（7）拆除动力系统组件　卸下固定螺钉，将动力系统组件取出，然后拆解为塑料齿轮、电动机、电路板和铁壳等拆解物，并分别放入对应储物盒内。

（8）拆除定影组件　卸下固定螺钉，取出定影组件，然后再将其拆分为定影热辊、压力辊、加热灯管、热敏电阻、过热保护开关、铁壳等拆解物，并分别放入对应储物盒内。

（9）拆除输纸组件和塑料底座　卸下固定螺钉，将输纸组件和塑料底座分离，再将输纸组件拆分为塑料托板、传动辊和电磁开关，并分别放入对应储物盒内。

▶▶ 2.7.3　废弃电话单机拆解处置技术与设备

电话单机，即固定电话机，其结构简单，包括电话主机、听筒、连接线三部分，内部又有扬声器、听筒、电路板、显示器等核心部件。

废弃电话单机拆解基本采用人工拆解，具体可以归纳为以下步骤。

1）检查主要零部件是否完整、是否有缺失。

2）拆解连接线和电池。把电话单机放在拆解台上，将听筒与电话主机的连接线的卡扣打开，拆下连接线。取下机身电池盒里的电池（若有），将连接线和电池分别放入对应储物盒内。

3）拆解电话主机。卸下主机底面紧固螺钉，打开主机底盖，分别卸下机体内电路板、扬声器、按键板、显示模块紧固螺钉，拆下所有配件，并分类放置。

4）拆解电话机听筒。卸下听筒紧固螺钉，打开听筒盖，卸下紧固螺钉，剪断电线，拆下听筒、配重、插槽等配件，并分类放置。

2.8　国内主要的废弃电器电子产品拆解处理设备制造厂家

在国内废弃电器电子产品拆解处理企业发展之初，处理设备主要采用日本、德国设备。随着国内设备制造厂家的发展，目前废弃电器电子产品拆解处理设备均以国内设备为主，涌现了中国电器科学研究院股份有限公司、湖南万容科技股份有限公司、成都仁新科技股份有限公司、广东隽诺环保科技股份有限公司、广州市联冠机械有限公司、浙江伟博环保设备科技股份有限公司、南京万舟发机电科技有限公司等一批设备制造厂家。图 2-24 ～图 2-27 所示为我国企业制造的废弃电器电子产品拆解处理生产线和设备。

图 2-24　中国电器科学研究院股份有限公司制造的废弃电冰箱拆解生产线

图 2-25　广东隽诺环保科技股份有限公司制造的废弃电冰箱拆解生产线

图 2-26　南京万舟发机电科技有限公司制造的废弃液晶显示屏回收处理设备

图 2-27　湖南万容科技股份有限公司制造的 CRT 显示屏回收处理设备

参 考 文 献

[1] 中华人民共和国环境保护部，中华人民共和国工业和信息化部 . 废弃电器电子产品规范拆解处理作业及生产管理指南：2015 年版［Z］. 2014.

[2] 李鸿祝 . 电视机发展历程及对未来发展趋势的研判［J］. 现代信息科技，2019（6）：37-39.

[3] 张胜，孔川 . 液晶电视的显示原理及技术特点［J］. 工程技术，2018（11）：205.

[4] 庄绪宁，赵颖璠，费彦肖，等 . 典型废弃液晶显示设备的潜在资源化价值测算［J］. 上海第二工业大学学报，2015，32（6）：190-195.

[5] SCHAEBLE P. 机器人辅助工人进行液晶显示器回收作业［J］. 现代制造，2017（12）：26-27.

[6] 郭璐璐，邓梅玲，吴吉权 . 废冰箱拆解项目环境影响评价要点分析［J］. 广东化工，2012，5（39）：171，80.

[7] 田晖 . 中国废弃电器电子产品回收处理及综合利用行业白皮书：2017［R］. 北京：中国家用电器研究院，2018.

[8] 胡嘉琦，符永高 . 黏胶基活性炭纤维对三氯一氟甲烷的吸附性能［J］. 环境科学研究，2009（22）：1089-1092.

[9] 凌江 . 废弃电器电子产品实用处理技术［M］. 北京：企业管理出版社，2017.

[10] 王学屯 . 图表详解电冰箱维修实战［M］. 北京：化学工业出版社，2017.

[11] 韩雪涛 . 彩色图解液晶电视机维修技能速成［M］. 北京：化学工业出版社，2017.

[12] 王学屯，王婴敏 . 图表详解洗衣机维修实战［M］. 北京：化学工业出版社，2017.

[13] 王学屯 . 图表详解空调器维修实战［M］. 北京：化学工业出版社，2017.

[14] 邓梅玲，杜彬，符永高 . 废旧手机回收处理发展现状探讨［J］. 日用电器，2021（2）：42-46.

[15] 苹果公司. 环境责任报告[EB/OL]. (2019-4-20) [2020-12-14]. https：//www. apple. com. cn/environment/pdf/Apple_ Environmental_ Responsibility_ Report_ 2019. pdf.

[16] 王明杰. 双齿辊破碎机齿形和辊齿布置设计 [J]. 煤炭技术，2009，28（10）：14-16.

[17] 赵新，何丽娇，胡嘉琦. 显像管回收处理技术 [J]. 日用电器，2009（1）：49-51.

第 3 章

———

废弃电器电子产品中金属资源化技术

　　我国是电器电子产品生产和消费大国，也是世界最大的废弃电器电子产品处理处置国。近年来每年将产生高达 820 万 t 的废弃电器电子产品，这其中蕴含着巨大的金属资源，像废旧电冰箱、洗衣机、电视机、空调、计算机中的金、银、铜等有色金属含量超过 30%，被称为"城市矿产"。但是，这些废弃电器电子产品又含有大量有毒有害物质，如果处理不当，必然造成严重的环境污染，危害人类健康。

　　对废弃电器电子产品的回收处理最早可追溯到 20 世纪 60 年代，不过当时仅局限于对贵金属的回收和再利用。在废弃电器电子产品的非法处置过程中，一般采取露天焚烧、使用冲天炉和简易反射炉等设备以及简易酸浸等非常落后的工艺提取贵金属。提取贵金属过程中随意丢弃残余物，将产生大量的废气、废液、废渣，从不同途径严重污染水、土壤、空气等自然资源。在废弃电器电子产品的非法拆解过程中，可吸入性的有害物质（镉、汞等）也会直接危害工人和附近居民的身体健康。非法拆解、处置废弃电器电子产品的行为将严重威胁人类的生存环境，因此，合理合法地回收处理废弃电器电子产品是防止其污染环境的关键。

　　随着电器电子产品贵金属含量不断下降，普通金属含量逐渐增大，如今的废弃电器电子产品回收处理已发展成对各种有用材料（包括金属和塑料等）的全面回收。并且，现有废弃电器电子产品的处理技术已有了相当大的发展，金属回收率也大大增加，同时还出现了很多新兴的处理技术。伴随废弃电器电子产品处理工艺的日益增多及技术的不断改进，目前很多材料的回收率都超过 90%。在地球矿产资源日趋耗尽的情况下，将废弃电器电子产品作为二次资源开发利用，无论是从减少环境污染出发，还是从回收有价金属，缓解资源矛盾而言，均具有很现实的意义。

　　在大力发展循环经济，倡导资源节约型社会的时代大背景下，基于循环经济的理念实现废弃电器电子产品的资源高效利用和安全处置是我国电子废弃物处理处置产业发展的必然之路，尤其是对废弃电器电子产品中金属的全组分、高值化、清洁化利用是资源再生利用的发展方向。

3.1　废弃电器电子产品中金属材料简介

3.1.1　废弃电器电子产品中的金属材料

　　废弃电器电子产品中蕴含着丰富的金属，尤其是贵金属，这些材料的经济价值十分可观，其品位是天然矿藏的几十倍甚至几百倍，回收成本一般低于开采自然矿床。有资料表明，1t 电路板可分离出 0.9kg 黄金、29.6kg 锡、128.7kg

铜；1t 废旧手机电池可以提炼出 100g 高纯度黄金；平均生产 1t 计算机及部件要消耗大约 0.45kg 黄金、128.7kg 铜、1kg 铁、58.5kg 铅、39.6kg 锡、36kg 镍、19.8kg 锑、270kg 塑料，还有钯、铂等贵金属。据报道，一般含金矿石（砂）每吨含金量仅 5g，高品位的矿石也不过几十克，在废弃电器电子产品中，每吨废弃物中含金量是金矿的 17 倍，含铜量是铜矿的 40 倍，因废弃电器电子产品中含有大量贵金属而被誉为"城市矿产"，具有很高的回收价值。

虽然贵金属是现代工业和国防建设的重要材料，但因其储量有限，又非常难生产，所以价格一直趋高不下。因此，一直以来，发达国家非常重视发掘贵金属再生资源，每年都会从二次资源中回收大量金、银等贵金属。据工信部统计，我国已经进入电子产品报废高峰期，按我国目前主要电子产品社会保有量 17.7 亿台计算，每年至少有 1500 万台家电和 2 亿台手机需要淘汰。数量如此巨大的废弃电器电子产品，企业如果能够合理地回收再利用，将会给企业带来巨大商机和丰厚的利润。

▶▶ 3.1.2 废弃电器电子产品中的有毒有害金属

废弃电器电子产品中虽然含有许多贵金属，但同时含有铅、汞、铬、镉等多种污染环境的重金属，如电路板上的铅和镉；显示器阴极射线管中的氧化铅和镉；纯平型显示器中的汞；计算机电池中的镉。几种常见有毒金属如下。

1）铅。铅的有害影响早已为人们所公认，早在 20 世纪 70 年代就被有的国家禁用于汽油中。铅能损伤人的中枢神经系统、血液系统、肾脏以及生殖系统，而且会对小孩的大脑发育有负面影响。铅能在环境中累积，从而对动植物、微生物都有强烈而且长久的影响。计算机中的主要含铅部位有计算机显示器的玻璃荧屏（1.4~3.5kg/每台显示器）、电路板或其他元件的焊接物。

2）镉。镉的化合物对人也是非常有害的，会在人体中积累，尤其是在肾脏中。镉含于元件中，如电阻器（Surface Mounted Devices，SMD）、红外线发生器、半导体等。镉也是塑料的固化剂。

3）汞。汞会造成很多器官的损伤，包括大脑、肾、卵巢，更严重的是，胎儿的发育会对母体传过来的汞相当敏感。我们知道，当无机汞洒落入水中时，就会转化为甲基汞沉在底部。甲基汞很容易在体内积累以及通过食物链富集。据估计全世界每年消耗 22% 汞用在电器电子产品中。它用于温度计、传感器、阻滞器、转换器（比如在电路板以及测量装置中）、纯平显示器荧屏、医疗设备、电灯、手机以及电池的生产制造当中。

4）六价铬。六价铬仍被用于钢片的防锈以及美化处理。它很容易穿过细胞膜然后被吸收，而后对被污染了的细胞产生毒害作用。六价铬也会损伤脱氧核糖核酸（Deoxyribonucleic Acid，DNA），是一种在环境中极毒的物质。

5）钡。钡是一种软的银白色金属，被用于计算机显示器阴极射线管荧屏上，是为了保护用户免遭辐射，研究显示即使是短期暴露于钡也会导致脑肿、肌肉无力，以及损伤心脏、肝脏和脾脏。但没有关于长期暴露于钡对人的影响的资料。动物的研究表明，喂食钡一段时期后血压升高，心脏也发生变化。

6）铍。铍是一种钢灰色的金属，相当的轻和坚硬，也是电和热的良导体，而且没有磁性，这些特性使得铍工业用途广泛，包括计算机等电子产品。在计算机中，铍被广泛用于主板和键盘底片（铍与铜的合金用于加强连接体弹性同时保持导电性）。铍被认为是导致肺癌的致癌物。长期接触铍的工人，即使是很小剂量，也会容易导致"铍长期症"（一种肺病）。接触铍也会导致一种皮肤病，特征是轻微擦伤和肿起，研究表明即使不再接触铍，甚至多年后仍会有"铍长期症"。

3.2 稀贵金属的绿色资源化技术

3.2.1 废弃电器电子产品中的稀贵金属

稀贵金属是稀有金属和贵金属的统称。贵金属一般包括金、银及铂族金属（包括铂、钯、铱、锇、铑和钌）。稀有金属则指在自然界中含量较少或分布稀散的金属，包括稀有轻金属（锂、铷、铯、铍）、稀有难熔金属（钛、锆、铪、钒、铌、钽、钼、钨）、稀有分散金属（镓、铟、铊、锗、铼、硒、碲）和稀有稀土金属（钪、钇及镧系）等。稀贵金属由于有优良的物理化学性能（如高温抗氧化性和耐蚀性）、电学性能（优良的导电性、高温热电性能和稳定的电阻温度系数等）、高的催化活性、强配位能力等，在现代工业中用途非常广泛，其应用有"少、小、精、广"的特点，因而被称为现代"工业的维生素"。

随着经济的发展，世界各国对稀贵金属材料的需求不断扩大，现有稀贵金属材料供给无法满足日益增长的需求。中国物资再生协会于可利文章显示，全世界稀贵金属已探明的可开采年限分别是：金18年、银16年、铟10年、钛95年、钨64年、钼42年、锗40年。以金属铟为例，目前全球每年铟的消费量超过了1400t，而已探明铟的全球总储量不足16000t，难以支撑未来不断扩大的铟需求，单靠开采原矿是不可持续的，因而对稀贵金属材料的循环利用是突破稀有资源瓶颈的唯一途径。

电器电子产品制造是稀贵金属最重要的用途之一。由于稀贵金属及其合金具有优良的导电性、柔韧性和高强度性，故被广泛应用于航空器、家用电器、通信产品、智能设备等的制造中。表3-1列举了电器电子产品中含有稀贵金属的部件、位置以及类型。

表 3-1　电器电子产品中含有的稀贵金属

含有稀贵金属的部件	稀贵金属存在位置	稀贵金属的类型
印制电路板	芯片、表面镀层	金、银、钯
液晶显示器	靶材	铟复合材料
阴极射线管显示屏	荧光粉	稀土金属
锂离子电池	电池填充物	锂钴氧化物
片状电阻器	集成电路芯片的管芯焊点材料、金手指、插槽	金、铂或合金
	集成电路芯片的导体材料	金、铂或合金
	混合集成电路芯片的焊接材料	金、铂或合金
电阻器	功能电阻器滤膜	金、铂或合金
	耐高温钨钌电阻器的引出导线	铬、钯、钌、金合金
	陶瓷类电阻器的薄膜材料	含金复合材料
	玻璃釉电阻器的导电性材料	含金复合材料
电容器电极	五氧化二钽电容的上电极	金、铂或合金
	厚膜电容器的下电极	金、铂或合金
	薄膜电容器的下电极	金、铂或合金
	多层叠片式电容器的内电极	金粉浆料或银合金浆料
半导体	半导体材料	铟复合材料
电感	电感器的导体材料	金
蜂鸣片和滤波片	压电陶瓷基片	丝印银浆
弱电触头	银锌纽扣电池的正电极	银或银合金

3.2.2　废弃电器电子产品中稀贵金属资源化技术

目前研究及应用的处理废弃电器电子产品中回收金属的工艺技术主要分为四类：机械分离技术、湿法冶金技术、热处理技术和微生物技术等。在实际操作中，为了得到不同的稀贵金属富集体，通常某一种方法不能将稀贵金属提取出来，而是同时交叉使用几种方法。

1. 机械分离技术

机械分离技术是废弃电器电子产品中回收金属及再利用技术中的重要部分，这种分离技术是通过机械方式对废弃电器电子产品进行处理，根据金属和非金属材料的不同物理性能（密度、粒度、磁性等）而实现金属的回收，主要包括拆解、破碎、分离等技术，而且现在广泛应用的都是加工行业比较成熟的破碎和分离技术。机械分离技术能实现金属和非金属的分离回收，处理过程无二噁英等有害物质产生，较为环保。这种分离技术在处理过程中不发生化学反应，产生的二次污染物较少，具有运行成本低、资源再生率高和环境友好等特点，应用广泛，也是我国政府推荐采用的废弃电路板资源化回收技术之一。但该法获得的金属只是金属的富集体，如需得到单一金属，还需进一步加工处理。图 3-1 所示为机械分离技术的基本处理流程图。

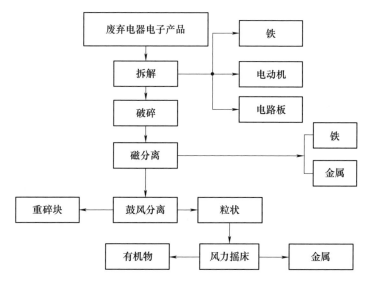

图 3-1　机械分离技术的基本处理流程图

机械分离处理不能彻底实现废弃电器电子产品中金属与非金属分离，得到的是混合金属富集体，不是最终产品。机械分离技术获得的金属产品仍需进行后续加工，通常情况下将通过分离富集的金属，再次输送到金属冶炼公司或湿法处理公司，将其进行进一步的加工，从而提取出纯度更高的金属，再将这些金属投入到工业生产的过程中加以使用。而对于分离后的有机物（塑料），通常采用的处理方式是将其进行焚烧，将其产生的热值进行回收，需要注意的是，对尾气的处理一定要严格。同时，也可将有机物作为粉料使用，用作涂料、建筑材料等施工填料，进行再次利用，如常州厚德再生资源科技有限公司把电路板非金属粉末制成脂塑材料。

▶▶ **2. 湿法冶金技术**

从废弃电器电子产品中回收金属的湿法冶金技术于 20 世纪 60 年代末始于西方发达国家，基本原理是将破碎后的废弃物颗粒浸入水溶液介质（如酸、碱等溶液）中，通过化学或物理化学作用对原料中金属或化合物进行提取和分离，而实现提取目标金属的化学冶金过程，通常工艺步骤包括浸出、沉淀、结晶、过滤、萃取、离子交换、电解等过程。湿法与火法相比，具有工艺流程简单、提取贵金属后的残留物易于处理、废气排放少、经济效益显著等优点。

（1）湿法浸出 根据浸出试剂的不同，可以分为氰化法、酸浸法、硫脲法、硫代硫酸盐法、氯化法、硫氰酸盐法、稀贵金属剥离法、其他方法。

1）氰化法。氰化法浸出稀贵金属原理及步骤。氰化法是以碱金属氰化物的水溶液作为溶剂，浸出废弃电器电子产品中金、银等稀贵金属，然后从溶液中提取稀贵金属的方法。氰化法提取稀贵金属主要包括氰化浸出和沉积提取两个步骤。

① 氰化浸出。氰化浸出是在稀氰化溶液中，并有氧（或氧化剂）存在的条件下，稀贵金属与氰化物反应生成络合物而溶解进入溶液中，得到含稀贵金属浸出液。以氰化钾浸金为例，反应式为

$$4Au + 8KCN + 2H_2O + O_2 \longrightarrow 4KAu(CN)_2 + 4KOH \qquad (3-1)$$

氰化浸出稀贵金属的工艺方法有槽浸氰化法和堆浸氰化法两类。槽浸氰化法是传统的浸金方法，又分渗滤氰化法和搅拌氰化法两种；堆浸氰化法是近二十年来才出现的新技术，主要用于处理低品位氧化矿。

自1887年发现氰化液可以溶金以来，氰化法浸出至今已有近百年的生产实践，工艺比较成熟、回收率高、对矿石适应性强、能就地产金，所以至今仍是黄金浸出生产的主要方法。

② 沉积提取。沉积提取是从氰化浸出液中提取稀贵金属。工艺方法有加锌置换法（锌丝置换法和锌粉置换法）、活性炭吸附法、离子交换树脂法、电解沉积法、磁炭法等。锌粉（丝）置换法是较为传统的提取稀贵金属方法，在黄金矿山应用较多；炭浆法是目前新建金矿的首选方法，其产金量占世界产金量的50%以上。

2）酸浸法。

① 硝基盐酸性质。它又称王酸、王水，是一种腐蚀性非常强、冒黄色雾的液体，是浓盐酸（HCl）和浓硝酸（HNO_3）按体积比为 3:1 组成的混合物。硝基盐酸同时具有硝酸的氧化性和氯离子的强配位能力，因此可以溶解金、铂等不活泼金属。浓盐酸的加入并不是增强了硝酸的氧化性，而是增强了金属的还原能力。Au（金）与 HCl（氯化氢）配位形成 $HAuCl_4$（四氯合金酸），增强了金属的还原能力，使硝酸氧化金变得可能。

② 酸浸法浸出稀贵金属原理及步骤。酸浸法是采用硝基盐酸、硝酸、硫酸等作为浸出试剂，利用将废弃电器电子产品中含有的稀贵金属能溶解到硝酸、硝基盐酸和其他酸的特点，将稀贵金属从废弃电器电子产品中脱除，然后再对稀贵金属进行回收还原成金、银等，是目前比较常见的回收工艺。如图3-2所示，具体操作方法是将印制电路板破碎到一定粒度的颗粒通过加热去除颗粒中的有机物，然后将这些颗粒浸泡于硝酸溶液中并加热，颗粒中的稀贵重金属 Ag

及金属氧化物就能够熔化到热硝酸中，过滤后得到含有 Ag 的溶液和固体残留物。通过电解或者其他化学方法从溶液中回收 Ag，而固体残留物继续使用硝基盐酸浸泡。固体残留物中的 Au 等稀贵金属溶解于硝基盐酸中，过滤硝基盐酸中的残留物，就可以得到含有 Au 等稀贵金属的溶液，通过化学或电化学方法可以将溶液中的稀贵金属提取出来，主要反应式为

$$2M + 2nH^+ \longrightarrow 2M^{n+} + nH_2 \tag{3-2}$$

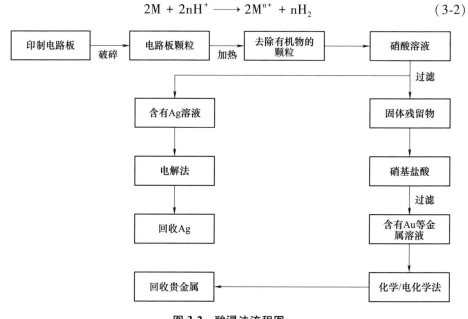

图 3-2 酸浸法流程图

酸浸法处理具有废气排放少、提取稀贵金属后的残留物易于处理、经济效益好、工艺流程简单等优点。但是此方法也存在着回收金属种类少、化学试剂用量大、产生的废液难以处理，若处理不当会对水资源造成严重污染的缺点。

3）硫脲法。

① 硫脲性质。硫脲是一种白色而有光泽的晶体，味苦，密度为 $1.41g/cm^3$，熔点为 176～178℃，加热至一定温度时分解。它溶于水，加热时能溶于乙醇，极微溶于乙醚。它是用于制造药物、染料、树脂、压塑粉等的原料，也用作橡胶的硫化促进剂、金属矿物的浮选剂等。它由硫化氢与石灰浆作用成硫氢化钙，再与氰氨（基）化钙作用而成。它也可由硫氰化铵熔融制取，或由氨基氰与硫化氢作用制得。

② 硫脲法浸出稀贵金属原理。硫脲提取金具有干扰离子少、速度快的优势，是一项逐渐完善的低毒提金新工艺。在酸性条件下，硫脲能够溶解金并形成阳离子络合物，该反应速度快，浸金率高达 99%。

阳极反应式为

$$Au + 2CS(NH_2)_2 \longrightarrow Au(CS[NH_2]_2)_2^+ + e^- \tag{3-3}$$

不过硫脲的使用条件较为严格，只在中性或酸性条件下热力学比较稳定，其他溶液中会分解。

4）硫代硫酸盐法。

① 硫代硫酸钠性质。硫代硫酸钠，又名次大苏打、海波。它是常见的硫代硫酸盐，无色透明的单斜晶体。硫代硫酸钠易溶于水，遇强酸反应产生硫和二氧化硫。硫代硫酸钠为氰化物的解毒剂，其为无色、透明的结晶或结晶性细粒；无臭，味咸；在干燥空气中有风化性，在湿空气中有潮解性；水溶液显微弱的碱性。在硫氰酸酶参与下，它能与体内游离的或与高铁血红蛋白结合的氰离子相结合，形成无毒的硫氰酸盐由尿排出而解氰化物中毒。此外还能与多种金属离子结合，形成无毒的硫化物由尿排出，同时还具有脱敏作用。临床上硫代硫酸盐用于氰化物及腈类中毒，也可用于治疗砷、铋、碘、汞、铅等中毒，以及治疗皮肤瘙痒症、慢性皮炎、慢性荨麻疹、药疹、疥疮、癣症等。

② 硫代硫酸盐法浸出稀贵金属原理。硫代硫酸盐法具有毒性低、用药品量少和浸取速率快的优点，是一种较有前景的方法。在碱性或中性的环境中，金可以很容易发生反应，即

$$4Au + 8S_2O_3^{2-} + O_2 + 2H_2O \longrightarrow 4Au(S_2O_3)_2^{3-} + 4OH^- \tag{3-4}$$

溶液中如有 Cu（+2 价）离子存在，且与氨呈适当比例时，会对第一个反应起强烈的催化作用，机理见式（3-5）、式（3-6）。

$$Au + Cu(NH_3)_4^{2+} + 4S_2O_3^{2-} \longrightarrow Au(S_2O_3)_2^{3-} + Cu(S_2O_3)_2^{3-} + 4NH_3 \tag{3-5}$$

$$4Cu(S_2O_3)_2^{3-} + O_2 + 2H_2O + 16NH_3 \longrightarrow 4Cu(NH_3)_4^{2+} + 8S_2O_3^{2-} + 4OH^-$$

$$\tag{3-6}$$

该方法存在的主要缺点是浸出后的溶液中回收稀贵金属较为困难，主要是因为采用活性炭吸附法时，这种稀贵金属的硫代硫酸盐络合物较难附着在活性炭表面，因此，一定程度限制了此法的应用与发展。

5）氯化法。

① 氯酸钠性质。氯酸钠化学式为 $NaClO_3$，相对分子质量为 106.44，通常为白色或微黄色等轴晶体，其味咸而凉，易溶于水和碱溶液、微溶于乙醇，在酸性溶液中有强氧化作用，300℃ 以上分解出氧气，但在水中的溶解度随着温度升高而急剧上升。氯酸钠是强氧化剂，如有催化剂等存在，在较低温度下就能分解而强烈释放出氧气。这里特别需要说明的是，氯酸钠分解放氧是放热反应。在酸性溶液中有强氧化作用。与碳、磷及有机物或可燃物混合受到撞击时，都易发生燃烧和爆炸。

② 氯化法浸出稀贵金属原理。氯化法通常又称为液氯化法或水氯化法。此

法初期采用氯水或硫酸加漂白粉的溶液从矿石中成功地浸出金，并用硫酸亚铁从浸出液中沉淀出金。氯化法通常在水溶液介质中完成湿法氯化过程，对金来说，它既是氧化剂又是络合剂。在 $Au\text{-}H_2O\text{-}Cl$-体系的电位-pH 图中，金被氯化而发生氧化并与氯离子络合，故称水氯化浸出金，其化学反应式为

$$2NaClO_3 + 2Au + 12HCl \longrightarrow 2NaAuCl_4 + 6H_2O + 3Cl_2\uparrow \qquad (3\text{-}7)$$

$$2Au + 3Cl_2 + 2HCl \longrightarrow 2AuCl_4^- + H_2\uparrow \qquad (3\text{-}8)$$

$$2Au + HClO + H^+ + 3Cl^- \longrightarrow 2AuCl_2^- + H_2O \qquad (3\text{-}9)$$

$$2Au + 3HClO + 3H^+ + 5Cl^- \longrightarrow 2AuCl_4^- + 3H_2O \qquad (3\text{-}10)$$

一般说来，原料中凡是硫代硫酸盐可溶的物质，液氯化法也可以溶解。采用液氯化法，金的浸出率比氰化法高，可达 90%～98%，氯的价格比氰化物低，氯的消耗量为 0.7～2.5kg/t 精矿。近些年来，由于一些湿法冶金方法污染环境，液氯化法又重新被用来提取稀贵金属，今后它有可能再次成为稀贵金属重要的湿法冶金方法之一。

6）硫氰酸盐法。

① 硫氰酸钠性质。硫氰酸钠是白色斜方晶系结晶或粉末，相对密度为 1.735g/cm³，熔点为 287℃，在空气中易潮解，遇酸产生有毒气体，易溶于水、乙醇、丙酮等溶剂。硫氰酸钠水溶液呈中性，与铁盐生成血色的硫氰化铁，与亚铁盐不反应，与浓硫酸生成黄色的硫酸氢钠，与钴盐作用生成深蓝色的硫氰化钴，与银盐或铜盐作用生成白色的硫氰化银沉淀或黑色的硫氰化铜沉淀。

② 硫氰酸盐法浸出稀贵金属原理。硫氰酸盐性质稳定，具有同卤素相似的性质，能够与稀贵金属形成稳定的化合物，且毒性小，能够在工业发展中以副产物的形式再生获得，前景可观。硫氰酸盐需要在适当的氧化剂条件下溶解金，氧化剂将 SCN⁻ 氧化成中间产物，然后再对金进行氧化提取，电化学浸取反应式为

$$(SCN)_2 + 2e^- \longrightarrow 2SCN^- \qquad E_0 = 0.730V \qquad (3\text{-}11)$$

$$(SCN)_3^- + 2e^- \longrightarrow 3SCN^- \qquad E_0 = 0.650V \qquad (3\text{-}12)$$

在酸性溶液中，二氧化锰与硫氰酸盐形成氧化络合体系，可对废弃电器电子产品中稀贵金属进行有效提取，具有浸出效率高、速度快、毒性低、硫氰酸盐可回收等优点，是一种新的有发展前途的提取稀贵金属的方法。

7）稀贵金属剥离法。中国电器科学研究院股份有限公司采用稀贵金属短流程定向剥离技术，建立在非氰化、低腐蚀介质下，实现温和条件下高稀贵电路板全量化高值利用和污染物减量化处置，为我国电子废弃物的资源化利用提供了新途径。铜、镍在非氰化浸出体系的电化学行为和溶解机理如图 3-3 所示。

H_2O_2 在酸性（H_2SO_4）条件下氧化性显著增大，即 $H_2O_2 + 2H^+ + 2e^- \longrightarrow 2H_2O$，$E = 1.78V$，其酸化的溶液可以将 Cu 氧化成 Cu^{2+} $Cu^{2+} + 2e^- \longrightarrow Cu$，$E =$

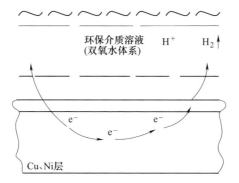

图 3-3 铜、镍在非氰化浸出体系的电化学行为和溶解机理

0.34V，反应的方程式为

$$Cu + H_2O_2 + H_2SO_4 \longrightarrow CuSO_4 + 2H_2O \tag{3-13}$$

因为镍的电极电势为 $-0.25V$（$Ni^{2+} + 2e^- \longrightarrow Ni$，$E = -0.25V$），因此在酸性条件下可直接与稀硫酸反应，反应的方程式为

$$Ni + H_2SO_4 \longrightarrow NiSO_4 + H_2\uparrow \tag{3-14}$$

具体步骤如下。

① 预处理。对废弃电路板进行洗涤和烘干处理，以去除灰尘或（和）油污。回收到的废弃电路板表面会存在一定的灰尘或（和）油污，如不加以处理，会影响后续的脱金效果及滤液的循环使用。

② 配置脱金溶液。在硫酸水溶液中添加络合剂和氧化剂，配置成脱金溶液，并将脱金溶液加热至 50~70℃。

③ 氧化络合底层铜镍镀层。把烘干后的电路板浸泡在脱金溶液中，静置浸泡，使金镀层下的铜镍镀层发生氧化络合，溶解，而附着在铜镍镀层上的金以金箔的形式脱下，然后搅拌，使金箔彻底地从电路板基体表面脱除。

④ 过滤、干燥滤渣。取出脱金后的电路板，将飘有金箔的含铜、镍离子的溶液过滤，得到含金箔的滤渣和含铜、镍离子的滤液，滤渣经洗涤、干燥后得到金箔。

8）其他方法。除前面介绍的几种浸出稀贵金属方法，报道过的其他方法还有多硫化法、碘化法、氰溴酸法、硝酸-盐酸/氯气联合浸出工艺、过氧化氢-硫酸湿法工艺、鼓氧氰化工艺等。

（2）分离纯化技术　含有多种金属离子的废弃电器电子产品浸出液的后续分离方法包括化学净化法、有机溶剂萃取法、离子交换法等。

1）化学净化法。它包括沉淀法、吸附法和置换法。

① 沉淀法。沉淀法是利用各金属离子在浸出液中的溶解度不同，可以与某

些阴离子生成沉淀的特性处理含金属浸出液。在实践操作中，一般选择 OH^-、S^{2-}、CO_3^{2-} 等离子进行处理。在含铜量大的浸出液加入烧碱可制取 $Cu(OH)_2$，也可在此基础上加入硫酸溶解沉淀物，冷却后会自然析出胆矾晶体。用硫化钠沉淀硫酸酸化后的醋酸铜氨废液中的铜效果良好，处理后的废液可达到排放标准。采用微孔过滤和化学中和反应相结合处理含铜浸出液，这种处理方法铜的回收率也很高。

② 吸附法。化学吸附是吸附质分子与固体表面原子（或分子）发生电子的转移、交换或共用，形成吸附化学键的吸附。由于固体表面存在不均匀力场，表面上的原子往往还有剩余的成键能力，当气体分子碰撞到固体表面上时便与表面原子间发生电子的交换、转移或共用，形成吸附化学键的吸附作用。吸附法处理含金属浸出液是利用各种吸附剂对浸出液中金属的吸附作用以及离子交换作用来回收金属的一种方法，该类方法一般具有工艺简单、易于操作的特点。

有研究表明，利用廉价的天然岩石所合成的 13X 型沸石净化含铜废水，效果比较理想。此外沸石分子筛由于具有独特的结构及其对阳离子良好的吸附作用，对二价金属有较强的去除作用，并有较大的吸附容量，在一定条件下分子筛可以实现再生。但是，采用吸附法处理含铜废水，所富集的含有高浓度铜的洗脱液有待于进一步处理才能实现资源回收，防止二次污染。

③ 置换法。置换法是利用金属与化合物反应生成另外一种金属和化合物的化学反应来处理浸出液。置换沉淀是把一种化学活性较强（标准还原电势小）的金属，加入另一种活性较弱（标准还原电势大）的金属盐溶液中，使后一种金属沉淀出来的方法。如用铅置换铜，反应式为

$$Pb + Cu^{2+} \longrightarrow Cu + Pb^{2+} \tag{3-15}$$

反应平衡时，铅置换铜很完全。置换沉淀可用于溶液净化，也可用于金属提取。

2）有机溶剂萃取法。它利用化合物在两种互不相溶（或微溶）的溶剂中溶解度或分配系数的不同，使化合物从一种溶剂内转移到另外一种溶剂中，经过反复多次萃取，将绝大部分的化合物提取出来。溶剂萃取法是一种常用的分离和富集各种物质的有效方法，在有色金属冶金方面得到广泛应用。萃取是利用有机溶剂从与其不相混溶的液相中把某种物质提取出来的一种方法。从工艺过程看，溶剂萃取法通常包括萃取、洗涤和反萃取三个主要阶段。

溶剂萃取中的关键是选择合适的萃取剂。目前广泛使用的用于萃取铁、铜、锌、镍的萃取剂主要有 LIX84I、LIX973N 和 LIX984 等羟肟萃取剂。有机溶剂萃取在有色冶金中发展很快，不断有新的萃取剂出现，同时还出现了新的工艺及设备，如协同萃取、离心萃取器。

3）离子交换法。离子交换法是利用离子交换剂中的可交换基团与溶液中各

种离子间的离子交换能力的不同来进行分离的一种方法。有研究表明，离子交换法可用于处理印制电路板生产的废水，废水无须预处理，且处理工艺流程短、设备结构简单、运行费用低、不产生二次污染。利用该方法处理含铜的铜氨废水，可以实现废水达标排放并循环使用。此外，采用阴离子交换树脂来处理 Cu-EDTA 络合废水也取得了良好的效果，但是洗脱液必须进一步处理，才能避免二次污染。离子交换法一般用来处理离子浓度较低的稀溶液，当金属离子浓度大于 1% 时，用这种方法分离效果不大。所以这种方法特别适用于含微量杂质的溶液的净化中。

4）液膜分离法。液膜分离法是一种高效和节能的新型分离技术，针对金属离子溶剂萃取中的高成本和反萃取难等缺点而产生的。它是一种模拟生物细胞富集功能，具有连续化、自动化优点的新型化学分离技术。早在 1968 年，液膜法就由美国登埃克森公司的美籍华人 Norman N. Li 首次提出，随后便有大量文献记载了液膜萃取技术应用于冶金、医药、环保、原子能、石油化工、仿生化学等领域。液膜由膜溶剂（成膜的基体物质）、表面活性剂（分子中含有亲水基和疏水基两个部分的化合物）、流动载体和内相试剂组成。液膜分离机理如下：

① 单纯迁移。单纯靠待分离的不同组分在膜中的溶解度和扩散系数的不同导致透过膜的速度不同来实现分离。

② 滴内化学反应。在溶质的接受相内添加与溶质能发生化学反应的试剂，使溶质先溶解在膜溶剂中，之后扩散到膜表面与内相试剂反应。反应会生成一种不能逆扩散透过膜的产物。

③ 膜相化学反应。在膜相中加入一种流动载体，载体分子先在液膜的料液（外相）侧选择性地与某种溶质发生化学反应，生成中间产物，然后这种中间产物扩散到膜的另一侧，与液膜内相试剂作用，并把该溶质释放出来，这样溶质就被从外相转入到内相。

目前国外研究液膜法提金的一个实例为：以 Na_2SO_3 为内部溶剂，利用 LK-80（一种结构复杂的饱和脂肪酸醇酯，平均分子量为 1200）作为表面活性剂，以 MIBK 为流动载体对含金废液进行提金。实验结果表明，通过选取合适的萃取条件，在不到 25min 内，原溶液中几乎所有 Au（+3 价）均被萃取出，之后对乳化液进行破乳，从而得到富集后的含金液。

液膜法优点在于：提取和解吸是合并在一起同时完成的，大大提高了分离效率，特别适用于低浓度物质的分离提取；操作浓度的区间大，往往一次液膜分离就可达到有效的分离提取；液膜法中起分离作用的流动载体用量比溶剂萃取法中的萃取剂含量少得多，液膜分离过程中有机相的使用量和损失量也很小。

然而，液膜法的发展也存在着阻碍因素。因为用液膜法将金属离子萃入乳液后，需进行乳液的破乳才能将金属离子完全分离出来，因此破乳对液膜技术的应用至关重要，而目前破乳的研究多数停留在实验室阶段，因此尽快研制高效、低成本、便于操作、大处理量的破乳设备是液膜技术应用于金属提取，实现工业化生产的关键。

5）电渗析法。在外加直流电场作用下，利用离子交换膜对溶液中离子的选择透过性，使溶液中阴、阳离子发生离子迁移，分别通过阴、阳离子交换膜而达到除盐或浓缩的目的。电渗析法是离子在电场作用下迁移与离子交换技术的结合，即只能选择通过阳离子和选择通过阴离子的两种离子交换膜，按一定的方式组装起来，对不同离子进行分离富集的一种方法。

6）结晶分离法。结晶分离法是利用混合物中各成分在同一种溶剂里溶解度的不同或在冷热情况下溶解度有显著差异，而采用结晶方法加以分离的操作方法。在有色金属和稀有金属的湿法冶金中结晶法常应用于从金属溶液中析出纯盐，分离性质相近的元素及净化含杂质的溶液。

▶ 3. 热处理技术

（1）冶炼法　冶炼法主要为火法冶金，是 20 世纪 80 年代应用最广泛的从废弃印制电路板回收稀贵金属的技术。火法冶金是利用冶金炉高温加热，去除电路板上的非金属物质，金属成分熔融于其他金属熔炼物料或熔盐中，再加以分离。非金属物质主要是印制电路板有机材料等，一般呈浮渣物分离去除，而稀贵金属与其他金属呈合金态流出，通常富集后金属制作成阳电极，电解提纯金属并富集稀贵金属。

加拿大 Noranda 公司通过高温使金属和杂质分离，然后通过电解和熔化铸造等加工流程提炼出各种金属，如图 3-4 所示。

火法冶金具有操作工艺简单、回收率高等优点。对于 Cu、Au、Ag、Pd 等金属的回收率可以达到 90% 以上。但是，火法冶金也存在着许多缺点：第一，电路板上成分复杂，且含有多种有毒物质，在焚烧过程中会产生大量的有毒有害气体，比如电路板中的溴化阻燃剂在燃烧过程中会生成二噁英及呋喃等有毒气体；第二，对于锡和铅等有色金属的回收效率比较低；第三，在电路板处理的过程中产生了大量的废气、废渣等二次污染物。

（2）热解法　热解技术是在缺氧或无氧的条件下将废弃印制电路板置于容器中加热（通常是 350~900℃）使其分解。有机树脂在高温及缺氧状态下产生有机物裂解反应，把网状的大分子分解成有机小分子，形成液态、气态及固态生成物，热裂解后的产物通常有气体、油、碳及水。裂解后废弃印制电路板中其他组分会分解、挥发。各种组分成解离状态，易于以简单的破碎、磁选、涡电流分选等方法将其分选回收。研究发现，热裂解的液相产物苯酚可制成酚醛树脂再利用，残渣则容易形成碳、玻璃纤维等，用于制作复合材料。

热解技术通常有两种不同的工艺流程：第一种是将电路板经过简单预处理

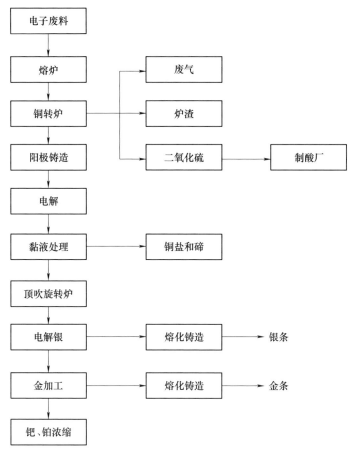

图 3-4　加拿大 Noranda 公司贵金属回收流程

之后，全部进行热解；第二种是电路板经过破碎分选过程得到的非金属材料进行热解。

采用第一种工艺流程直接对电路板进行热解，工艺比较简单，能耗较低，热解完成之后产物为热解油、热解气和固体残渣。固体残渣为金属和玻璃纤维等不裂解成分。第二种工艺是将机械物理法与热解法相结合，采用这种工艺能够避免电路板中的金属在热解过程中被氧化而吸收。但是，这种工艺比较复杂，且能耗较高。热解过程比较复杂，会受到多种因素的影响，如温度、加热速度、催化剂、热解氛围等，操作条件不同得到的最终产物也不相同。

热解法的优点是能够实现电子废弃物中的有机高分子材料高附加价值的回收，具有非常明显的经济效益；尽管在热解过程中会产生热解气体，不过在无氧环境下可以大大减少二噁英、呋喃等有害物质的产生。但是，热解技术也存在着一些缺点和难题：一是热解油的脱卤；二是热解尾气治理，热解气体仍需进一步处理以减少其对环境的污染。

此外，真空热解处理是基于热解处理上的新研究，研究表明真空降低了印制电路板热解的表观活化能，提高了热解产物的挥发性，减少了二次裂解反应，有利于提高液体产品的产率，降低气体和固体产品的产率。同热解技术相比，真空热解技术处理印制电路板更具优越性，真空条件缩短了热解产物在高温反应区的停留时间，减少了二次热解反应的发生，尤其降低了卤化氢发生二次反应生成卤代烃的概率，依靠真空机械的动力避免了引入惰性气体，提高了气体产品的纯度。真空热解还有利于提高化工原料的产率，减少气体的产量。目前利用真空热解技术回收废弃印制电路板的研究刚刚起步。

▶▶ 4. 微生物技术

生物冶金又叫微生物湿法冶金，是利用微生物的氧化还原作用将矿石中的目标金属以离子态加入溶液中，再借助萃取、电积等下游工艺分离纯化以获得高纯度的金属。微生物法回收印制电路板中的金属就是借助微生物对矿石冶炼的相关技术和原理对电子废弃物进行资源化，是个全新的尝试，并取得了一定的科研成果。

上海第二工业大学联合中国电器科学研究院股份有限公司开发了一种处理方法是利用氧化亚铁硫杆菌对印制电路板中的铜进行浸出，研究表明添加量为10g/L 和20g/L 时，在 15 天内印制电路板中的铜几乎全部浸出。还有一种方法是采用紫色色杆菌和假单胞杆菌属从电子废弃物中回收金属，主要思路是：先通过破碎、分选出一定粒径的粉末进行预处理，得到金属的富集体，然后利用微生物培养对粉末中的金属进行提取，工艺路线如图3-5所示。

另外，微生物预处理与化学浸出结合效率会增大，用氧化亚铁硫杆菌等预处理，结合温和化学试剂，选择性浸出稀贵金属。这种工艺的设计思路在于氧化亚铁硫杆菌能够不断浸出电路板中的活泼金属，如铜、铝、锌、铁、镍等，可以使得金、银等不活泼金属更多裸露出来，增强化学试剂与金的接触机会和接触面积，从而提高温和化学试剂浸出金的浸出率，缩短浸出时间。

采用微生物处理废弃印制电路板回收金属具有工艺简单、环境污染小、费用低、操作方便等优点，是一种经济、环保的处理方法。但是，生物冶金在浸出电路板上金属的过程中，也存在着效率低、金属必须暴露在处理样品表面、滤液回收困难无法满足工业化需求的缺点。目前生物冶金技术不够成熟，仍处在发展中，还需要在以下方面进一步研究。

1）对微生物的生长条件和工艺参数进行深入研究是生物冶金回收电子废弃物中金属必须继续探究的问题。主要原因在于电路板性质千差万别，成分复杂，并且不可避免存在重金属或有毒物质，与单独在理想状态下培养微生物不同。不同电路板的性质，不同的浸出目的，必然要进行有针对性的研究。

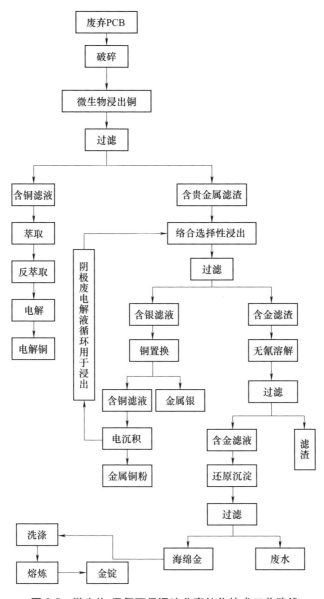

图 3-5　微生物-无氰环保湿法分离纯化技术工艺路线

2) 寻找能够有效浸出金属，尤其是能够经济高效地回收稀贵金属的微生物是基于生物冶金资源化利用电子废弃物的一个突破口。菌种对电子废弃物中重金属离子的耐受性较差，限制了它在产业上的实际应用。通过多种手段选育菌种，是微生物浸出电子废弃物中金属的重要发展方向，其中诱变育种或借助已取得巨大进展的分子生物学手段改良菌种以获得适应能力强、生物活性高并能大规模工业应用的高效工程菌有望带来技术突破和产业新生。

3）添加混合菌种作为菌种来源以及联合工艺是微生物浸出电子废弃物中金属走向工业化的一个重要突破口。

5. 机械-火法-湿法联合流程技术

北京科技大学张深根团队利用机械-火法-湿法联合流程成套工艺来实现废弃电路板的绿色回收，包括机械破碎，静电分离，杂铜粉末冶炼，铜电解提纯，铜阳极泥进行分铜、分金、分银、分铂回收其中的铜、金、银、铂等金属及废液循环再利用。

首先将废弃电路板经过破碎和静电分离处理工艺，得到有机树脂含量小于15%的杂铜粉末。杂铜粉末含量中有机物含量较低，有利于减少在冶炼阳极板过程中气体的排放。通过对尾气的处理，可以大大缓解废弃电路板直接冶炼对环境产生的大量烟气污染，达到环境友好的目的。

冶炼铜阳极板可以经过电解回收阴极铜，直接回收利用，也可以通过硫酸体系多次电解提高阴极铜的品位，满足不同铜制品对原材料的要求。电路板中的 Au、Ag、Pb、Sn 等有价金属冶炼进入阳极板，经电解工艺富集于阳极泥。废弃电路板破碎、冶炼及电解的预处理工艺流程图如图 3-6 所示。

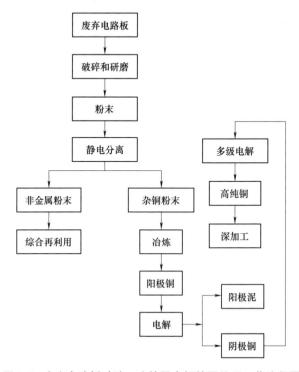

图 3-6　废弃电路板破碎、冶炼及电解的预处理工艺流程图

（1）阳极泥除铜工艺　阳极泥中若铜含量大于 1%，则在后续贵金属分离过程中会影响金的回收。因此，在贵金属分步分离回收工艺前，应对铜含量高的电解铜阳极泥进行除铜预处理。除铜处理在钛反应釜中进行，在硫酸体系中通入空气并维持 85℃，将铜氧化成硫酸铜，冷却、压滤、洗涤、烘干以后，滤液进入铜电解车间进行铜电解分离提纯，分铜渣后得到主要成分为 Au、Ag、Pb、Sn 等有价金属的阳极泥。除铜工艺流程图如图 3-7 所示。

（2）阳极泥金、银分步分离回收工艺　将阳极泥经除铜预处理后，采用先分离金、后分离银的工艺，分步回收贵金属。分金沉金工艺主要采用氯酸钠分金、控银、沉金的分离回收工艺；分银沉银工艺主要采用亚硫酸钠分银、甲醛还原银的分离回收工艺。本工艺实现贵金属全湿、无氰、绿色回收，浸出尾液可进行循环利用，达到高效、环保的目的。

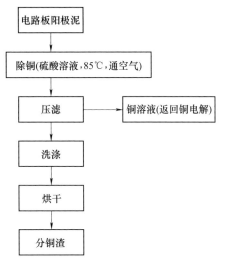

图 3-7　除铜工艺流程图

1）分金沉金原理。

① 氯酸钠分金，即

$$ClO_3^- + 6H^+ + 5Cl^- \longrightarrow 3Cl_2 + 3H_2O \tag{3-16}$$

$$Cl_2 + H_2O \longrightarrow H^+ + Cl^- + HClO \tag{3-17}$$

$$2Au + 3HClO + 3H^+ + 5Cl^- \longrightarrow 2AuCl_4^- + 3H_2O \tag{3-18}$$

总化学反应式：

$$2Au + ClO_3^- + 6H^+ + 7Cl^- \longrightarrow 2AuCl_4^- + 3H_2O \tag{3-19}$$

② 控银，即

$$Ag^+ + Cl^- \longrightarrow AgCl \tag{3-20}$$

③ 沉金，即

$$2AuCl_4^- + 3SO_3^{2-} + 3H_2O \longrightarrow 2Au + 3SO_4^{2-} + 6H^+ + 8Cl^- \tag{3-21}$$

2）分银沉银原理。

①亚硫酸钠分银。AgCl 只有在 pH>5 时才能转变为络合离子，即

$$AgCl + 2SO_3^{2-} \longrightarrow Ag(SO_3)_2^{3-} + Cl^- \tag{3-22}$$

② 甲醛还原银。溶液的 pH 值越大，甲醛的还原能力越强，通常在室温及 pH>10.55 下反应，即

$$4Ag(SO_3)_2^{3-} + HCHO + 6OH^- \longrightarrow 4Ag + 8SO_3^{2-} + 4H_2O + CO_3^{2-} \tag{3-23}$$

贵金属分步分离回收工艺流程图如图 3-8 所示。

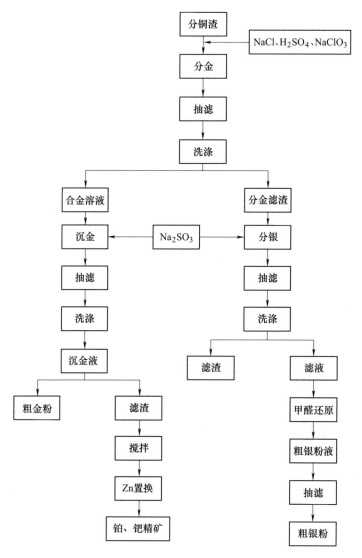

图 3-8 贵金属分步分离回收工艺流程图

拟需要控制的实验参数：

1）分金沉金。理论倍数、沉金液中残余 Cl^- 浓度、沉金液中残余 H^+ 浓度、液固比、搅拌时间、水浴温度等。

注意：理论倍数的含义。从分金实验中氯酸钠分金法的主要反应式中可以看出，理论上一定量的金氯化只需一定量的氯酸钠，由所加原料中金的含量可计算出应加氯酸钠的质量，但实际上，由于阳极泥中有比金更加活泼的、更易与氯酸钠反应的金属元素的存在，而且在实际氯化作业中，由于反应条件的综合作用，必须保证溶液中有足够的游离 Cl^- 浓度，才能有效地进行金的浸出反应。因此，氯酸钠的加入量应该多于理论应加量，本工艺用理论倍数来表示实际加入量。

2）分银沉银。Na_2SO_3 浓度、水浴加热温度、搅拌时间、固液比、甲醛与银的比例等。

3.3 其他金属回收与资源化技术

3.3.1 废弃计算机中其他金属回收与资源化技术

对于废弃计算机的再利用可采用三种方式：一是将计算机修理后重新使用；二是拆下可再利用的部件；三是将计算机破碎后作为原料再利用。

开展废弃计算机回收利用、无害化、资源化技术研究，是我国家电业做强做大的一个重要课题。也是国际化的课题。我国一直在积极开展废弃计算机资源化的研究，促进计算机业健康持续发展。

废弃计算机中有多种有价成分，是宝贵的二次资源。

计算机组成见表 3-2。

表 3-2　计算机组成

名称	所占比例（%）	名称	所占比例（%）
印制电路板	23	有色金属	3
塑料	22	玻璃	15
黑色金属	32	其他	5

印制电路板是计算机的核心部分。表 3-3 列举了 1t 计算机印制电路板中所含有价成分及重量。

表 3-3　1t 计算机印制电路板所含有价成分及重量

成分	塑料	铜	铁	溴化物	铅	锡	镍	锑	锌	银	金
重量/lb	600	286	90	56	54	44	40	22	9	1	1

成分	镉	钽	钼	钯	铍	钴	铈	铂	镧	汞	
重量/lb	0.79	0.38	0.31	0.25	0.18	0.17	0.10	0.07	0.06	0.02	

注：1lb = 0.45kg。

工艺流程说明（图 3-9）。

1）由于废弃计算机由高度集成的众多部件组装而成，因此对回收来的废弃

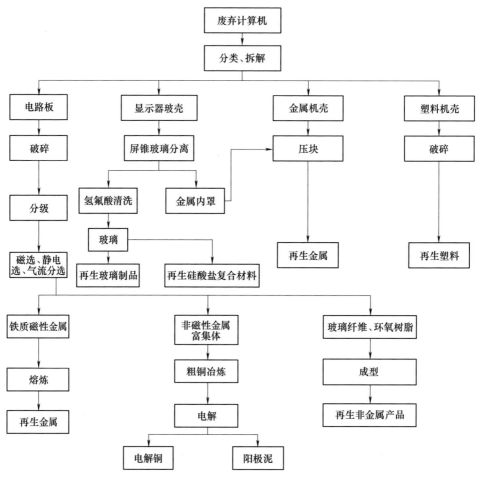

图 3-9 废弃计算机回收处理工艺流程图

计算机按外壳、印制电路板、显示器及附属散件进行合理拆解是十分必要的，这样可以避免机壳金属、塑料等较易处理的物料混入构成复杂的电路板、显示器中，人为地增加技术难度和相互污染。

2）从表 3-2 和表 3-3 中可知，印制电路板在计算机中占的比例是较高的，同时，印制电路板成分十分复杂，且含有如处置不当会对人类及环境带来严重危害的物质（铅、镉、汞等）。因此，以印制电路板的无害化、资源化利用为研究重点，是解决废弃计算机再生利用问题的关键技术之一。

通常从印制电路板中提取金属主要有物理法和化学法，化学法主要包括化学溶解和燃烧两种。但化学溶解存在着溶剂投资高，同时在化学反应过程中产生的废液、废气、废渣严重污染环境，这种方法无论从经济角度还是从环保角度而言都是得不偿失。燃烧方法也不尽如人意，因为这种方法首先使得部分贵金属氧化造成资源的浪费，其次在燃烧过程中产生大量的有毒气体，如二噁英等，造成环境污染。

印制电路板中金属组成十分复杂，单纯湿法回收很难取得良好效果。因此，可采用物理分选的方法，即破碎电路板，初步使金属很好地从基板中解离，然后采用磁选、静电选、气流分选等手段，实现电路板中金属与非金属的良好分离，再将金属富集物料交铜冶炼企业，电解获得电解铜，副产阳极泥中多种金属元素能很好地提取回收。该提取途径简捷有效，几乎不产生二次污染。关于更多的印制电路板处理工艺方法会在下一小节详细介绍。

3）平均每台计算机显示器中含有 4~7lb 的铅、钡等元素。因此，显示器玻壳的无害化及资源化处理也显得很重要。一般的再生工艺是：显示器屏锥玻璃分离开后，用氢氟酸洗去玻璃表面的荧光粉、绝缘油漆等涂层后，显示器玻璃可直接用于再生民用特种玻璃或返回玻壳厂再作原料以及再生硅酸盐复合材料（如添加铝金属成分可生产矿山传送带用铝质托辊）。

4）废弃计算机分类、拆解得到的金属机壳、塑料机壳等较易辨认，通过压块、粉碎等方法就容易实现再生对应产品的目的。

3.3.2 废弃电视机中其他金属回收与资源化技术

废弃电视机回收处理技术和专用成套设备的研制一直有国内、外学者在研究探索，现在已拥有成熟的、自动化程度高的高效处理设备，不仅提高了回收处理过程的效率，而且大大降低了对环境的污染。废弃电视机有多种不同的绿色高效处理技术，例如 CRT 屏锥分离技术，可采用激光切割技术、电热丝热爆裂、金刚石刀具切割等。

综上所述，一般对废弃电视机的回收处理基本采用如图 3-10 所示的工艺流程。

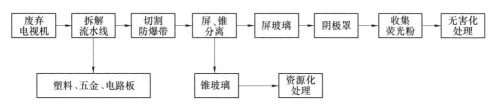

图 3-10 废弃电视机回收处理工艺流程图

各个工序拆卸下的后壳、机壳、电路板、偏转线圈、屏玻璃、锥玻璃分别收集，送后续工序处理或作为原料出售。也有的处理企业在取出显像管后把机壳（包括其中的部件）投入破碎机破碎，然后经过多级分选，分离出铁、铜、铝和塑料。处理废弃CRT电视机的重要部分是处理CRT，处理时将CRT先切割取出防爆带，再通过电热丝法分离屏锥玻璃，分离后屏玻璃取出其中的阴极罩，再真空负压收集荧光粉。

此外在对废弃电视机进行拆解处理的过程中需要充分考虑到环保性、资源的回收率以及运行效率等。这也就需要根据其可利用性以及相关材料的可再生性，来进行完好拆卸还是破碎处理的选择。

电视机拆解之后，需要对其拆解后的零件进行无害化的处理，尤其是含铅玻璃、荧光粉的处理。首先针对含铅玻璃，可以将锥管部分包含的含铅玻璃置入到自动压碎或者是滚筒式表面处理系统中进行处理之后获得的含铅玻璃，按照危险固态废弃物进行处理，其粉尘废气使用布袋除尘器进行处理。其次，需要将前屏的玻璃置入到荧光粉吸取机，使用人工将其表面存在的荧光粉进行吸出处理。该机器具有除尘、气量小的特点，适用于目前的荧光粉吸取作业中。荧光粉吸收完毕后，可以将玻璃进行压碎处理，其碎片的规格为$\phi100mm$。在压碎的过程中，可能会产生一定的粉尘，可使用布袋除尘器将石墨粉尘进行清除。

除此之外，对废弃电视机进行拆解和无害化处理后，要对废弃电视机拆解后的玻璃、金属等资源进行循环利用，将其制作成环保型的建筑材料进行绿色化的利用。对电路板、荧光屏等有害的物质，送至有资质处理的企业，进行有效处理，避免其对环境造成污染。

▶ 3.3.3 废弃电冰箱中其他金属回收与资源化技术

发达国家废弃电冰箱回收的研究开展较早，像日本、德国等在这方面更是走在世界的前列。日本是世界上家电技术最为先进、开展电冰箱回收处理工作最早的国家之一，而且非常重视能源和资源的节约和再利用。日本在家电回收处理方面采用了以减少废弃物排放量（Reduce）、重新使用（Reuse）和废品再生利用（Recycle）为主的3R循环体系。体系规定了零售商、生产厂家和消费者等相关人员的责任和义务，形成了自主回收和再资源化的结构路线，取得了良好的社会效益，并且发展迅速。如松下、日立、三洋、东芝等都已建立了合资的再利用工厂，并已经开始运行。

日本一些研究所和大型企业在废弃家电回收利用方面的工作已开展多年，形成了一套合理的回收流程。日本的东芝、NKK、三菱和日本家用电器协会建成的废弃家电回收处理厂已运行多年。它们的共同特点是：①重视制冷剂和二氯二氟甲烷等氟氯烃（Chlorofluorocarbon，CFC）的处理回收；②在预处理过程中拆除压缩机、电动机和箱内玻璃等部件；③破碎手工拆卸后的剩余部分，采用风力分选、磁力分选、涡电流分选等分离技术分离不同成分的材料。但也存在不足之处：①整机进行破碎，使各种材料混合在一起，分选工序较多，回收工艺复杂；②采用自动化装备，设备投入大，容易造成回收企业的亏损。

我国废弃电冰箱的回收现状：①电冰箱回收是有偿回收，回收成本高；②劳动力成本低；③城乡差距大，东、西发展不平衡，经济不发达地区对旧家电需求量很大。据调查，我国大约有80%的电子废弃物经过维修进入二手市场，仅有20%的电子废弃物报废处理，这些电子废弃物常常被手工作坊所垄断，造成大型回收企业资源不足，更谈不上回收工艺完善性和装备的先进性。因此，我国对电子废弃物的回收和资源化需要进一步研究和探讨。

废弃电冰箱回收处理工艺流程图如图3-11所示。

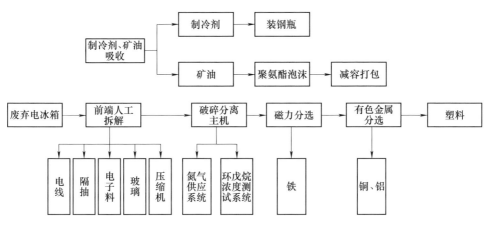

图3-11 废弃电冰箱回收处理工艺流程图

◈ 3.3.4 印制电路板中其他金属回收与资源化技术

◈ 1. 印制电路板的结构

印制电路板是电子废弃物的核心组件，虽然只占电子废弃物总重量的3%，却是电子废弃物中最难处理的部分。印制电路板由按预先设计好的印制电路图和印制元器件组成，包括芯片、电容、电阻、电池、晶体管、变压器、电位器等各种元器件。

印制电路板种类多样且结构复杂，按结构分，有单面印制板、双面印制板、多面印制板；按绝缘材料分，有纸基板、玻璃布基板、合成纤维板；按基材的性质分，有刚性印制板、挠性印制板；按用途分，有通用性和特殊性。但是其中所含的物料的种类却有相似之处，各类印制电路板都是由金属、玻璃纤维和树脂材料所组成，在基板的树脂材料中加入卤化物阻燃剂，目的是防止因电路板短路引起燃烧。

印制电路板上元器件安装方式主要是插装和表面贴装，按电子元器件在电路板上的分布可以分为单面混装，两面贴装和双面混装。

印制电路板成分复杂且种类多样，其主要成分可分为三大类：含量约30%的含有卤素阻燃剂的塑料等有机高聚物，约30%的主要成分为硅、铝氧化物的陶瓷和玻璃纤维以及约40%的铜、银、钯等金属材料，几乎包含了元素周期表中的所有元素。

▶ 2. 印制电路板中铁、铜、锡资源化技术

由于组成印制电路板的材料多样化、组成结构复杂，导致处理难度极大。印制电路板的资源化回收是一个相当复杂的问题。不仅要解决废弃印制电路板所带来的环境污染问题，还要对其进行绿色高效的资源回收再利用。目前已有的废弃印制电路板资源化技术主要为机械法和联合流程法（详见 3.2.2 机械-火法-湿法联合流程技术）。

中国电器科学研究院股份有限公司采用机械法对传统"四机"中的印制电路板进行了资源化处理，工艺流程图如图 3-12 所示。

1）拆卸。拆卸就是将废弃印制电路板元器件按照一定的步骤和规程解离下来的过程。拆卸下来的电子元器件，应对其可靠性进行检测，确认其是否能够再次重复利用，若确定其符合使用标准，则投入到重新使用中，从而减小企业制造设备的成本。在一些电子元器件的构成中，含有一些比较贵重的金属，这些金属的价值高于原矿石，将其进行直接拆卸再利用，能够减少加工费用。拆卸技术主要的优势就体现在可优先获得经济价值高的电子元器件，对高价值和高品位的零部件进行再利用，不仅能实现最优化的处理，而且能有效避免汞和镉的泄漏。

拆卸产品分类为：含 Au 和 Ag 的接头和引线；有贵金属及难熔金属的电子元件；包含 Cu 的废品；含有剩余悬挂元件的印制电路板。

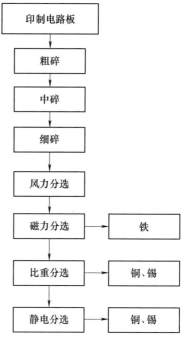

图 3-12　废弃印制电路板
资源化工艺流程图

2）破碎。破碎的作用就是使得电路板中金属和非金属分离，使得被包含在内部的金属显露出来，为了更好地进行金属分离提纯。对于机械分离技术来讲，各种材料尽可能充分地单体解离是高效率分选的前提。破碎程度的选择不仅影响到破碎设备的能源消耗，还将影响到后续的分选效率，所以说破碎是关键的

一步。

常用的破碎设备主要有锤碎机、锤磨机、切碎机和旋转破碎机等。由于拆除元器件后的废弃印制电路板主要由强化树脂板和附着其上的铜线等金属组成，硬度较高、韧性较强，采用具有剪、切作用的破碎设备可以达到比较好的解离效果，如旋转破碎机和切碎机。研究表明：金属与非金属的基本解离粒度为12mm，解离度为55.51%；塑料与其他金属（除铜、铁外）是0.5mm以上废弃印制电路板物料中的主要组分，树脂与铜是0.5mm以下物料中的主要组分；物料中平均金属含量为23.80%，平均铜含量为5.78%。

机械物理处理技术的优势是不用考虑残留物处置等问题，而且还可以在设计阶段将可回收再利用的性能融入产品当中。但是处理过程仍存在一些不容忽视的问题。在机械破碎过程中，会产生大量的含玻璃纤维和树脂的粉尘，并伴随有一定量有毒气体产生。在实际的破碎过程中，锤碎机与物料迅速作用，物料局部范围内能量积累，局部温度将达到热解温度，发生复杂的热解反应，产生有毒气体，这些气体与破碎过程中产生的粉尘混合，如不妥善处理直接排入大气，可严重恶化破碎环节的工作环境。为了提高破碎解离效率和消除破碎过程中产生的有毒有害气体，可对破碎过程进行改进，采用两段破碎、低温破碎、湿式破碎等破碎方法。

3）分选。分选主要是针对经过破碎处理的废弃印制电路板，根据粉末的粒度、磁性、密度、电性等物理性质，为了后续更好的处理与处置而进行的分离过程。一般可将其大致分为风力分选、比重分选、静电分选、磁力分选等，现在该方向经常用到的两类技术是磁力分选和比重分选。磁力分选就是利用磁力分选设备产生的磁场来分选或回收铁磁性物质成分，德国的 Kamet Recycling Gmbh 公司通过破碎、重力分选、磁力分选、涡电流分离一系列过程得到了铁、铝、贵金属和有机物等组分。比重分选主要是根据各种物质所存在的密度和粒度的区别而进行分离的过程。Raychaprnan 作为一家美国的公司，提出对废弃印制电路板破碎—流化床分选技术路线，主要流程是：将废弃印制电路板用破碎机进行粗碎，再用锤碎机进行细碎，进而送入流化床进行分选，获得轻物料和金属富集体，最后完成了各组分的分选。

拆除元件的废弃印制电路板的机械处理流程有不同的方式。目前，德国戴姆勒-奔驰公司乌尔姆研发中心采用的处理流程为：拆卸后的废弃印制电路板→预破碎→磁力分选→液氮冷冻→破碎→分选→静电分选（→金属）→塑料→汽化燃料→残渣→贵金属提纯。

这一流程具有以下特点：①液氮冷冻过程能够促进破碎的完成；②在破碎过程中会产生大量的热能，在破碎过程中加入-196℃的液氮，能够避免发生塑料氧化或燃烧，避免产生有害气体。

⯈ 3. 印制电路板中其他金属资源化技术

除了常见的几种处理方法外，我国研究者在不断地探索和发现更加高效环保的回收处理技术。在努力解决电子废弃物对环境产生的污染问题的同时，使处理电子废弃物成为一项可持续发展的绿色产业，对环境和社会的协调发展将起到重大的作用。以下是一些新型废弃印制电路板的处理技术手段。

（1）微波处理法　利用微波技术来处理废弃印制电路板是一种近几年发展起来的新型回收处理方法。通过调整微波功率直接加热电路板，分解回收电路板中的有机物和金属，整个回收利用过程控制在一个单元装置中进行。微波是指频率为300MHz～300GHz的电磁波，其热效应显著，能引起物质温度迅速升高。在利用微波技术处理废弃印制电路板时，先将废弃印制电路板破碎，然后放在微波炉中加热30～60min，其中的有机物先挥发出来。再将微波炉温度升高，余下的物料在1400℃下高温熔化，形成一种玻璃化物质。在冷却这种物质后，金、银及其他的金属就以颗粒的形式分离开了，余下的玻璃质材料则可以用作建筑材料或燃料等，有机物分解可作为燃气和化工原料，含碳物质经活化后制成了具有吸附性能的炭材料。微波处理废弃印制电路板可使废弃物减容50%，最终的玻璃化产物将有害成分固化，从而达到环境排放标准，实现了废弃印制电路板的回收利用。

尽管微波技术目前还未大规模工业应用，但该技术工艺更简单、更清洁、易于操作、高效、成本低、资源回收利用率高的特点在废弃印制电路板综合回收利用方面有着独特优势，是极具发展前景的资源化处理废印制电路板的技术。

（2）溶蚀法　溶蚀法主要被用于回收含贵金属的接点、合金底材。将印制电路板放置于氯化溶蚀液中，在适当的氧化还原电位值控制下使底材溶蚀，由于贵金属不溶，因此可以将其进行回收，溶蚀后残液再用氯气氧化，从而使得氯化溶液能循环使用，再对溶蚀母液进行处理，回收其他金属，最后加以处理使尾液达到排放的标准。不过对于多层的电路板需要经过破碎以后再进行溶蚀，因为其里面的溶蚀率较低。工业上常用此法处理含铜较多的废弃印制电路板。

（3）电解处理技术　电解处理技术的原理是利用金属离子的电极电位不同，通过控制电位或者电流可以使得金属分别以单质或合金的形式在阴极沉积下来，最终实现金属的分离。当电解质溶液中通入直流电后，正离子移向阴极并发生还原反应析出还原产物，负离子移向阳极并发生氧化反应析出氧化产物。

电解处理技术在废弃印制电路板的应用主要是对其中金属的电解沉积，目前也取得了一些相关的研究成果。对于电路板生产过程中产生的Sn/Pb钎料，有研究者将该钎料用硝酸或氢氟酸浸出，在不同分解电压下分别回收铜和铅，锡在电解过程中以氧化物的形式沉淀，实现了Cu、Pb和Sn的分离。

综上可知，电解处理技术以电子为"清洁剂"不需要额外的溶剂，电子的氧化还原能力强,通过电子在电场中的运动来实现金属的迁移、富集,具有运行成本低、效率高、不产生二次污染等优点,是一种绿色而高效的处理废弃印制电路板的资源化方法,控制好条件可以得到高纯度的金属,有很大的发展前景。

3.3.5 CRT 含铅玻璃中金属铅回收与资源化技术

铅作为重要的战略资源。废弃 CRT 含铅玻璃中的铅含量(22%~28%)远高于多数铅矿资源(含铅 3%左右),报废数量巨大的 CRT 含铅玻璃可被视为回收再生铅的重要对象。

为实现废弃 CRT 含铅玻璃的资源化综合利用,要分解玻璃体的连续网状结构,使含铅的化合物从玻璃体中脱离。以往研究多采用物理破碎结合化学方法实现这一过程,但效果并不理想。本研究提出了一种借助水玻璃的生产工艺,使废弃含铅玻璃首先转化为水玻璃熔块,然后通过水解实现含铅玻璃分解的目的。在实现铅资源循环利用的同时,还需要注意解决铅可能造成的环境污染问题。由于含铅玻璃结构的特殊性,其中的铅十分容易进入到环境中去,对环境及人类构成威胁。因此,对于处在产品生命周期末端的废弃 CRT 含铅玻璃,其资源化、无害化处理处置技术的研究不仅拥有广阔的应用前景,还具有非常重要的社会意义和十分可观的经济价值。

1. CRT 含铅玻璃中金属铅的含量

CRT 玻壳组件及其中铅的含量见表 3-4。

表 3-4　CRT 玻壳组件及其中铅的含量

玻壳组件名称	占玻壳组件含量	组件铅的含量	占 CRT 总铅含量
屏玻璃	69.90%	0%~4%	15.3%
熔结玻璃	4.80%	70%~80%	2.2%
管锥玻璃	25.20%	22%~28%	77.2%
颈玻璃	0.10%	26%~32%	1.0%

2. CRT 含铅玻璃中金属铅资源化技术

中国电器科学研究院股份有限公司与天津理工大学合作,以废弃 CRT 含铅玻璃为原料,利用一定的物理化学条件打破其连续网络结构,使含铅玻璃分解,在获得无铅水玻璃的同时,能够从水解物的溶液和不溶物中回收硫化铅,最终实现回收含铅化合物以及其他组分的综合利用,工艺路线图如图 3-13 所示,主要包括以下几个方面研究。

1)含铅玻璃浸取预处理研究。在一定条件下,采用醋酸作为浸取剂,研究

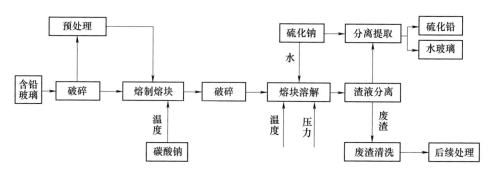

图 3-13　CRT 铅玻璃中金属铅资源化工艺路线图

含铅玻璃的铅浸出原理、方法以及影响因素，分析各影响因素对铅浸出率的变化规律。

2）制取水玻璃熔块改变含铅玻璃的化学结构。在高温条件下，采用废弃CRT 含铅玻璃与碳酸钠的混合料作为熔制水玻璃熔块的原材料，研究不同温度下的熔块熔制效果及有效反应区域，分析熔制过程中发生的各化学反应及机理，确定最佳的熔制温度。

3）水玻璃熔块水解研究。在高温高压条件下，以含铅玻璃制备的水玻璃熔块为原料，分析并探讨主要因素对水玻璃熔块溶解的相关机理及影响趋势，并在此基础上获得单因素条件下的最佳水玻璃熔块溶解率。

4）水解液除铅净化及含铅化合物回收研究。选择碱性条件下的铅沉淀剂，研究水解液的铅沉淀原理，探讨沉淀规律，通过实验确定沉淀剂的最佳投入比，实现水解液的净化和铅回收。

3.4　小结

废弃电器电子产品回收与资源化处理是个复杂的过程，更是一个值得研究的问题。由于废弃电器电子产品结构复杂，成分多样，大量废弃电器电子产品的积累会造成严重的环境破坏，对环境安全构成威胁。一直以来，国内、外研究学者从不同方向、多种角度开展了大量的金属资源化的研究工作，取得了显著成果，但是资源化处理工艺还不算完善，有些高效清洁的处理工艺仍处在实验室研究阶段，未能实现产业化。对于废弃电器电子产品金属资源化的研究和推广，要从经济可行性、资源再利用、环境友好以及工业化前景等方面综合考虑。保证排放出的废气、废液和固体残留物达到国家相关的法律和法规的要求。因此真正实现废弃电器电子产品的资源化、无害化还需要很多研究工作。

参 考 文 献

[1] 商务部. 中国再生资源回收行业发展报告：2018 [J]. 资源再生，2018 (6)：42-51.

[2] 陈正. 废旧电视机环保处理的分析及工艺 [J]. 江西建材，2017 (18)：70；73.

[3] 王顺顺. 利用机械处理技术回收废旧印刷电路板的研究 [J]. 内燃机与配件，2017 (16)：125-126.

[4] 李晓晖，艾仙斌，徐春保. 废印刷电路板有价金属分离回收技术研究进展及展望 [J]. 安徽工业大学学报（自然科学版），2017 (3)：247-253；259.

[5] 王鹏程，符永高，等. 一种从基底层铜/镍电镀材料回收稀贵/惰性金属的方法：N201410454635 [P]. 2015-11；07.

[6] 刘勇，刘牡丹，周吉奎，等. 废弃电路板拆解技术研究现状及展望 [J]. 中国资源综合利用，2016 (10)：47-50.

[7] 楚莹莹. 电解法从废旧印刷线路板中回收金属铜的技术开发 [D]. 绵阳：西南科技大学，2016.

[8] 钱艺铭. 废旧破碎冰箱铜、铝混合颗粒涡流分选研究 [D]. 扬州：扬州大学，2016.

[9] 王永乐. 电子废弃物中复杂体系贵金属的分析方法研究 [D]. 上海：东华大学，2016.

[10] 王瑞雄. 印刷电路板完全拆卸过程装备研究 [D]. 上海：华东理工大学，2016.

[11] 王鹏程，符永高，等. 基于微生物法回收 PCB 中金属的研究进展 [J]. 环境技术，2013 (10)：25-29.

[12] 曾川，陈俊冬，李雪，等. 热空气脉冲喷吹法拆卸废旧印刷电路板的试验 [J]. 化工进展，2016 (2)：635-641.

[13] 于可利. 废弃电器电子产品中的稀贵金属回收利用 [J]. 资源再生，2016 (1)：46-48.

[14] 郭键柄，张琪，陈正，等. 废旧印刷电路板回收利用的研究进展 [J]. 有色金属（冶炼部分），2015 (7)：66-69.

[15] 马传净. 湿法技术从废弃线路板中提取金银的研究 [D]. 青岛：青岛科技大学，2015.

[16] 赵良庆，潘利祥，李朝晖，等. 废 PCB 处理技术探讨 [J]. 环境工程，2014 (S1)：753-757.

[17] 只艳. 废电路板非金属材料深度资源化利用技术研究 [D]. 北京：清华大学，2014.

[18] 杨秀莲. 我国废旧电子产品回收处理存在的问题及对策研究 [J]. 蚌埠学院学报，2013 (2)：54-57.

[19] 张小娟. 废弃线路板金属资源化分离过程研究 [D]. 天津：天津大学，2010.

[20] 阮菊俊. 破碎废弃硒鼓、废旧冰箱箱体的涡流分选及工程应用 [D]. 上海：上海交通大学，2012.

[21] 唐红侠. 上海市废弃电器电子产品回收现状及分析 [J]. 污染防治技术，2011 (4)：24-27.

[22] 于宁涛，铁占续，王发辉. 废旧印刷电路板资源化研究综述 [J]. 中国资源综合利用，2011 (7)：21-24.

[23] 负晓哲，葛新权. 我国废旧电子产品回收利用现状及改进对策 [J]. 中国城市经济，2011 (15)：314-316.

[24] 沈志刚. 废印刷电路板回收处理技术进展 [J]. 新材料产业，2006 (10)：43-46.

[25] 江博新，蔡艳秀，张晓东，等. 废旧电脑再生利用现状及技术研究探索 [J]. 中国资源综合利用，2002 (11)：16-18.

[26] 王鹏程，胡彪，汤桂兰，等. 一种从废含铅玻璃中熔融沉淀回收硫化铅的方法：CN201510680359. 2 [P]. 2018-05-29.

第 4 章

废弃电器电子产品中
塑料资源化技术

4.1 废弃电器电子产品中塑料简介

废弃电器电子产品中含有多种成分，主要包括金属、陶瓷、玻璃和塑料等。由于废弃电器电子产品的组成较复杂，据估算，其整体回收率只有15%，但废弃电器电子产品回收行业的平均年增长率达到4.86%，并将在未来保持稳定地增长态势。

塑料制品具有质轻、综合性能优良、易加工成型等优异的物理和化学特点，在电器电子产品中得到了广泛应用，其也是废弃电器电子产品中最重要的组分之一。

废塑料具有资源性及潜在环境污染性的双重属性，针对其处理处置、回收利用、政策法规制定等，国内外开展了大量的研究与应用工作。

▶▶ 4.1.1 各类废弃电器电子产品中废塑料的种类及组成

塑料制品种类繁多，用于电器电子产品中的塑料主要包括聚氯乙烯（PVC）、聚丙烯（PP）、聚苯乙烯（PS）、聚丙烯腈-丁二烯-苯乙烯（ABS）、聚对苯二甲酸丁二醇酯（PBT）及尼龙（PA）等。上述塑料的主要性能和特征如下。

PVC价格低廉，不易燃烧，改性后综合性能优良，被广泛地应用于电器电子、工农业、交通运输、建筑、电力、包装等领域，其总产量仅次于聚乙烯。PVC在光、热作用下的稳定性一般，在实际应用中，须加入稳定剂，以提高其对光和热的稳定性。另外，PVC的熔融温度接近于分解温度，加之其流动性不佳，使其加工性较差，需加入增塑剂、润滑剂等助剂来辅助加工。PVC制品通常可以分为硬质PVC和软质PVC两大类。硬质PVC的机械强度相对较高，经久耐用，可用于生产结构件、壳体、管材等；软质PVC则质地较柔软，一般用于生产线缆外皮、人造革、壁纸等。

PP是由丙烯单体通过聚合制得的一种半结晶性的热塑性树脂，其具有较为平衡的力学性能，能够抵抗多种有机溶剂以及酸碱腐蚀且价格较低廉等特点，而被广泛地应用于电器电子、汽车、器械制造、日常用品等领域。与此同时，PP具有的低温抗冲击强度低、易于老化、着色性不好等缺点，则限制了它在各个领域中的进一步应用。通过对PP进行增强、增韧、合金化等改性，显著地提升PP的目标性能，使其可被用于制备各类高性能产品。

PS是一种无色透明的热塑性塑料，具有易于加工、刚性高、尺寸稳定性好、价格低廉等优点，可细分出通用PS（GPPS）、发泡PS（EPS）、高抗冲击PS（HIPS）等终端制品，主要用于制备各类电器电子产品外壳、配件等。

ABS是一种需求量大且用途广泛，综合性能较为优越的塑料。通过物理和化学共混改性，可以制备出冲击强度高、弯曲性能强、耐热性能好的高性能材料，在汽车、机械、电器电子、建筑、医疗、家电、计算机等领域中非常常见。

PBT 可在较宽的温度范围内保持良好的力学性能，且耐热性、耐化学药品性、电性能优良。从加工角度而言，PBT 有良好的模塑流动性，且结晶速度快、加工周期短、加工费用较低，因此 PBT 的应用，特别是在电器电子产品领域的应用，非常广泛。

PA 是主链上含有重复酰胺基团—CONH—的聚合物，俗称尼龙，是世界上出现的第一种人工合成纤维。PA 产品的硬度高、耐磨性好、精度高，在电器电子、汽车、机械、纺织等方面得到了广泛应用。目前，尼龙品种繁多，根据其功能，可分为玻璃纤维增强尼龙、共聚改性尼龙、芳香尼龙、耐老化尼龙、自润滑尼龙、阻燃尼龙等。经典尼龙产品，如 PA6、PA66、PA1010 等，市场应用量非常大。

在不同电器电子产品中，塑料的类别及质量分数有一定的差别，详见表 4-1 及表 4-2。电冰箱中塑料质量分数达到 43.3%，主要包括用于制备门衬、内胆、门筐、门封条及聚泡沫隔热层的 PP、PS、ABS 及聚氨酯（PU）泡沫等；洗衣机中采用 PP 作为滚筒，其塑料质量分数为 34.7%；电视机中塑料主要来源于其外壳，多数使用 PS、HIPS 或 ABS；房间空调中的前面板、后壳体、空气过滤器、进气窗、轴承架、轴流风扇等多处都需要大量使用 ABS、PS、PP 等塑料；而在各种小家电中，塑料件的使用也非常广泛，根据小家电种类的不同，塑料质量分数在 15%~70% 的范围内。

表 4-1　典型废弃电器电子产品中塑料的质量分数

类别	计算机	电冰箱	房间空调	电视机	洗衣机	小家电
塑料的质量分数（%）	22.9	43.31	17.51	16.09	34.7	15~70

表 4-2　典型废弃电器电子产品中各类塑料的质量分数

	洗衣机	电冰箱	电视机	空调
聚丙烯（PP）（%）	26.55	10.7	1.43	3.71
聚氯乙烯（PVC）（%）	1.98	3.42	0.52	1.86
聚苯乙烯（PS）（%）	2.15	11.39	13.6	5.58
聚丙烯腈 丁二烯 苯乙烯（ABS）（%）	1.04	7.06	0.27	1.89
聚酯（%）	0.69	0	0	0.65
玻璃纤维增强塑料（%）	0	0	0	1.47
发泡聚氨酯（%）	0	9.27	0	0
其他（%）	2.29	1.47	0.27	2.35
总计构成比（%）	34.7	43.31	16.09	17.51

4.1.2 废塑料的危害

塑料是由小分子单体经聚合而形成的长链聚合物，一般都认为这些链是有化学惰性的。然而在各种塑料制品中，通常还可以找到未反应的单体和辅助添加剂等成分，而这些成分对人体往往具有一定的危害。例如，PVC、PS、PU 和聚碳酸酯（PC）等塑料的单体成分及其中的增塑剂、改性剂等成分有可能致癌，并能以类似于雌激素的方式影响生物体。

废塑料除了其本身具有的潜在毒性外，还可因其能吸收其他污染物，从而造成环境危害。塑料碎片就具有吸附污染物的能力。由于许多污染物具有疏水性，塑料很有可能成为污染物的富集体。而当塑料破碎成更小的碎片时，其更有可能渗入食物链网。有研究表明，鱼类、无脊椎动物和微生物，会摄入微米大小的塑料颗粒，而摄入的塑料微粒会进入到细胞和组织，从而造成不同的生物毒性作用，进而危害生态环境系统。

废塑料传统的处理方式主要是直接焚烧和掩埋处理，如图 4-1 所示。根据其分子结构特征及组成，塑料在焚烧时，将不可避免地产生大量有毒有害物质，造成环境污染。例如：PVC 中含有大量氯元素，在其燃烧过程中会产生氯化氢（HCl）；PS 等分子链中含苯环的塑料，在燃烧时会产生大量的甲苯等挥发性有机物 VOCs，有可能损害呼吸系统、神经系统、生殖和发育系统、肾脏及肝脏等，导致严重的健康风险。而废塑料在燃烧不完全时，也可能产生大量飞灰、粉尘等颗粒物，严重污染大气。另一方面，由于塑料本身稳定性较好，经掩埋处理后，在土壤中不易降解，将严重影响土壤的透气性和土质，同时因其掩埋产生的渗滤液如果处理不当，还会对大气、土壤以及地下水造成严重污染。

因此，对废塑料进行合理有效的处理处置及回收利用，已成为世界各国关注的焦点问题。

4.1.3 废塑料综合治理对策

回收再利用是处理废塑料的最有效方法。由于不同的废塑料的机械性能、软化点、极性等相差较大，为使废塑料得到更好的再利用，最好对其进行分类分选处理。

废塑料的鉴别分离是回收再利用的重要环节。对废塑料进行鉴别的方法有传统方法（如外观、燃烧、密度、溶解鉴别法等），也有近代的鉴别方法（红外线光谱法、激光发射光谱法、等离子体发射光谱法、X 射线荧光谱法等）。针对混合塑料，通常需要将各基体组分有效地分选分离，常用的方法包括手工分选、比重分选、光学分选、静电分选、浮选、选择性溶解分选等。

废塑料分选后，接下来就是回收再利用，可通过化学解聚回收、热解回收、直接再生、改性再生及原位扩链修复再生等方式实现。

另外，研究开发并大量使用可降解材料也是废塑料综合治理的一种方法。塑料的降解主要通过其大分子链上的化学键断裂而实现，降解的方式和程度与环境条件密切有关。依据降解方式，可分为光降解、生物降解及双降解等。其中，生物降解塑料是目前研究最多、应用前景最广阔的可降解塑料，其主要分为天然高分子生物降解塑料（如植物纤维类制品、淀粉类制品等）、合成高分子生物降解塑料（如二氧化碳基聚合物制品等）。

促进废塑料及废弃电器电子产品的回收，同样离不开各类法律法规的支持。在我国，《中华人民共和国固体废物污染环境防治法》规定：产生、收集、贮存、运输、利用、处置固体废物的单位和其他生产经营者，应当采取防扬散、防流失、防渗漏或者其他防止污染环境的措施，不得擅自倾倒、堆放、丢弃、遗撒固体废物。《中华人民共和国循环经济促进法》规定：生产列入强制回收名录的产品或者包装物的企业，必须对废弃的产品或者包装物负责回收；对其中可以利用的，由该生产企业负责利用；对因不具备技术经济条件而不适合利用的，由该生产企业负责无害化处置。2007 年 3 月正式施行的《电子信息产品污染控制管理办法》从电子信息产品的研发、设计、生产、销售、进口等环节抓起，从源头控制废弃电器电子产品的污染。《废弃电器电子产品回收处理管理条例》规定：废弃电器电子产品回收经营者应当采取多种方式为电器电子产品使用者提供方便、快捷的回收服务，废弃电器电子产品回收经营者对回收的废弃电器电子产品进行处理，应当依照本条例规定取得废弃电器电子产品处理资格，未取得处理资格的，应当将回收的废弃电器电子产品交由废弃电器电子产品处理资格的处理企业处理。而对于建立有利于废弃电器电子产品的综合利用、无害处置的财政、税收等方面的鼓励措施，以及打击各种严重破坏资源、污染环境的随意处置废弃电器电子产品行为的相关法律法规，仍有待进一步完善。

4.2　废塑料的分离分选技术

钢铁、木材、水泥与塑料并列为四大工业材料，相比于其他三种工业材料，塑料的使用，则相对较晚。

塑料具有重量较轻、容易成型加工等特点，使其在很多领域都有重要应用。然而，塑料消费的爆炸式增长和塑料产品的使用周期较短，大大加快了废塑料的产生。以电器电子产品为例，废弃电器电子产品的产生量在 2017 年达到约 7000 万 t。这存在着废塑料的处理危机和环境问题。废塑料目前的处理方法是填埋和焚烧处置以及再生利用等，如图 4-1 所示。掩埋是最常见的废塑料处理方法，但是不加保护措施的随意掩埋，不仅有可能释放出有毒有害的重金属渗滤液，污染地下水和土壤，还会对稀缺的土地资源造成严重威胁；焚烧废塑料，据估算，可以减少 90% 的体积与 70% 的质量，但其产生的

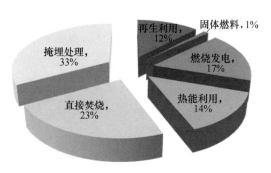

图 4-1　废塑料处理情况

大量有毒有害气体（比如废弃电器电子产品中的 ABS 中，通常含有的卤化阻燃剂，焚烧后会产生溴化氢、二噁英以及粉尘等），不仅会对人们的身体健康造成严重的损害，还会严重污染环境。所以，从可持续发展角度而言，对有限的资源进行节约利用，并减少环境污染，都应该对废塑料进行高效地回收利用。也正因为如此，废塑料的回收利用，已经引起了世界各国的高度重视。

目前废塑料回收利用情况见表 4-3。废塑料的回收利用过程有 3 个阶段，主要包括收集、分选、再生利用。废塑料回收利用的瓶颈环节之一在于塑料的分选。现阶段的研究表明，单一分选处理工艺，往往很难满足混杂废塑料的回收利用，因此优化组合的分选处理工艺对废塑料的回收具有重大意义。需要在实践中，通过不断地摸索、优化并完善废塑料的分选处理方法，使废塑料的回收工作水平达到新高度，真正实现塑料行业与环保的和谐发展。本节将介绍废塑料的各种分选技术。塑料分选技术在国内外应用的研究报道情况汇总见表 4-4。

表 4-3　废塑料回收利用情况

塑料	回收利用方法	状况
PE	熔融造粒、再生；催化裂解生产燃料油	工业化
PVC	熔融、挤压、造粒；裂解回收氯乙烯	工业化试验
PP	挤出塑化、再生；催化裂解生产燃料油	工业化
PS	熔融造粒、再生；改性生产胶黏剂、防水涂料；热解制备苯乙烯单体	工业化试验
PET	造粒、再生；醇解生产对苯二甲酸二甲酯	工业化
PMMA	加热解聚制取单体	工业化
PA	造粒、再生；在催化剂作用下解聚回收 ε-己内酰胺	工业化
PU	解聚回收，压塑再利用	试验

表 4-4 塑料分选技术在国内外应用的研究报道情况汇总

序号	分选技术	工程技术服务商/设备厂家	技术应用
1	X 射线分离	美国塑料回收技术研究中心（CPRR）和 Ascoma 公司	研制了荧光光谱仪，可高度自动化地从硬质容器中分离出 PVC
2	X 射线分离	意大利 Govoni 公司	首家采用 X 光探测器与自动分类系统，将 PVC 从混合塑料中分离
3	NIR 光谱（近红外线）	德国 UNISORT 公司	研制成功 UNISORTP 分选器、UNISORTCX 颜色分选机，实现混合塑料分选
4	加热分选	德国 Refrakt 公司	利用热源识别技术，通过加热将在较低温度下熔融的 PVC 从混合塑料中分离出来
5	光选	瑞士 Bueher 公司	在卤素灯作为强光源照射下，经过过滤器识别，分离 PE、PP、PS、PVC 和 PET 废料
6	风力分选+磁力分选＋人工＋红外光分选	德国莱比锡包装材料处理企业	经风力分选+磁力分选＋人工＋红外光分选，可将塑料按种类挤压成不同的压缩块
7	涡电流分选	美国 Eriez 磁力公司	"高强度除铁器与涡电流分选机"的组合，能够从 PET 中可靠地分离铝片
8	涡电流分选	德国 Steinert 公司	研制了涡电流分选机，可分选铝、锌、铜等非铁金属（有色金属）玻璃、塑胶等物质
9	静电分选	德国 Kali&Sslz 公司	开发研制 ESTA 工艺，可以分离两种及以上成分的混合塑料
10	人工分拣	北京盈创再生资源回收有限公司	国内首家集中处理废弃 PET 饮料包装瓶的企业，是北京循环经济试点单位
11	溶剂分选	美国凯洛格公司和 Rensselaser 工学院	将混杂的废塑料碎片加到溶剂中，溶剂在不同温度下有选择性地溶解不同的聚合物
12	空气分离和水分离	日本富士技术研究所与大日本树脂研究所	将 PET 瓶粉碎后，经空气分离和水分离，分出标签和瓶盖后，回收得到片状 PET
13	综合技术	德国双仕分拣技术有限公司（S+S）	可同时完成 3 种分选任务（金属分拣、色选、塑料分类）

4.2.1 废塑料与其他材料的分离技术

本小节中以废弃电冰箱为例，介绍废塑料与其他材料的整体分离技术。

电冰箱的制冷系统和隔热材料中含有氟利昂，泄漏的氟利昂会破坏地球臭氧层，因此，须对其进行回收处理；电冰箱的印制电路板中存在大量的有毒重金属和卤化阻燃剂，这些阻燃剂若被焚烧将产生二噁英和二苯呋喃，对环境和人体造成严重伤害；另外，废弃电冰箱还含有大量的金属、塑料等成分，需要采用复合的分离技术，才能有效分离各主要成分。

电冰箱的主体结构包括 4 部分：箱体、制冷系统、电气控制系统和配件。图 4-2 所示为典型的电冰箱结构示意图。

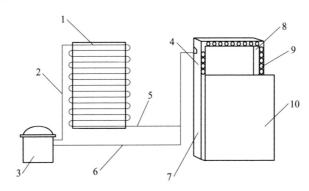

图 4-2 典型的电冰箱结构示意图

1—散热器　2—输出管　3—压缩机　4—侧面钢板　5—毛细管
6—回气管　7—蒸发器　8—内胆　9—侧面钢管　10—前门钢板

电冰箱箱体的主要组成部分包括侧面钢板、台面板、内胆、硬质保温层材料（内含发泡剂）、前门钢板等；制冷系统的主要组成部分包括冷凝器、蒸发器、压缩机及毛细管等，制冷系统通过管道连接，内充制冷剂（多数采用的是氟利昂类）形成封闭的循环系统；电气控制系统的主要组成部分包括温度控制器、继电器以及散热器、照明灯、开关和风扇等；配件的主要组成部分包括搁架、果蔬盒、制冰盒和叶片铲等。

了解电冰箱各部分零件材料的组成和比例，对拆卸废弃冰箱、了解其拆卸后的材料分类和回收处理有积极影响。废弃冰箱中含有大量的铁、铜、铝及其合金、塑料、发泡剂、电路板及其他材料，见表 4-5。

表 4-5 废弃电冰箱的组成、比例及来源

名称	组成	比例（%）	部件、零件和材料
铁及铁合金		49.0	侧面钢板、台面板、压缩机、压缩机后罩、压缩机托盘后底板、后板、中盖板、金属紧固件、毛细管、回气管、蒸发管、冷凝器、储液器、焊接点、干燥过滤器等
铜及铜合金		3.4	
铝及铝合金		1.1	
其他合金		1.1	
塑料	聚丙烯（PP）	10.7	ABS 或 PS 内胆、PVC 门封、ABS 定位板、ABS 或 PP 顶盖板、门拉手、硬质保温层材料、海绵、ABS 电器盒、橡胶件等
	聚氯乙烯（PVC）	3.4	
	高抗冲击聚苯乙烯（HIPS）	11.3	
	ABS	7.1	
	聚氨酯泡沫（PUR）	9.3	
	其他	1.5	

（续）

名称	组成	比例（%）	部件、零件和材料
气体		1.1	制冷剂、发泡剂、玻璃层架、
印制电路板		0.3	玻璃门、电路板等
其他合金		0.7	
合计		100	

　　国内外对废弃电冰箱的拆解工艺主要有两种处理方法，一种是将其整体破碎；另一种是手工拆解结合箱体破碎处理，目前国内主要运用第二种处理方法。

　　欧盟 2001 年 10 月生效的欧洲理事会第 2037/2000 号条例要求各成员国在废弃制冷设备之前必须清除和销毁其中消耗臭氧的物质，这就要求在破碎前必须手动去除制冷系统，在这其中包括被用作保温材料的聚氨酯（PU），聚氨酯因其为发泡塑料，所以只需使用风选分离即用气流将聚氨酯从混合物中分出。除此之外压缩机一般也是人工拆除。人工拆解后，剩下的部分破碎、造粒，可以进行人工分选、比重分选也可以利用磁力分选回收铁及铁合金，涡电流分选回收有色金属。

　　其中人工分选即依靠人来分拣；比重分选大多依靠水作为分选介质，通过混杂物具有的密度差异来实现分离。破碎后箱体混合物料中的铁和磁铁具有强磁性，可采用磁力分选分离的方法将它们从混合物中分离出来。

　　涡电流分选被用于分离塑料、铜、铝混合颗粒，其原理是利用铜、铝颗粒其各自电导率不同，水平射程在涡电流分选过程中会产生差异，使得两种颗粒被分离。涡电流分选示意图如图 4-3 所示。

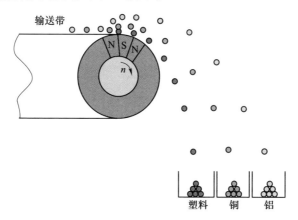

图 4-3　涡电流分选示意图

　　综上所述，在废弃电器电子产品的回收中，与塑料混合在一起的其他材料主要为金属材料，采用人工分选、比重分选、磁力分选和涡电流分选等方法可以有效地把塑料与其他成分分开。

4.2.2 混合废塑料分选技术

针对混合塑料，一般需将各基体组分有效分离才能实现后期的回收与再生利用。常用的分选方法包括手工分选、比重分选、光学分选、静电分选、选择性溶解分选、浮选等。

1. 手工分选

手工分选是根据不同塑料的密度、外形、颜色等外观特征差别，利用人们在生产生活中的经验或简单的电子仪器，对混合塑料进行分离的方法。例如，基于 PS 呈脆性而 PE 为韧性，从而分离二者。手工分选是早期混合塑料分选的主要工艺，但其分选效率低，准确率无法保证且潜在地对工人身体健康有负面影响，现已逐步被其他的分选工艺取代。表 4-6 介绍了几种较为常见的塑料的外观特征属性。

表 4-6　几种较为常见的塑料的外观特征属性

塑料种类	透明度	颜色	光泽	硬度	韧性	主要用途
聚丙烯腈-丁二烯-苯乙烯（ABS）	半透明	乳白色	高	硬	较好	机械零件、汽车部件、通信设备等
聚酰胺（PA）	半透明	无色	低	软	好	开关等电器产品、输血管等医疗器械、接线柱等汽车配件
聚碳酸酯（PC）	透明	无色	高	硬	好	安全帽、家电外壳等绝缘器件、齿轮等机械设备、医疗器械等
聚乙烯（PE）	半透明	白色	低	软、硬	较好	薄膜、包装材料、日用品等
聚对苯二甲酸乙二醇酯（PET）	透明	乳白色浅黄色	高	硬	好	矿泉水瓶等
聚甲基丙烯酸甲酯（PMMA）	透明	无色	高	硬	差	仪表盘、医用容器、灯光散射器等
聚甲醛（POM）	不透明	淡黄色	较高	硬	差	机械零件、滑轮、壳体等
聚丙烯（PP）	半透明	白色	低	硬	好	管材、仪表盘、编织袋、日用品等
聚苯乙烯（PS）	透明	无色	高	硬	差	仪表壳、电器零件、快餐盒等
聚氯乙烯（PVC）	透明	微黄色	高	软、硬	好	雨衣、建材、塑料膜、塑料盒等

2. 比重分选

比重分选又名密度分选，是一种利用材料自身密度属性而将不同材料分开的办法。选择一种合适密度的介质，使混合塑料在其中可以选择性沉浮，密度大于分选介质的就下沉，密度小于分选介质的就上浮，这就可以实现不同密度塑料的自动分离，流程图如图 4-4 所示。同类塑料根据其应用场合不同，其内所被添加的填料及助剂等也有所不同，因此其密度也往往表现的不大相同，只要介质选择合适，理论上同样可以实现不同密度的同类塑料的分离。

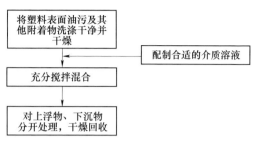

图 4-4　比重分选法流程图

常用的分选介质有水、饱和 NaCl 溶液、饱和 $CaCl_2$ 溶液以及一些常用的有机溶剂或者通过复配得到不同密度的介质溶液，作为不同混合塑料体系的分选介质溶液。

比重分选法操作简单、成本低廉，但会产生大量废液，如直接排放会对环境造成危害，尤其是使用有机溶剂作为分选介质时更甚。同时，比重分选法通常只适用于密度差异较大的混合塑料，对密度相近的塑料往往难以有效分离。

▶ 3. 光学分选

光学分选是利用不同塑料具有的光谱学特征差异而进行的自动化分选，其不接触、不破坏塑料制品本身，被检测物边移动边分离。光学分选主要包括吸收光谱、发射光谱、散射光谱等方法，其中吸收光谱主要为红外吸收光谱和紫外吸收光谱，发射光谱主要为荧光光谱，散射光谱主要为拉曼光谱。光学分选是一种自动化程度很高的分选方法。

红外光谱法对于测定聚合物侧基和末端基团，特别是对于一些极性基团，是非常有效的。拉曼光谱法更适合用于研究高分子聚合物的骨架的特性。而 X 射线荧光光谱法是由高能 X 射线组成的入射光束激发目标原子，使其激发出外层电子，片刻之后，激发的离子回到基态，产生了与入射光谱类似的荧光谱，再利用压缩空气将其吹落分离。比如，在 X 射线照射下，PVC 的氯原子放射出低能 X 射线，而无氯的塑料反应就不同。

红外光谱具有容易获取、信息丰富和准确性高等优点，且大多数塑料聚合物分子具有波长在 780~2526nm 内的特征官能团，因此此方法适用于多种塑料的分选。红外光谱塑料分选设备包括上料、传送、识别、分离以及控制系统等。红外光照射在塑料混合物时，当探测器获得某种塑料的光谱时，喷嘴会喷出空气流将其吹出。但对于尺寸较小的塑料粉末、较薄的片材塑料或黑色塑料，红外光分选法通常不能很好地分离。常见塑料红外光谱图如图 4-5 所示。

X 射线装置的应用最初是为了缓解人工分选压力，目前，X 射线和热源识别法已被意大利的 Govoni 公司和美国国家回收技术公司广泛应用到塑料分选中，德国 Refrakt 公司则利用热源法识别 PVC。美国 Sonoco Graham 公司利用光选法回收废塑料已达到商业化模式。

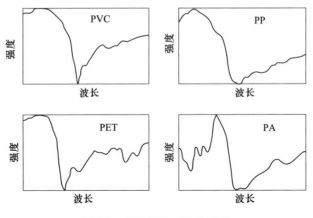

图 4-5　常见塑料红外光谱图

▶▶ **4. 静电分选**

静电分选主要是利用电晕放电或摩擦起电使塑料带电，然后将带有不同电性和电量的塑料分开。

电晕放电分选是将破碎后的混合塑料施加以高压电晕，使其带电并形成电性差异，继而通过高压电场，实现不同种类废塑料的分离。

摩擦起电分选则是利用摩擦带电现象，通过不同物质间相互摩擦，使其带上相反的电性，然后通过高压电场，使带不同电性的物质颗粒有效分离。通常，不同的塑料一般都有着不同的表面性质（也称为"表面有效功函数"），因此，通过不同塑料颗粒的摩擦起电，并进行高压静电分选，理论上可以实现对混合塑料的分离。准确测量塑料颗粒表面有效功函数是很难实现的，但是通过对不同塑料的摩擦带电序列的大量研究及总结，同样也能够指代性表征不同塑料颗粒表面有效功函数的大小顺序，从而预测出混合塑料的不同组分摩擦后带电的电性。塑料带正电到带负电的顺序为：PC（聚碳酸酯）、ABS（聚丙烯腈-丁二烯-苯乙烯）、PS（聚苯乙烯）、PE（聚乙烯）、PP（聚丙烯）、PET（聚对苯二甲酸乙二醇酯）、PVC（聚氯乙烯）。

然而塑料带电的差异并不是十分明显，特别是对于废塑料，其带电性能与新塑料有所不同，并且静电分离受附着水分及湿度的影响较大，因此利用静电分选技术分选废塑料，存在一定的局限性。

▶▶ **5. 选择性溶解分选**

塑料的溶解性和溶解度在不同溶剂中的行为差别很大，利用不同塑料间溶解性的差异，可以通过选择性溶解来对混合塑料进行有效分离。选择性溶解分选法可分为两种方法：一种是不同塑料采用不同的溶剂溶解；另一种是不同塑料采用相同溶剂，但在不同的温度下进行逐步溶解。常用的溶剂包括四氢呋喃、二甲苯、二氯甲烷、三氯甲烷、醋酸丁酯和甲苯等有机溶剂。废塑料选择性溶剂溶解分离的流程如图4-6所示。

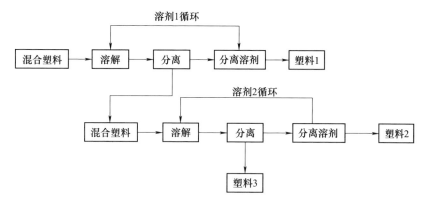

图4-6 废塑料选择性溶剂溶解分离的流程

图4-6介绍了不同溶剂对混合塑料的分离工艺，选择合适的溶剂对混合塑料的某一组分溶解，经过滤后分离出未被溶解塑料，通过蒸发将溶解塑料从溶剂中分离出来，溶剂还可以得到循环利用。对于含有多组分的混合塑料，可以将不溶解的组分进行多次溶解分离过程，实现对多组分混合塑料的溶解分离。由于温度会影响塑料的溶解性，采用一种溶剂分离混合塑料的过程与采用多种溶剂分离的过程相似：将合适溶剂在较低温度下对混合塑料中的某一组分进行溶解，分离出不溶解的塑料和溶剂，通过蒸发使溶剂与溶解塑料分开，溶剂可重复使用，其余未溶解部分可以在更高温度下再次进行溶解分离过程。

Jerry C. Lynch 等研究了多组分混合塑料的选择性溶解分离回收过程。将多组分混合塑料加入到溶剂中，在一定的温度下先溶解掉一定组分，过滤分离出不溶物和溶剂，再向溶剂中加入一定量的添加剂，然后利用闪蒸将溶解的塑料从溶剂中分开。

J. G. Poulakis 等研究了溶解-再沉淀回收的工艺，即先选择适当的溶剂溶解，然后再加入合适的非溶剂，使要得到的塑料再析出。研究发现甲苯和丙酮是较好的溶剂和非溶剂，通过熔体流动指数、分子质量、结晶度、机械性能以及粒径对分离的HDPE进行了性能测试，表明回收的高分子材料性能保持良好。

Georaia Pappa 等采用选择性溶解分选的方法对高分子材料的回收进行了工业化研究，研究结果证明选择性溶解沉淀技术可行性良好，分选出的高分子材料的性能与未分选前材料性能相近，并且可以应用到其他类型的废塑料中。

通过选择性溶解分选法分离塑料废弃物，不但可分离密度相近的混合塑料，还可以实现塑料与其他材料（如纸和金属等）的分离。研究表明，塑料加工过程添加的各种添加剂，如增塑剂、颜料以及填充剂等不溶解于溶剂中，选择性溶解法分离的塑料具有很高的纯度。

常见的 ABS、PS、PVC 和 PET 塑料在不同溶剂中的溶解行为，见表4-7。

表4-7　塑料在不同溶剂中的溶解现象

溶剂	实验现象			
	ABS	PS	PVC	PET
苯	溶解	溶解	—	—
甲苯	不溶解	不溶解	—	—
二甲苯	不溶解	溶解	不溶解	不溶解
吡啶	溶解	溶解	—	—
丙酮	—	—	不溶解	不溶解
正己烷	—	—	不溶解	不溶解
间苯酚	—	—	不溶解	不溶解
硝基苯	—	—	溶解	不溶解
环己酮	溶解	溶解	溶解	不溶解
四氢呋喃	溶解	溶解	溶解	不溶解
二氯甲烷	溶解	溶解	—	—
三氯甲烷	溶解	溶解	—	—
二硫化碳	不溶解	溶解	—	—
醋酸丁酯	溶解	溶解	—	—
乙酸乙酯	溶解	溶解	—	—
N，N-二甲基甲酰胺	溶解	溶解	溶解	不溶解

▷▷ 6. 浮选

英国杂志 *Materials Technology* 于2003年对混合塑料的各种分选技术进行了技术经济对比分析：塑料浮选被认为能够对密度相近、荷电性质也相近的废塑料进行分选，不仅具有很高的分选效率，而且具备良好的经济效益，其推广应用前景十分广阔。

塑料浮选技术来源于超过100年历史的非常成熟的矿物浮选法，是泡沫浮选技术在废塑料分选领域的重要应用。塑料浮选技术始于 Izumi Sumio 在1975年申请的两项专利。1979年 G. Espiridion 也申请了相关专利。Vogt Volker 在1983年详细研究了气泡在塑料表面的黏附动力学行为以及气泡大小对塑料浮选体系的影响，其明确指出：微小的气泡以及低紊流状况对塑料浮选器的设计是极其重要的。塑料浮选研究及应用的另一个高潮始于20世纪90年代，因为消费类塑料需求的剧增，导致废塑料量急剧增加，这引起了严重的环境问题，使得塑料浮选的研究在日本、美国等发达国家和地区再度被重视起来。

1992 年，接触角概念被 Edwin Sisson 首次引入到塑料浮选中，其深入研究了塑料表面与水之间的接触角的变化对浮选效果的重要影响，并报道了烷基酚聚乙二醇醚作为润湿剂进行浮选实验的效果，同时还发现用 NaOH 溶液对 PVC 与 PET 混合物进行预处理，可增大 PVC 的润湿性，而对 PET 的影响不大。1995 年，R. Buchan 等，提出了塑料 Gamma 浮选的概念。Gamma 浮选概念的提出对塑料浮选有着非常重要的意义。1996 年，J. Shibata 等首次探讨了润湿临界表面张力对塑料浮选的影响。后期，美国还报道了"等离子体预处理"塑料浮选的预处理等技术专利。

大多数的塑料都是天然疏水的。塑料浮选的基本机理是利用某种处理方法使混合塑料其中一种或几种塑料基体的天然疏水性改变为亲水性（这个过程也被称为润湿）；再通入气泡，塑料的疏水表面会吸附大量气泡，使其密度小于水（一般密度小于水的塑料，可以用比重分选法与其他密度大于水的塑料进行分选，浮选适用于密度相近且密度都大于水的混合塑料），从而上浮；其他的先前经过润湿处理的塑料，则难以吸附气泡，依然保持下沉状态，从而使不同的塑料基体从混合塑料中有效分离。

目前，常见的润湿方法主要包括吸附润湿、表面氧化、吸收润湿和 Gamma 浮选。

吸附润湿来自于矿物浮选。在矿物浮选的情况下，通常使用抑制剂调整疏水性矿物的表面润湿性。与矿物不同，塑料具有低能量表面，并且塑料浮选过程中用于抑制下沉物的抑制剂通常被称为润湿剂。一般情况下，不能以矿物浮选中的抑制机理来说明塑料的润湿现象。塑料浮选体系中，在不同的条件下润湿剂分子中的亲水基可以选择性影响气泡对不同塑料的吸附，但润湿剂如何吸附在塑料的表面，目前并没有达成统一且被广泛认可的解释。在早期研究中，提出了一些对这种吸附作用力的假设，但最近浮选体系中各个界面的微观作用力的研究已经取得了很大的进展，Gerard Fleer 等综述了高分子聚合物吸附的理论进展，介绍了相关理论和研究成果；J. N Israelachvili 对分子间相互作用力和表面间的作用力，进行了比较详细的阐述；王晖系统研究了塑料浮选体系中的界面相互作用，包括塑料表面和介质水之间、塑料表面与药剂之间、塑料表面与气泡之间以及不同塑料颗粒之间，在浮选体系中的相互作用，并在上述研究的基础上对塑料的自然可浮性、起泡剂调整可浮性以及润湿剂调整可浮性等浮选与分离行为，进行了详细的研究。

表面氧化本质上是通过某种方法使塑料表面的聚合物链上含有更多的极性基团，以增加塑料表面的润湿性。如通过表面氧化，引入或产生亲水官能团（羟基、羧基等）。氧化塑料表面的方法有很多，如臭氧氧化、电晕放电、等离子体处理、火焰处理、湿式氧化、光接枝技术等。不同塑料在水溶液中的表面氧化行为也有所不同。例如，PET 在 NaOH 等强碱溶液中易发生表面氧化，而 PC 在氨水溶液中易发生表面氧化。因此，回收废塑料瓶（基材为 PET）时，常用 NaOH 溶液处理。一方面 NaOH 溶液可以有效清除废塑料瓶表面的胶水与标签；另一方面由于 PET 中的大分子主链上含有酯基，NaOH 可使酯基发生水解而断开，增加了其亲水性。因此，经 NaOH 处理，可以使 PET 碎片在浮沉分离中被很好地完全润湿，继而使其与其他塑料基体较好地分离。

Robert Pascoe 采用火焰处理的方法，研究其对塑料表面的处理行为，然后进行浮选分离。火焰处理的原理如图 4-7 所示。对 PVC/PET 混合塑料进行火焰处理后，两者的润湿性出现显著差异，继而可通过浮选实现有效分选。针对 PVC/PET 混合塑料，单一的火焰处理效果并不太理想，设计了火焰处理结合两级浮选分离混合塑料，取得了一定的效果，其工艺流程如图 4-8 所示。

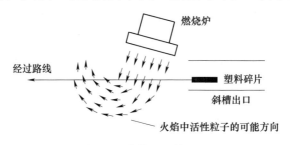

图 4-7 火焰处理的原理

吸收润湿是利用不同塑料对水的吸收能力不同，来提高塑料润湿的选择性，从而实现混合塑料的选择性浮选分离。例如，聚酰胺具有较强的吸水能力，因此，将聚酰胺浸泡在水中几个小时，即可降低其疏水性，再进行浮选时，加入少量的润湿剂，就可以实现聚酰胺的选择性抑制，继而使聚酰胺与其他几种塑料实现有效分离。

Gamma 浮选是 1995 年被提出的概念。Zisman 测量了一系列同源液体的表面张力 γ_L，发现接触角的余弦值 $\cos\theta$ 与 γ_L 之间呈直线关系，延长直线

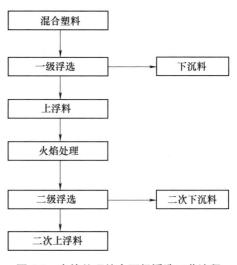

图 4-8 火焰处理结合两级浮选工艺流程

到 $\cos\theta = 1$，横坐标的值即是临界表面张力 γ_C，如图 4-9 所示。不同塑料具有不同的润湿临界表面张力。对于塑料浮选，当某种液体的表面张力 $\gamma_L < \gamma_C$ 时，塑料被液体润湿，从而在浮选中受到抑制；当某种液体的表面张力 $\gamma_L > \gamma_C$ 时，塑料不会被液体润湿，继续保持疏水性。当液体的表面张力 γ_L 介于两种塑料的临界表面张力 γ_{C1}、γ_{C2} 之间时，例如满足 $\gamma_{C1} < \gamma_L < \gamma_{C2}$ 时，塑料 2 将被液体润湿，而塑料 1 将上浮，从而实现塑料的浮选分离。在 Gamma 浮选中，常用甲醇来控制浮选液体的表面张力。

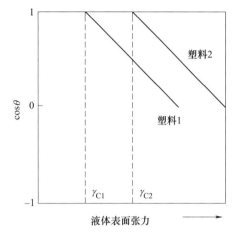

图 4-9　两种自然疏水塑料的表面张力比较

浮选与密度分选一样，需要以水作为介质，有可能造成二次污染。加之分选后的物料须增加干燥工序，一定程度上也增加了工艺的复杂性与成本。

▶ 7. 磁流体密度梯度分选

磁流体是由达到纳米级的磁性颗粒制成悬浮液，加入表面活性剂包覆磁性颗粒，使其均匀分布于液体中成为稳定的具有固有密度的流体。外加磁场作用下，磁流体微团会因磁场力和重力作用叠加，在分选池中形成垂直于该方向的密度梯度。具体而言，未施加任何磁场时，分选介质的密度是均一且稳定的；当在上方施加磁场作用时，微团受到磁场力方向向上，抵消了部分重力作用，使距离磁铁越近的分选介质密度越低，且磁化作用后的分选介质密度整体均小于未施加磁场作用时原始介质密度；反之，当在下方施加磁场作用时，重力和磁场力累加，导致距离磁铁越近时密度越大，且分选介质密度整体大于原始介质密度。

浸入静止液体中的物体受到的浮力，等于该物体所排开的流体重量。对于待分选的混合塑料而言，不同密度的塑料碎片进入分选介质中，最终将在与其密度相当的密度层停驻。若需对两种及两种以上的密度不同的塑料进行分离，只需按照各基体塑料的密度所在位置，合理设计分选通道即可有效实现。

磁流体密度梯度分选设备主要包含喂料段、分选段、收集段等，如图 4-10 所示。

第一段是喂料段，其功能是使分选介质和待分选混合塑料均匀混合，便于快速稳定地进入分选段。这一过程需要保证流动的稳定性，尽量使物料和分选介质进入分选段时保持为层流状态。

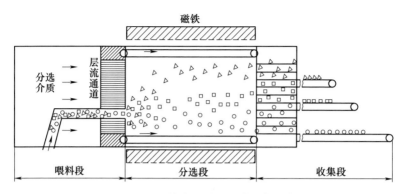

图 4-10 磁流体密度梯度分选设备示意图

第二段是分选段。喂料段送来的混合塑料中的各种不同组分，应在这一段内高效地在匹配的密度层达到稳定分离状态。分选介质浓度、磁场力的控制、分选段流动状态的稳定性，对控制分选介质密度梯度至关重要，也是实现精确分选的最重要环节。

第三段为收集段。混合塑料经分选段分离后，不同密度的塑料碎片根据其密度差异，进入预先设置好的不同高度的收集层，从而实现多组分分类收集。

PP（聚丙烯）、PE（聚乙烯）、PS（聚苯乙烯）的密度分别为 0.90 ~ 0.91g/cm³、0.94 ~ 0.96g/cm³、0.99g/cm³，磁流体密度梯度分选可将这三种材料的混合物有效分离，分离后的位置如图 4-11 所示。

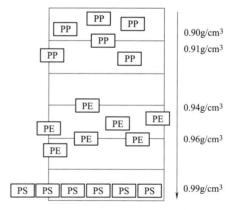

图 4-11 混合塑料经磁流体密度梯度分选分离后的位置示意图

▶8. 其他分选

除上述分选方法外，Ralph Wisner 在其论文中，详细描述了温差分选方法分离混合塑料。温差分选主要利用不同塑料间脆化温度的差异来进行分选。首先将混合塑料放入冷却器中，后经过粉碎机中粉碎，因聚氯乙烯低温下发生脆化而被粉碎，筛选时就会与未被粉碎的聚乙烯分离。Gjergj Dodbiba 总结了废塑料常用种类及其特性后，介绍了风力分选的分离原理及操作流程。将粉碎后的混合塑料放在分选装置内喷射，从横向或逆向进行吹风，利用不同塑料对气流的阻力与自重的合力差不同从而实现混合塑料的分选。

另一种传统的分选方法是熔融分选法，原理是利用不同塑料具有不同的融化温度来进行分离。将各种塑料片放在一个多段传输线上,传输线从低温移向高温,混合塑料片分别在不同段熔融并附着在传输线上,最后剥离回收。此外还有跳汰分选法、色彩分选法、旋流分选法、超临界流体分选法等。几种分选技术对比见表4-8。

表4-8　几种分选技术对比

分选技术	原理	优点	缺点
风力分选及旋流分选	形状、密度差异	适用于塑料与金属分离,产生废水少,操作简单	原料适应性差,只限于密度和形状差异较大的混合塑料,分选效率低、处理能力差
跳汰分选	密度差异	可高效分离 PS、ABS 和 PET 混合物	对大量密度接近的废塑料难以分选
温差分选	脆化温度差异	有效分离脆化温度相差较大的混合塑料	分选范围有限、成本较高
熔融分选	熔化温度差异	可分离多种塑料	难分离熔化温度相近的塑料,分选效率低

4.3　废塑料回收与高值资源化技术

塑料制品的综合性能优良、成本低廉,其需求量及产量均十分巨大。与此同时,各种塑料的报废量也逐年增加,城市垃圾中废塑料占8%~9%。由于大多数废塑料是不可降解的,其长期堆放容易污染环境、滋养细菌、引发火灾,在严重影响自然生态环境的同时,也影响高分子产业自身的进一步发展。

针对废塑料,其处理方式主要包括掩埋、焚烧、回收及再生利用等。

掩埋法没有考虑到废塑料对环境的污染以及土地的承受力,会对土壤的结构造成不同程度地破坏;同时,也忽略了废塑料的资源属性。它是一种粗放处理方式。焚烧法虽然处理量大、效率高,但废塑料种类繁多,由于其用途与性能上要求不同,成分差异较大,在焚烧处理的过程中难以避免会产生大量的有害物质,从而存在着巨大的环境污染隐患,需谨慎对待。回收及再生利用法应用范围广、适用性强,且同时兼顾了废塑料的环境污染属性及资源属性。随着全球各国的持续关注以及技术水平的不断发展完善,这种方法正成为废塑料处理的主流方式。

近年来,我国对环境资源的重视程度不断提高,以废旧物资回收和资源综合利用为核心的循环型经济发展模式已成为发展趋势。加之我国是人口大国,人均自然资源十分有限,大力开发如废塑料的回收及再生利用等资源循环利用技术，将对国民经济发展和环境可持续发展产生深远影响。

废塑料回收及再生利用技术主要包括化学解聚回收与热解回收这两种目标产物是单体或小分子化工原料的降解回收技术，以及直接再生、改性再生与原位扩链修复再生等高分子基体再生利用技术。本节将对上述废塑料回收及再生利用技术分别进行介绍。

▶▶ 4.3.1　废塑料化学解聚回收技术

化学解聚回收是指利用化学解聚或化学转化等方式，破坏废塑料的分子链，将其降解转化成可用于生产新化学品或高分子材料的相应的单体或附产值较高的小分子化工原料。

化学解聚回收的产物，一般是结构相对较为简单的单体或小分子，因此对废料的种类成分单一性及洁净度有一定的前提要求，通常不适用于混杂废塑料。可以被用于化学解聚回收的废塑料，主要包括聚酰胺、聚氨酯、聚酯、聚碳酸酯等材料。根据解聚条件或降解方式的不同，化学解聚回收可以大致分为水解、醇解、磷酸酯解、胺解、超临界法等。

▶▶ 1. 水解

可通过水解法实现化学解聚回收利用的废塑料，主要包括通过缩聚反应制得的各类高分子材料，这类材料在通常的使用条件下是比较稳定的。而水解的本质就是缩聚反应的逆反应，因此通过水解回收利用这类材料，通常需要高温高压或是催化体系，比较常见的方式包括高温高压下中性水解以及酸碱催化水解等。

聚对苯二甲酸乙二醇酯（PET）是一种常见的聚酯材料，水解法能够将PET降解为乙二醇（EG）和对苯二甲酸（TPA），提纯后可直接作为原料（从而替代原生聚酯合成原料）通过酯化法合成新PET，因此在很早就受到了关注。早在1962年，美国Esterman公司就开展PET水解的专利申请，并实现小规模商业化生产。

聚酰胺材料是指分子链中含有酰胺键-CONH-的高分子聚合物，俗称尼龙，在我国被称为锦纶，在电子、汽车、纺织等领域应用广泛，其也可通过酸碱催化或者中性条件下加温加压的方式实现水解，从而制备原料单体己二酸和己二胺。

由以上水解反应研究可知，中性水解需要高温高压条件，反应条件苛刻；酸碱水解的反应条件温和，无须高温高压，产物纯度较高，但反应引入的浓酸、浓碱，会带来一系列的后续处理难题。水解方面的研究与应用仍有改进空间。

2. 醇解

醇解是利用醇羟基来降解废塑料，继而回收原料的方法。它可以用于聚氨酯、聚酯等废塑料的回收利用。一般是以甲醇、乙二醇、异辛醇等低分子醇作为降解剂，反应条件相对温和。醇解法是目前针对废塑料，应用最为广泛的化学解聚方法。

美国率先开展了甲醇醇解法回收废聚酯，并在20世纪80年代后期，进行了工业化推广应用，用于生产各类包装材料，其主要的工艺流程分为三步：第一步预解聚，将废PET、甲醇置于反应釜中，在180~270℃、0.08~0.15MPa条件下进行预解聚；第二步解聚，在反应釜内升温至220~285℃、增压至2.0~6.0MPa，并连续地通入热甲醇蒸气，使PET被有效解聚1h左右；第三步精馏，最后通过精馏塔，分离出解聚产物对苯二甲酸二甲酯（DMT）和乙二醇（EG）。DMT可通过蒸馏、结晶提纯，甲醇也可以回收，从而实现重复利用。后期研究证明，利用微波辅助技术进行PET的甲醇醇解反应，可以有效地缩短反应时间并提高反应转化率，使得醇解反应耗能大幅降低。

废聚氨酯的醇解主要以乙二醇作为醇解剂，在有机金属化合物或者叔胺的催化下，在150~250℃的温度范围内，常压下就可以将聚氨酯降解成可以重新用来合成聚氨酯材料的低聚物混合多元醇。醇解的反应机理与水解有些相近，但反应条件相对更加温和，更有利于工业化应用。制得的多元醇成本低，经济效益及社会效益显著。

3. 磷酸酯解

磷酸酯解是一种利用磷酸二甲酯或磷酸三乙酯等磷酸酯结构中的极性磷酰基，来降解聚合物的方法，主要可用于聚氨酯的回收利用。

在140~150℃的反应条件下，磷酸酯可与聚氨酯发生烷基化、酯交换及自由基反应，得到的降解产物分子中含有磷元素，可当作非反应性添加剂来改善阻燃性能，也可用含羟基的化合物、胺（或金属盐）来处理降解产物，从而合成新的具有阻燃属性的聚氨酯新产品。

4. 胺解

胺解可被用于降解聚酰胺等废塑料。

Sylvie Bodrero研究了聚酰胺66（PA66）和聚酰胺6（PA6）的胺解反应，PA6的胺解产物为6-氨基己腈和己内酰胺。PA66的胺解分为两步：首先，300℃、4.5MPa时，正丁胺和PA66反应，生成N，N-二丁基己二酰胺和己二胺；接着，285℃、5.0MPa时，用磷酸催化，将中间产物N，N-二丁基己二酰胺转化成最终产物，己二腈。

5. 超临界法

近年来，随着超临界流体技术的不断发展，美国、日本等发达国家与地区都已开始利用超临界水或醇作为化学分解介质来处理废塑料，并取得了不少有意义的进展。Jude Onwudili 等就在哈氏合金反应器中进行了溴化塑料（如溴化聚丙烯腈-丁二烯-苯乙烯、溴化高抗冲击聚苯乙烯等）的超临界水降解，也得到了多种有机化工原料。

在我国，近年来也有一些学者投入到超临界流体技术处理废塑料的工作中，马沛生等对聚苯乙烯以及聚苯乙烯/聚丙烯混合塑料进行了超临界水降解研究，并通过实验确定了适宜的超临界水降解废塑料的反应条件。

4.3.2 废塑料热解回收技术

热解是指将废塑料基体树脂的大分子链，通过加热或其他辅助方式，分解为小分子状态，从而形成工业原料或燃料油等高价值产品的过程，主要包括热裂解、催化裂解、热裂解-催化改质、催化裂解-催化改质等方式，如图 4-12 所示。

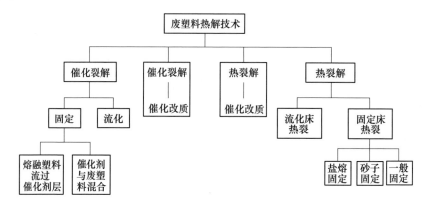

图 4-12　废塑料热解技术

1. 热裂解

废塑料的热裂解工艺流程如图 4-13 所示，一般是基于无氧或少氧的环境条件，发生在热裂解反应器内，通过直接高温加热，使废塑料分子中的 C-C 键以及 C-H 键断裂，从而得到不同长度的烃类小分子等热裂解气产物，继而，通过进一步分馏后，得到不同组分燃料油。

近年来，不少研究人员对各类废塑料的热裂解特性进行了大量的基础研究。影响各类废塑料热裂解效果的主要因素包含废塑料基体树脂种类、反应器种类、压力、温度、升温速率等。其中，温度对最终三态产率的影响较大。通过适当提升温度，可有效促进原料大分子键的断裂，从而提高液体和气体产物产率。但温度过高时，会加剧热裂解反应程度，导致生成更多的小分子气体产物。

另一方面，针对不同种类的废塑料而言，其热裂解特性也有一定区别。在热裂解气方面，聚乙烯、聚丙烯等聚烯烃类废料的气体产物主要包括甲烷、乙烷、丙烷、乙烯等；聚氯乙烯分子中含有大量的氯，其热裂解的气体产物主要也以氯化氢为主；聚酯类废料的分子结构中含有氧，其热裂解的气体产物中，

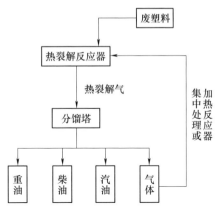

图 4-13　废塑料的热裂解工艺流程

则包含较多的 CO 和 CO_2 气体。而在热裂解油方面，聚烯烃类废料在低温条件下（低于400℃）受热会生成大量的长链脂肪烃，中温条件下（低于 500℃），长链脂肪烃发生热裂解，烷烃和烯烃产率下降，单环或多环芳烃产率增加。聚苯乙烯废料的热裂解油主要包括多环芳烃等，但提高热裂解温度，将导致低碳芳烃含量增多。

整体而言，热裂解工艺所要求的温度相对较高，反应时间较长，产物液体油的产率和品质都较低。这些因素也限制了热裂解的推广应用范围。

▶▶ 2. 催化裂解

通常而言，单纯热裂解（无催化剂）得到的油产品由于选择性差、烷烃类含量低等缺陷而应用受限。为改善油品质量，拓宽产品的应用范围，催化裂解应运而生，其工艺流程如图 4-14 所示。

催化裂解是将催化剂和废塑料混合后，共同置于热裂解反应器中，通过催化加热裂解，制备油产品。常用的催化剂主要包括分子筛催化剂、金属催化剂及活性炭催化剂等。催化剂的使用是废塑料催化裂解，炼制高品

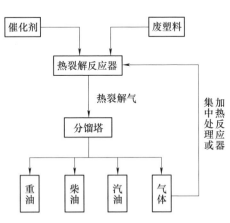

图 4-14　废塑料的催化裂解工艺流程

质油品的关键技术，不同的催化剂往往对应着不同的工艺。

安杰以改性 ZSM-5 分子筛催化聚丙烯裂解的实验结果表明：碱处理改性不利于高聚物的催化裂解；水处理改性后，热裂解油产率提升，汽油馏分中烯烃

占比30%左右，芳烃占比36%左右；以碱-水组合处理改性催化剂，提高了油品产率，且催化剂可以保持较高的活性及稳定性，液化气与汽油馏分的产率，可分别达到36%与62%，汽油馏分中芳烃占比提升到了54.4%，而其他组分中，包含14.5%的异构烷烃以及17.3%的烯烃，辛烷值大于96。

张郑磊研究了催化剂种类及温度对聚乙烯和聚丙烯等聚烯烃类废塑料的催化裂解特性的影响。结果表明，利用硅铝火山灰作为催化剂，聚烯烃类废塑料裂解产物在催化剂的作用下，发生了烯烃芳构化、烷烃异构化、环构化等反应，大大地提高了裂解产物中汽油馏分的辛烷值。

催化裂解的优势在于降低反应温度并提高反应速率，并可以选择性地发生异构化、芳构化反应，从而提升产物油的品质，同时提高产率。但其也存在热裂解油选择性较差、催化剂易失活且难回收等缺陷，这也是当前催化裂解领域的热点研究方向。

3. 热裂解-催化改质

废塑料的热裂解-催化改质工艺流程如图4-15所示，其是将废塑料热裂解后，对热裂解气进行催化改质，通常也被称为二段法工艺。该方法的目的也是为了克服热裂解制得热裂解油品质不高的缺点，将热裂解产物通过后段的催化改质，发生烯烃芳构化、烷烃异构化、环构化等反应，从而有效提高汽油馏分辛烷值。

废塑料热裂解产物中重质组分通常较多，利用热裂解-催化改质可通过异构化反应大幅减少热裂解油中的重质组分，并显著提升轻质组分，进而提升油料的整体品质。与此同时，与催化裂解相比，

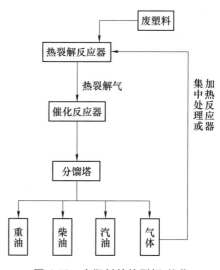

图 4-15　废塑料的热裂解-催化改质工艺流程

热裂解-催化改质的催化剂用量相对较少，且通常可回收重复使用，使其成本有所降低。

4. 催化裂解-催化改质

催化裂解-催化改质法是二段法工艺的一种升级工艺，是在热裂解阶段加入少量催化剂形成催化裂解后，再对热裂解气进行催化改质，工艺流程如图4-16所示。这种方法综合了催化裂解和热裂解-催化改质两种方法的优点，既降低了前段热裂解的反应温度、缩短了反应时间，同时通过后段的催化改质，得到高

品质产品油。但其也存在着催化剂用量大、工艺相对复杂、成本偏高等问题。

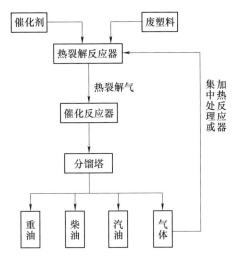

图 4-16　废塑料的催化裂解-催化改质工艺流程

比较上述 4 种方法的主要特性见表 4-9。

表 4-9　废塑料不同热解方式的主要特性

热解方式	热解温度	反应速率	催化剂用量	产品质量	投资
热裂解	高	慢	无	较差	少
催化裂解	低	快	较大	较好	较多
热裂解-催化改质	高	较快	较少	好	较多
催化裂解-催化改质	低	快	大	好	多

▶▷▷ 4.3.3　废塑料直接再生技术

废塑料直接再生技术是指将废塑料经过分选、清洗、破碎后，不经改性，简单地熔融、造粒后直接用于成型加工的回收方法。

部分树脂生产厂家以及塑料加工制品厂家，在其加工生产过程中产生的边角料、水口料等或者一些品种单一、易于清洗的一次性废塑料，即可通过直接再生技术，制备得到与新料性能差别不大的、综合性能良好的再生塑料。这种产品有一定的应用范围。

直接再生技术工艺简单、成本低、投资少，所加工的再生塑料制品有一定的应用范围。但其对废料的基本性能有一定要求，因此选择范围较窄。当废料的老化程度较高、综合性能较低时，直接再生技术往往是不适用的或者只能制备出低档产品。

4.3.4 废塑料改性再生技术

废塑料改性再生技术是针对废塑料的性能缺陷，通过改性方式，提升废塑料的目标性能，进而实现有效地再生利用。改性再生的实现方式主要包括物理改性及化学改性等。

1. 物理改性再生

物理改性再生是指将废塑料与改性助剂或其他聚合物基体通过机械共混方式，实现增韧、增强或阻燃等（功能化）改性，改善或提高再生塑料的力学性能、稳定性等，使其可被应用于高档产品的制备。

常见的物理改性包括：

（1）增韧改性　多数塑料制品在长期服役后，会因为老化而导致性能严重恶化，而其冲击强度的降低，通常较为显著。因此，废塑料的增韧改性尤为重要。可使用橡胶、热塑性弹性体等增韧剂与废塑料熔融共混，以提升再生材料的冲击强度。

（2）增强改性　在废塑料中加入玻璃纤维等增强材料，通过熔融共混，大幅提高再生塑料的强度及模量，从而拓宽其应用范围。

（3）合金化改性　它是指通过添加其他的聚合物基体来改性废塑料。可结合不同聚合物的性能优势，制备高性能再生材料。但只有在不同的聚合物基体相容性良好的状态下，才能有效实现。因此，相容剂是合金化改性的关键。

2. 化学改性再生

化学改性再生是通过接枝、共聚等方式在废塑料的分子链中引入其他链节或功能性基团，或发生交联，使废塑料的综合性能或目标性能大幅提升。通过化学改性也可以拓宽再生塑料的应用渠道，提高其利用价值。

常见的化学改性包括：

（1）氯化改性　氯化改性常用于聚烯烃类废塑料的改性，即通过改变工艺配方，将废聚烯烃类塑料制备成含氯量不同的再生材料，以适应不同的市场需求。

（2）交联改性　交联改性可通过辐射交联、过氧化物交联、硅烷交联等多种方式实现废塑料的交联，从而大幅提升再生材料的拉伸强度、耐热性、尺寸稳定性、耐磨性等。再生材料的交联程度可通过控制交联剂用量、辐射时间等工艺配方条件来实现优化。

（3）接枝共聚改性　目前实用性较强的是废聚丙烯的接枝共聚改性，用以提高聚丙烯与极性塑料基体、无机填料等材料的相容性或黏结性。主要是通过将接枝单体，以辐射或熔融混炼等方式对聚丙烯进行接枝。接枝改性聚丙烯的性能，主要取决于接枝率、接枝链长度等。

▶ 3. 典型废塑料改性再生案例

（1）**废 ABS 改性再生** 孔雪松等使用顺丁橡胶和丁苯橡胶来改性废 ABS，并研究其用量对再生材料性能的影响。结果表明：顺丁橡胶和丁苯橡胶的加入，可以提升废 ABS 的冲击强度，但对其拉伸强度和弯曲强度有负面影响；废 ABS 中加入氧化锌、二氧化硅、二氧化钛等无机填料后，对废 ABS 的增韧作用不明显，但可以提升其刚性；将顺丁橡胶和丁苯橡胶以及无机填料以一定的比例搭配使用，对废 ABS 进行共混改性，结果显示，共混材料的韧性和刚性均有一定程度地提高。

张富青等通过纳米碳酸钙、偶联剂（KH-550）、增容剂（丙烯腈/苯乙烯共聚物接枝马来酸酐）的复配使用，协同增韧改性废 ABS。结果表明：纳米碳酸钙、偶联剂及增容剂的用量分别为 2%、5% 及 2%（质量分数）时，制备的再生材料的综合性能最优。

戴伟民等分别用高胶粉、SBS、热塑性聚氨酯（TPU）等改性剂对废 ABS 改性。结果表明：对于冲击强度提升方面，高胶粉的效果最好，SBS 次之，TPU 表现一般；在保持废 ABS 的拉伸及弯曲强度方面，TPU 和高胶粉的效果较好，二者对再生材料的表面硬度影响也较小；TPU 在改善材料的流动性方面，相比于高胶粉和 SBS，表现更好。

（2）**废 PVC 改性再生** Rozik 等采用 NBR 作为增韧剂改性废 PVC，以提高其韧性。由于 NBR 和废 PVC 相容性较差，直接共混改性效果不佳；加入增容剂 MAH 后，可有效改善二者的相容性，从而显著提高共混物的综合性能；另外，加入无机物组分 $CaCO_3$ 后，还提高了共混物的绝缘性能。

刘雪鹏等将废 PVC 电缆料与新料 PVC 以 1∶1 混合，添加木粉后，制备再生 PVC 木塑材料，并以抗冲击改性剂 ACR 来改善木塑复合材料的韧性。通过实验，总结出较优的再生木塑材料配方，此配方制备出的木塑材料的性能能够达到阔叶林木的性能标准。

汪东清等以 ABS 与废 PVC（wPVC）共混，并加入改性剂，通过共混制备再生材料。结果表明：加入碳酸钙（$CaCO_3$）、蒙脱土（MMT）、高岭土（HG）、硅灰石（$CaSiO_3$）等改性剂后，再生材料的热稳定性和热氧化性得到明显改善，但力学性能有所下降；添加经偶联剂改性后的无机填料，可提高再生材料的热稳定性和热氧化性，并同步有效提升其拉伸强度和断裂伸长率；ABS/wPVC 共混物的冲击强度、弯曲强度、拉伸强度及维卡软化点等性能指标值，随着 wPVC 含量的增加，均有所降低。

（3）**废 PP 改性再生** 潘汇等分别以废聚酯纤维、棉纤维、混合纤维作为增强纤维，改性废 PP 纤维，通过热压成型的方法制成纤维板，并实验了纤维废料长度、种类成分等对纤维板拉伸强度、弯曲强度等机械性能及吸水性的影响。结果表明：不同的纤维废料长度及成分，对再生纤维板的机械性能影响较明显；再生纤维板的吸水率和膨胀率对纤维长度的变化不敏感，但因成分的不同有较大差距。

郭慧鑫等利用 POE 对洗衣机滚筒废 PP 破碎料，进行了增韧改性实验研究。结果表明，使用 15 份 POE 可将废 PP 的冲击强度提升至接近新料水平。然而，韧性提高的同时，其强度有一定幅度的降低。可通过采用 POE 与纳米碳酸钙混用的方式，共混挤出改性废 PP。在合理的配方工艺条件下，再生复合材料的冲击强度及拉伸强度均较高，综合性能良好。

胡瑾等研究了不同用量的 SBS 改性废 PP 的力学性能、结晶性能、流变性能及微观形貌。结果表明：SBS 对废 PP 的冲击强度有明显的提升效果，同时还能提高再生材料的拉伸性能。随着 SBS 添加量的增加，分散相颗粒数量有所增加，"类凝胶网络"得到加固，导致再生材料的熔体黏度增大，储能模量增加，而介质损耗角正切值减小，表明熔体流变行为由黏性行为转变向弹性行为。

司芳芳等将云母粉及高密度聚乙烯（HDPE）添加到废 PP 中，通过熔融共混，制备废 PP 基再生复合材料，并重点研究了云母粉及 HDPE 添加量对再生复合材料综合性能的影响。结果表明：一方面，随云母粉添加量增加，再生复合材料的力学性能先增后减，而熔融指数则呈现为持续下降趋势；另一方面，随着 HDPE 添加量的增加，再生复合材料的力学性能和熔融指数均出现不同程度的增加，且再生复合材料的断裂模式呈现为韧性断裂。

▶ 4.3.5　废塑料原位扩链修复再生技术

废塑料的改性再生，除了前述的物理改性、化学改性等技术外，近期又涌现出一些新型改性再生技术，可用于制备高性能（高值化）再生材料，最具有代表性的就是中国电器科学研究院股份有限公司与中北大学共同开发出的原位扩链修复再生技术。

原位扩链修复再生技术本质上是一种反应型挤出，改性再生主要发生在挤出机内，在挤出过程中同步实现了化学改性及物理改性，其充分结合了化学改性及物理改性的优点，突破了过去的化学改性、物理改性和成型加工之间的界限或不连续化，在有效提升再生材料综合性能的同时，大幅缩短了再生材料的制备周期，加工工艺也相对简单，是一种极具市场应用前景的技术。

▶ 1. 原位扩链修复制备再生复合材料

废弃电器电子产品拆解物中存在大量聚丙烯腈-丁二烯-苯乙烯（ABS）及高抗冲击聚苯乙烯（HIPS）等塑料，这些废料因长期服役而严重老化，导致综合性能急剧下降。

常规的物理改性再生可通过引入大量外源性高强度、高韧性或其他改性剂，采用共混改性制备再生复合材料的办法来改善其严重恶化的性能。但由于作为基材的废塑料，其本身宏观性能的过度缺失，导致物理改性在改性剂低添加量时无显著效果，高添加量时引起成本过高，从而陷入两难境地。

　　分析 ABS 及 HIPS 的老化机理可知，其在加工和使用过程中，都会发生不同程度地老化降解，引起聚合物分子链断裂，导致分子量降低。ABS 及 HIPS 结构相似，二者的户外自然老化和人工加速老化过程中的降解机理相似，均为丁二烯相发生降解，产生氧化基团——羧基和羟基，并且降解会导致聚合物两相分离，相容性变差，宏观上引起力学性能尤其是冲击强度的严重恶化。

　　根据 ABS 及 HIPS 的老化机理，若充分利用老化分子生成的活性端基，辅以活性交联剂，在挤出再生时进行原位扩链反应，可在实现链增长及链修复的同时，改善其因老化引起相容性及黏附力降低导致的界面破坏，从而低代价地使废料的分子量和形态结构等微观属性有效修复到接近原有材料的水平，从而全面大幅提升了再生塑料的综合性能。

　　基于上述原理，原位扩链修复再生技术以多官能度的环氧类、恶唑啉类及酸酐类小分子作为扩链剂，对 ABS 及 HIPS 等典型废电器外壳料进行原位反应挤出，制备高值化再生复合材料，其反应机理及微观相界面修复效果如图 4-17 及图 4-18 所示。

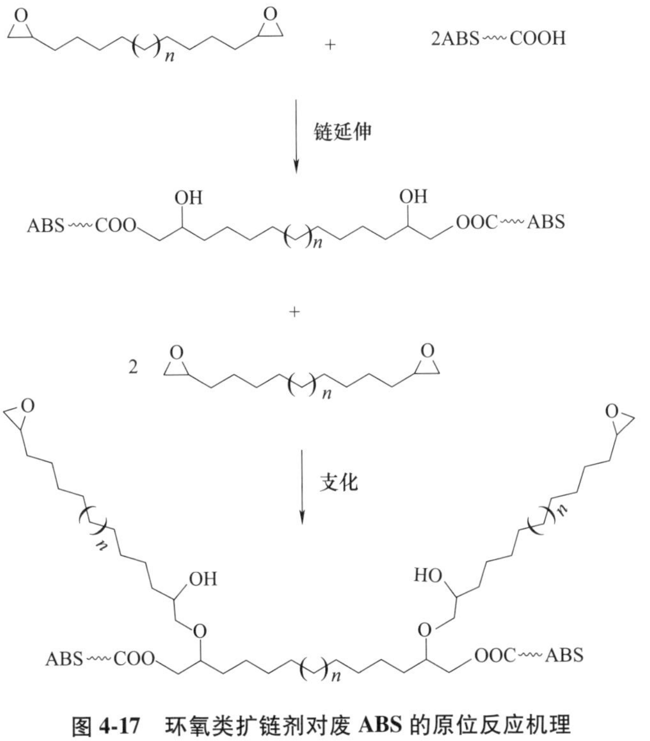

图 4-17　环氧类扩链剂对废 ABS 的原位反应机理

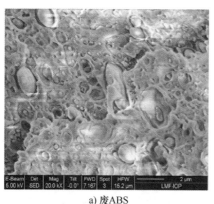 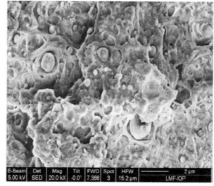

a) 废ABS   b) 再生ABS

图 4-18　原位扩链修复再生前后冲击试样断面 SEM

通过实验小分子扩链剂用量、加工工艺等对再生材料分子量、力学性能及断面形貌特征的影响，结果证明，在合适的加工工艺条件下，上述三种小分子化合物，均可与废 ABS（wABS）或废 HIPS（wHIPS）发生原位扩链反应而起到扩链修复改性的实效，从而显著提升分子量，减小分散系数（PDI）；改善综合力学性能，尤其是大幅提升冲击强度；改善相界面，使再生材料的断面形貌变得更加粗糙，界面黏接力增加，分散相粒径变小，分布更加均匀。环氧类小分子扩链剂（EP）修复再生 ABS 综合性能见表 4-10。

表 4-10　环氧类小分子扩链剂（EP）修复再生 ABS 综合性能

试样	PDI	冲击强度提升比例	拉伸强度提升比例	弯曲强度提升比例
ABS	2.79	—	—	—
wABS	26.74	100%	100%	100%
wABS/EP（质量分数，0.3%）	5.89	209%	98%	129%
wABS/EP（质量分数，0.5%）	5.30	237%	121%	133%
wABS/EP（质量分数，0.7%）	4.59	298%	174%	138%
wABS/EP（质量分数，0.9%）	4.61	242%	219%	150%

基于上述可用于对废 ABS 及废 HIPS 进行扩链的活性基团，中国电器科学研究院股份有限公司与中北大学还设计并成功合成出了包括恶唑啉类大分子扩链剂（ABS-g-OZ）及环氧类大分子扩链剂（ABS-g-GMA 和 HIPS-g-GMA）在内的多种改性剂，并将其用于废 ABS 及废 HIPS 的再生改性。通过实验研究大分子扩链剂用量、加工温度、螺杆转速等工艺配方条件对再生材料拉伸强度、弯曲强度、冲击强度等综合力学性能的影响及其对再生材料微观相界面的改善作用。

实验结果证明：含有恶唑啉或环氧等活性官能团的大分子扩链剂，一方面通过化学交联，对废料分子实现了链增长及链修复；另一方面，大分子扩链剂分子上的原生 ABS（HIPS）的加入，有助于改善废料的微观相界面，同时提高胶含量，从而始源性地修复了废料的分子结构及界面形态，从而大幅提升再生材料的综合性能。在此基础上，该研究团队还通过大分子扩链剂复配常规改性剂，基于二者的化学及物理改性的协同作用，进一步制备高性能化再生材料。实验结果证明：复配改性使再生材料的冲击强度、弯曲强度以及拉伸强度均全面优于仅添加常规改性剂的对照组。再生材料的核心机械性能的阀值得到有效提升，验证了协同改性的积极作用。通过复配，更有利于制备高性能再生材料，进而实现废料的高值化再生利用。

▶ 2. 原位扩链修复制备再生合金

高分子材料的合金化，可综合各基材较优性能，实现高值化应用。原位扩链修复再生技术在制备高值化再生合金方面也得到了成功应用。

1）PP/PA6 再生合金的制备。由 PP 的老化机理可知：PP 老化降解过程中，一方面 PP 大分子链会发生 β-断链，导致其分子量降低及力学性能急剧恶化；另一方面在降解的过程中，在光（热）氧的作用下 PP 分子链会生成一些极性基团，如羟基、羰基、羧基和酯基等。基于废 PP 老化机理，以废 PP 及 PA6 制备再生合金，可利用马来酸酐作为辅助功能单体，用甲基丙烯酸缩水甘油酯（GMA）接枝废 PP，首先制备原位扩链修复再生的长支链化废 PP（mPP，制备流程如图 4-19 所示），并进一步将其与 PA6 共混，从而制备 PP/PA6 再生合金。

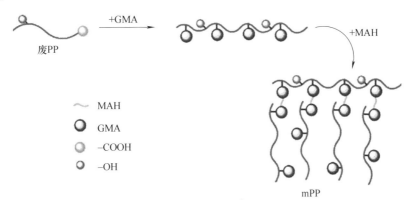

图 4-19　长支链化废 PP 制备流程

结果表明：mPP 基体强度高于废 PP，并且接枝 GMA 后存在更好的增容效果，使得再生合金力学性能（拉伸强度、弯曲强度和冲击强度）均显著高于非原位扩链修复改性对照组，性能提升效果较好。另外，再生合金还可以通过复配增韧剂、阻燃剂等常规改性剂，实现功能化再生。PP/PA6 再生合金制备流程如图 4-20 所示。

图 4-20 PP/PA6 再生合金制备流程

2）ABS/PBT 再生合金是以甲基丙烯酸缩水甘油酯接枝化废 ABS（ABS-g-GMA）作为原位扩链修复改性剂，通过原位挤出，将废 ABS（wABS）和 PBT 共混制备而成，其制备流程如图 4-21 所示。ABS-g-GMA 中的环氧基，可分别与 wABS 及 PBT 中的活性端基反应。对 wABS 而言，起到原位扩链修复作用；对合金体系而言，起到原位增容作用。添加少量 ABS-g-GMA，再生合金性能已得到显著提升。由 DSC 分析可知：共混物中加入 ABS-g-GMA 后，放热峰面积明显减少，表示结晶性下降；与此同时，PBT 的高低熔融温度呈靠近趋势。这是由于 ABS-g-GMA 中的环氧基与 PBT 中的活性端基反应，形成分子链缠结或扩链，分

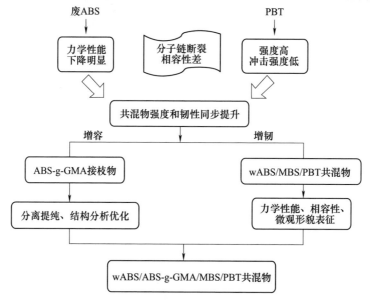

图 4-21 ABS/PBT 再生合金制备流程

子链运动时所受阻力增大，结晶时难以规整排列，阻碍了 PBT 结晶，利于形成更多无定形区。无定形态的增加利于 wABS 和 PBT 的相容性改善，使材料的力学性能得到提高。由 SEM 分析可知：未加 ABS-g-GMA 时，PBT 分散不均且粒径较大，出现局部团聚，易于产生应力集中，而加入 ABS-g-GMA 后，"岛相"粒径变小，分散更均匀，界面表面积增大。当基体发生形变时，界面形成的稳定的 ABS-g-GMA-PBT 键合力，使界面张力减小，应力可通过界面传送，避免了应力集中，延缓了材料的过早断裂，从而有效提高材料的韧性。与此同时，该体系同样也可以通过复配常规改性剂，进一步提升再生材料的目标性能，最终制得功能型再生合金，实现高值化应用。

参 考 文 献

[1] ROCHMAN C M，BROWNE M A，HALPERN B S, et al. Policy：Classify plastic waste as hazardous [J]. Nature, 2013, 494 (7436)：169-171.

[2] 邓智明，李亚男. 关于防止废旧电器、电子产品回收处理行业环境污染政策的研究[J]. 环境保护, 2003 (1)：13-15.

[3] 陈森. 电子废弃物壳体塑料应用技术研究 [D]. 成都：西南交通大学, 2014.

[4] 张亨. 废弃聚氯乙烯的鉴别和分选方法 [J]. 江苏氯碱, 2016 (6)：5-12.

[5] 邹恩广. 聚丙烯复合材料的制备及性能研究 [D]. 大庆：东北石油大学, 2011.

[6] 王腾. 聚苯乙烯制备及其性能研究 [D]. 西安：西安石油大学, 2017.

[7] 王晖，顾帼华，邱冠周. 废旧塑料分选技术 [J]. 现代化工, 2002, 22 (7)：48-51.

[8] MALLAMPATI S R，LEE B H, MITOMA Y, et al. Selective sequential separation of ABS/HIPS and PVC from automobile and electronic waste shredder residue by hybrid nano-Fe/Ca/CaO assisted ozonisation process [J]. Waste Manage. 2017, 60：428-438.

[9] 安杰，朱向学，李秀杰，等. 废塑料在改性 ZSM-5 上裂解转化生产车用液体燃料 [J]. 化工进展, 2012, 31 (S1)：448-452.

[10] 张郑磊. 废塑料热解：催化改质实验研究 [D]. 保定：华北电力大学, 2009.

[11] 吴晓露. 基于老化降解机理的废旧 ABS、HIPS 改性研究 [D]. 太原：中北大学, 2018.

[12] WANG J，LI Y，SONG J, et al. Recycling of acrylonitrile-butadiene-styrene (ABS) copolymers from waste electrical and electronic equipment (WEEE), through using an epoxy-based chain extender [J]. Polymer Degradation and Stability, 2015, 112：167-174.

[13] LI Y，WU X，SONG J, et al. Reparation of recycled acrylonitrile-butadiene-styrene by pyromellitic dianhydride reparation performance evaluation and property analysis [J]. Polymer, 2017, 124 (25)：41-47.

[14] 孔雪松. 弹性体/无机纳米粒子复合体系增强增韧回收 ABS 树脂 [J]. 现代塑料加工应用, 2013, 25 (4)：9-13.

[15] 戴伟民. 回收 ABS 增韧研究 [J]. 现代塑料加工应用, 2011, 23 (5)：20-23.

[16] 张富青，陈晓霞，袁军，等. 纳米碳酸钙对回收丙烯腈-丁二烯-苯乙烯共聚物性能的影响 [J]. 武汉工程大学学报，2013，35（9）：59-63.

[17] 汪东清. 废旧 PVC 电线电缆的再利用研究 [D]. 广州：华南理工大学，2015.

[18] 胡瑾，张瑜，邹晓轩，等. SBS 热塑性弹性体改性回收聚丙烯的研究 [J]. 塑料工业，2011，39（12）：37-40.

[19] 潘汇，张海泉，纺织短纤维废料板物理力学性能影响因素的研究 [J]. 化工新型材料，2016，44（2）：141-144.

[20] 司芳芳，黄颖为. 云母粉及高密度聚乙烯对废旧聚丙烯塑料的改性研究 [J]. 中国塑料，2017，31（8）：112-116.

[21] 杨懿. 家电回收处理中异性塑料自动分拣原理及实验研究 [D]. 上海：上海交通大学，2011.

[22] 大井英节，晨洋. 废塑料的干式分选 [J]. 国外金属矿选矿，2001，38（6）：2-5.

[23] PASCOE R D. The use of selective depressants for the separation of ABS and HIPS by froth flotation [J]. Minerals Engineering, 2005, 18 (2): 233-237.

[24] 王远富，刘剑雄，胡宏，等. 电磁分选法在汽车破碎回收中的应用研究 [J]. 机械制造，2016，54（03）：44-47.

[25] 王晖，顾帼华. 塑料浮选 [M]. 长沙：中南大学出版社，2006.

[26] 赵敏娟，周伟. 废旧塑料鉴别与回收技术研究进展 [J]. 塑料科技，2015，43（9）：92-95.

[27] 朱秀华，于丽娜. 生活垃圾中废旧塑料的二次分选技术 [J]. 再生资源与循环经济，2010，3（12）：33-37.

[28] 刘波. 中国废弃电子电器回收技术的应用研究 [D]. 北京：北京工业大学，2012.

[29] 钱艺铭. 废旧破碎冰箱铜、铝混合颗粒涡流分选研究 [D]. 扬州：扬州大学，2016.

[30] 王晖. 再生资源的物理化学分选塑料浮选体系中的界面相互作用 [D]. 长沙：中南大学，2007.

[31] 闫磊，尹凤福，徐衍辉. 磁流体密度梯度分选技术（MDS）在塑料分选中的应用 [J]. 现代化工，2018，38（5）：177-180.

[32] 区辉彬. 废旧塑料分选技术及设备的研究 [J]. 再生资源与循环经济，2019，12（01）：32-35.

[33] 尹凤福，闫磊，韩清新，等. 近红外光谱（NIR）分选技术在塑料分选领域的应用 [J]. 环境工程，2017（12）：134-138.

[34] 李晓. 电子废弃物壳体塑料分选技术研究 [D]. 成都：西南交通大学，2015.

[35] 王重庆. 废旧塑料混合物成分的定量分析与表面预处理浮选分离研究 [D]. 长沙：中南大学，2014.

[36] POULAKIS J G, PAPASPYRIDES C D. Dissolution/reprecipitation technique applied on high-density polyethylene：I. model recycling experiments [J]. Advances in Polymer Technology, 2010, 14 (3): 237-242.

[37] JODY B J, POMYKALA J A, DANIELS E J. Cost effective recovery of thermo-plastics from mixed-scrap [J]. Materials Technology, 2003, 18 (1): 18-24.

［38］ IZUMI S，TANAKA H. Flotation method of separation of mixture of plastics：US，3926791 ［P］. 1975-12-16.

［39］ SISSON E A. Process for separating polyethylene terephthalate from polyvinyl chloride：US，5120768 ［P］. 1992-06-09.

［40］ DEIRINGER G，EDELMANN G，RAUXLOH B. Process for the separation of plastics by flotation：US，5248041 ［P］. 1993-09-28.

［41］ BUCHAN R，YARAR B. Recovering plastics for recycling by mineral processing techniques ［J］. Journal of the Minerals，Metals and Materials Society，1995，47（2）：52-55.

［42］ KELEBEK S，SMITH G W，FINCH J A，et al. Critical surface tension of wetting and flotation separation of hydrophobic solids ［J］. Separation Science，1987，22（6）：1527-1546.

［43］ STUCKRAD B，LOHR K. Method for sorting plastics from a particle mixture composed of different plastics：US，5566832 ［P］. 1996-10-22.

［44］ 邱冠周，王晖，顾帼华. 塑料浮选药剂 ［J］. 高分子材料科学与工程，2003，17（1）：95-99.

［45］ FLORENCE A T. Interfacial forces in aqueous media ［M］. 2nd ed. New York：Chemical Rubber Company Press，2006.

［46］ PASCOE R D，O'CONNELL B. Development of a method for separation of PVC and PET using flame treatment and flotation ［J］. Minerals Engineering，2003，16（11）：1205-1212.

［47］ BRANDRUP J，IMMERGUT E. Polymer handbook ［M］. 4th ed. New York：John Wiley & Sons，Inc. 1999.

［48］ KONG Y，LI Y，HU G，et al. Effects of polystyrene-b-poly（ethylene/propylene）-b-polystyrene compatibilizer on the recycled polypropylene and recycled high-impact polystyrene blends ［J］. Polymers For Advanced Technologies，2018，29（8）：2344-2351.

［49］ JIA S，DU S，LI Y，et al. Improved compatibility of blends between recycled polypropylene and polyamide 6 by the products of degradation ［J］. Polymer Science，Series B，2018，60（1）：107-115.

［50］ 霍志伟，李迎春，曹诺，等. ABS 回收料/PBT 合金的增容改性 ［J］. 工程塑料应用，2017，45（11）：24-29.

［51］ 符永高，项佩，邓梅玲，等. 反应挤出在废旧塑料改性中的应用 ［J］. 环境技术，2019，37（6）：117-120.

［52］ 崔煜，李迎春，符永高，等. 表面改性在废塑料浮选分离中的研究 ［J］. 环境技术，2020，38（1）：86-90.

第 5 章

废弃电器电子产品中有毒
有害物质处置技术

5.1 废弃电器电子产品中有毒有害物质简介

随着技术的快速进步和市场的快速渗透，全球产生了大量的废弃电器电子产品（Waste Electrical and Electronic Equipment，WEEE），而且数量还在以惊人的速度增长。特别是在小型消费类电子产品替代率空前提高的推动下，2019年全球废弃电器电子产品年总量达到5360万t/年，预计到2030年将达到7470万t/年。世界上大部分废弃电器电子产品是由发达国家和快速发展的发展中国家产生的，美国和我国分别排名第一和第二。与此同时，50%~80%的废弃电器电子产品最终流向了发展中国家。2012年，世界上约70%的废弃电器电子产品流入我国，其余销往印度、巴基斯坦以及东南亚和非洲的一些国家。然而，这些发展中国家对废弃电器电子产品的回收处理大多数是原始的，一般废弃电器电子产品在劳动密集型的车间进行处理，回收主要集中于有利可图的金属，特别是铜和金。剩余的有毒金属（如As、Cd、Cr、Pb、Hg）和有害有机物往往简单地通过掩埋或焚烧进行处理，对人体、动物和环境产生严重的危害以及污染。

废弃电器电子产品的构成多样化，不同类别的产品包含的材料不同。从广义上讲，废弃电器电子产品包括黑色金属和有色金属、塑料、玻璃、木材和胶合板、印制电路板、混凝土和陶瓷、橡胶和其他物品。钢铁约占电子废物中重量的一半，其次是塑料（21%）、有色金属（13%）和其他成分。有色金属由铜（Cu）、铝（Al）和贵金属等金属组成。

废弃电器电子产品中的塑料一般通过低温燃烧处理，但在燃烧中塑料不完全燃烧产生的排放物和灰烬将含有大量的溴代二噁英和氯化二噁英这两种致命的持久性有机污染物。二噁英有明确的致癌性、生殖毒性、内分泌的干扰作用以及急性毒性，加之二噁英在人体内的半衰期较长，因此在废弃电器电子产品处理过程中对人体的危害很大。此外，极有可能致癌的多环芳烃（Polycyclic Aromatic Hydrocarbons，PAHs）也存在于塑料不完全燃烧产生的排放物中。废弃电器电子产品中还含有大量的重金属类物质，如镉、铅、汞、六价铬、锌、钡等。重金属具有富集性，并且在环境中很难降解，进入人体内会和蛋白质及酶等发生作用，使其失活。重金属也会在人体器官中富集，造成急性、慢性中毒。以下简单介绍各种金属在废弃电器电子产品中的分布以及含量情况。

1）汞。汞主要用于背光灯泡或照亮笔记本计算机和其他平板显示屏的灯。显示屏的汞含量相对较小，平均为每屏0.12~50mg。欧盟《关于报废电子电气设备指令》（WEEE）第1条规定，所有电子设备（如开关和灯具）的使用都必须找到汞的替代品，但汞含量少于5mg/盏的汞灯除外。

2）铅。铅在电子元器件中的主要用途包括锡铅钎料、显示器中的阴极射线管、电缆、早期电池、印制电路板和荧光灯管。早期，大量的铅酸电池被用于大型电信网络基础设施（如中央办公室交换机）的应急电源中。在电子设备中，铅最主要应用于显示器和监视器的阴极射线管（Cathode Ray Tube，CRT）中。铅在阴极射线管中主要起辐射屏蔽的作用。阴极射线管有三个主要组成部分：玻壳玻璃、熔结玻璃、颈玻璃。每台监测仪中这三个组成部分的铅量为 0.4～3kg。为了消费者的安全，欧盟《关于报废电子电气设备指令》（WEEE）免除了在阴极射线管中使用铅作为辐射屏蔽，而提倡在钎料、电池和稳定剂中使用铅的替代品。电子产品中铅的第二大来源是锡铅钎料，其作用是将许多电子元器件连接在一起。印制电路板中量化后，用于连接材料的锡铅钎料中铅含量约为 $50g/m^3$。目前，锡铅钎料的替代品已开发出来，许多电子设备制造商积极参与到无铅钎料的实施中。

3）镉。镉因其具有优异的耐蚀性、低电阻、良好的焊接性等特性而被广泛使用在不同的电子设备中。镉最常见的用途是镍镉（Ni-Cd）电池，其广泛应用于早期的笔记本计算机、手机等。此后，镍镉电池大多数被锂离子电池或金属氢化物电池所取代。尽管镍镉电池正在逐步淘汰，但仍然需要对含有镍镉电池的旧设备进行适当管理。此外，镉以硫化镉的形式被用作荧光屏内部的磷光涂料，其用量为每屏 5～10g。镉还被添加到 PVC 塑料绝缘电线和电缆作为塑料稳定剂和阻燃剂。

4）六价铬。六价铬通常用作塑料外壳的硬化剂或稳定剂，并作为颜料中的着色剂。

5）锑。锑一般在 IT 和电信产品中用作阻燃剂，在 CRT 玻璃中用作熔剂，在电缆中用作钎料合金。锑作为微量元素出现在这些产品中，占总重量的比例不到 0.2%。由于锑是一种已知的致癌物质，美国能源信息署已为电子产品制造中使用的锑设定了标准。

溴化阻燃剂存在于大多数电子产品中，如印制电路板、塑料计算机外壳、主板、键盘和电缆，以防止火灾的发生或蔓延。多溴联苯醚（Poly Brominated Diphenyl Ethers，PBDEs）、多溴联苯（Polybrominated Biphenyls，PBBs）是两种溴化阻燃剂，在一些国家已基本被淘汰，取而代之的是被认为危险性略低的阻燃剂四溴双酚 A（Tetrabromobisphenol A，TBBPA）。

聚氯乙烯（Polyvinyl Chloride，PVC）是一种主要的塑料聚合物，在电子产品中的主要用途是作为塑料计算机外壳、键盘和电缆。不同产品的 PVC 含量不同，键盘中含量约 37g，电缆（如连接显示器、鼠标和键盘到中央处理器（Central Processing Unit，CPU）的电缆）中 PVC 的含量约 314g。由于氯和阻燃剂都是塑料制造过程中的添加剂，常被添加到电缆和外壳中，需要在产品使用寿命结束时进行预防管理。

在非正规的废弃电器电子产品回收场所中，孩子、胎儿、孕妇、老年人、残疾人等弱势群体面临更多暴露的风险。在我国最大的废弃电器电子产品处理地区贵屿镇，该地接触二噁英的水平几乎是世贸组织建议的最高摄入量的 10~15 倍。在这些回收场所的儿童血液中的铅和镉含量要高得多。

5.2 废弃印制电路板处置与资源化技术

5.2.1 废弃印制电路板的组成

根据欧洲资源与废弃物管理中心统计数据显示，废弃印制电路板（Waste Printed Circuit Boards，WPCBs）大约占 WEEE 总重的 3.1%。我国的 WPCBs 的主要来自两个方面：一方面是边角废料，我国是印制电路板（Printed Circuit Boards，PCBs）的生产大国，生产量以及销售额占全球总产量的 40% 以上，而 PCBs 的生产过程中产生边角料为 1%~2%，并以覆铜板为主；另一方面是来自国内及国际走私的废弃电器电子产品，包括通过一般贸易或加工贸易的形式以旧机电产品的名义进入国内的部分。

电路板由 40% 左右的金属、30% 的塑料和 30% 的陶瓷组成，具体组成如图 5-1 和表 5-1 所示。电路板一般包括电子元器件、丝网印刷（可选）、阻焊层、连接材料、金属镀层和聚合物基板。电子元器件（Electronic Components，ECs）金属含量高，通常先拆解再分类回收。丝网印刷是在电路板上标注各零件的名称、位置框，方便组装后维修及辨识。丝网印刷下是阻焊层，通常为绿色，由环氧树脂组成，防止钎料泄漏，保护电路免受腐蚀。用于 ECs 与板材连接的连接材料大多为 Pb-Sn 合金，采用 63%Sn-37%Pb 钎料，具有低成本、性能好、熔点高等优点。但由于铅对人类和环境的有害影响，一些无铅钎料被提出，如 9%Sn-91%Zn、77.2%Sn-20%In-2.8%Ag，85%Sn-10%Bi-5%Zn 等。还有一种连接材料是导电胶（Electrically Conductive Adhesives，ECAs），由聚合物黏合剂和金属填料（Ag、Au、Cu 或 Ni）组成，被认为比铅钎料更环保。然而，ECAs 仅限于作为铅钎料的替代品在某些应用上。PCB 中的金属由铜层（PCB 质量的 10%~20%）和引脚、孔表面的锡、镍、金、银等镀层组成。聚合物基板为电子元器件提供支撑并隔离不同铜层。它由阻燃剂（Flame Retardant，FR）、热固性树脂、增强材料以及其他一些添加剂组成。基板是电路板中最复杂的有机成分，是废弃电路板回收过程中有机污染物的主要来源。在阻燃剂中，溴化阻燃剂（Brominated Flame Retardants，BFRs）最为重要，它们对环境的影响已经引起了广泛的关注，尤其是多溴联苯和多溴二苯醚。目前，应用最广泛的基材是玻璃纤维增强环氧树脂，商业上称为 FR-4 型，具有高耐热性和无穷小吸水性，在计算机、手机等高值电子设备中较为常见。另一种广泛使用的基材是纤维素纸增强酚醛树脂，也称为 FR-2 型，主要用于家用电器中。

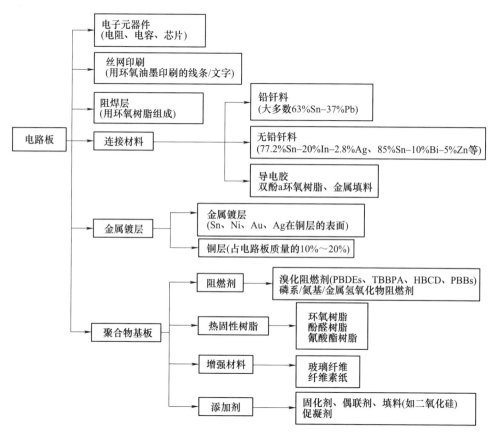

图 5-1　电路板的组成

表 5-1　电路板各组分及含量（质量分数,%）

物质	电路板 1 （较少铜含量及芯片的玻璃纤维增强环氧树脂型电路板）	电路板 2 （较多铜含量及芯片的玻璃纤维增强环氧树脂型电路板）	电路板 3 （电视机、监控器的酚醛树脂型电路板）	电路板 4 （较多铜含量、采用无铅钎料的玻璃纤维增强环氧树脂型电路板）
铜	7	27	36	27
铁	12	2	10.7	2

（续）

物质	电路板 1（较少铜含量及芯片的玻璃纤维增强环氧树脂型电路板）	电路板 2（较多铜含量及芯片的玻璃纤维增强环氧树脂型电路板）	电路板 3（电视机、监控器的酚醛树脂型电路板）	电路板 4（较多铜含量、采用无铅钎料的玻璃纤维增强环氧树脂型电路板）
玻璃纤维及 SiO_2	24	15	13	15
塑料	23	5	7	5
铁酸盐	5	0	3	0
环氧树脂	7	8	0	8
酚醛树脂	0	0	6	0
金	0.033	0.1	0	0.1
铋	0.005	0.05	—	3.45
铬	0.002	0.1	—	0.1
铅	0.3	3	0.6	0
镍	2.06	0.2	0.1	0.2
银	0.3	0.05	0	0.15
锡	0.3	3	0.6	2.5
锌	3	0.5	—	0.5
铝	7	1	22	1
集成电路复杂模块	9	35	1	35

▷▷ 5.2.2 废弃印制电路板的危害

在过去的几年中，电路板的储存和处理造成了非常严重的环境影响，对人类健康构成了巨大的威胁。电路板的毒性主要来源于电路板中的重金属和溴化阻燃剂。溴化阻燃剂用于聚合物材料中，以提高材料的阻燃性。多溴联苯醚（Poly Brominated Diphenyl Ethers，PBDEs）、多溴联苯（Polybrominated Biphenyls，PBBs）、四溴双酚 A（Tetrabromobisphenol A，TBBPA）、六溴环十二烷（Hexabromocyclododecane，HBCD）等阻燃剂已广泛应用于电路板。但溴化阻燃剂是不稳定的，在高温下会有一定程度的分解，并在高温下产生多溴代二噁英/呋喃（Polybrominated Dibenzo-p-Dioxins/Furans，PBDD/Fs）等有毒物质，具有持久性和广泛的环境分布特征。在废弃电路板回收企业集中的地区，土壤样品中检测到二噁英和二苯并呋喃。废弃电路板中还含有铅、铬、汞、砷、镉等有毒重金属，这些重金属对人类健康，特别是对儿童的健康有显著影响。相关研究表明，废弃电路板回收企业集中的地区，新生儿注意缺陷多动障碍（Attention Deficit Hyperactivity Disorder , ADHD）的发病率以及脱氧核糖核酸（De-oxyribonucleic Acid，DNA）和染色体损伤的概率高于其他地区，新生儿的血铅水平远远高于正常值，影响其智力发展。此外，这些地区的死产率大大增加，新生儿的出生体重下降明显。

5.2.3 废弃印制电路板的处置技术

1. 机械物理方法

它是指通过机械破碎、选矿、静电分离等物理和机械方法，将金属和非金属从废弃电路板中分离出来，进行加工利用。

为了简化后续处理的工艺难点，提高处理能力，需要对废弃电路板衬底上的电容、电阻等电子元器件（ECs）按适当的分类进行拆卸存储。因此，从WPCBs中拆除ECs是回收废弃电路板的第一步。近十年来，为了实现ECs与WPCBs基板的分离，采用了原始热熔钎料和手工拆装的方法，但这种方法不能满足WPCBs的大规模回收，还会造成严重的环境污染，对人体健康构成真正的威胁。

机械物理方法被认为是金属回收中最环保的方法，但由于金属的分离性差，回收率低，常局限于预处理阶段，主要用于金属富集。机械物理预处理可分为三个主要阶段：①拆装是将电子元器件（如电池、电容、电阻、芯片等）从基板上分离出来，并对有害和有价值的元器件进行分类，这是一个必不可少的阶段；②破碎是通过粉碎、破碎和/或研磨降低板材尺寸；③分选是基于物理性质差异的金属/非金属分离富集。

2. 物理方法

非金属粉末以玻璃纤维、热固性环氧树脂和各种添加剂为主要成分，可作为无机材料和复合材料的填料。利用废弃电路板非金属材料作为填充物，生产可回收的建筑材料和铺装材料，是一种必不可少的回收方式。非金属粉末作为混凝土、砂浆、沥青等建筑材料的添加剂，可显著提高原材料的性能。在分析废弃电路板非金属粉末组成的基础上，在混凝土和砂浆中加入非金属粉末作为增强材料，以提高混凝土和砂浆强度，经过实验，废弃电路板的非金属能明显提高混凝土和砂浆的早期强度。非金属材料具有填料的一般性能，可作为吸声材料和填充塑料的填料，也可作为生产阻燃剂和建筑材料的增强材料。目前，废弃电路板非金属材料的物理回收方法是一个研究热点，其中一些已应用于工业化。物理方法回收技术不需要改变非金属材料的状态，成本低，使用方便。但由于废弃电路板非金属材料的成分不同，其性能也各不相同，在一定程度上会影响再生产品的性能。回收非金属材料通常只能添加到其他材料或类似的新材料中，使用范围和数量有限，不能单独使用。废弃电路板非金属材料中含有一定量的有毒重金属，且阻燃剂未被去除，因此产品的应用范围也受到限制。

▶ 3. 化学方法

（1）焚烧法　将拆解、破碎后的电路板送入温度在600~800℃的焚烧炉中进行焚烧，废弃电路板的有机成分被破坏，释放出大量的热量，焚烧后的残渣为金属和玻璃纤维，可以通过后续的物理和化学方法进行分离和回收。含有机成分的气体进入二次焚烧炉（1000~1200℃）进行再次焚烧，经急冷塔碱液、除尘处理排放。焚烧法主要用于回收废弃电路板中的金属，工艺简单，减容减量的程度高。但由于废弃电路板中含有溴化阻燃剂，在焚烧过程中易生成溴化二噁英、呋喃等剧毒物质，并且如果有机物燃烧不完全，还会生成多环芳烃、杂环芳烃等致癌物质，同时，一些沸点低的金属（如锡、铅等）也会汽化，一旦有害气体排放到大气中，将会造成严重的环境污染，对人体产生巨大的危害。

（2）热解法　热解法是在350~900℃无氧或惰性气体存在的情况下，对有机树脂进行热化学分解，生成低分子量的热解产物。在热解过程中，废弃电路板被分解为热裂解油、热裂解气体以及热裂解残渣。热裂解油可作为燃料或者可作为生产酚醛树脂、碳纳米管、多孔碳和沥青改性剂的原料。热裂解气体中含有大量的CO_2、CH_4、CO、H_2，具有一定的热值，其热量可回收利用，回收后可作为燃料。废弃电路板中的金属和玻璃纤维存在于热裂解残渣中。热裂解残渣容易破碎，玻璃纤维和金属组分容易分离。热裂解残渣中的金属成分主要包括铜、钙、铁、镍、锌、铝以及低浓度的贵重金属，如镓、铋、金、银等。热裂解残渣中的金属可以通过机械手段或湿法回收，而玻璃纤维可以在600℃的马弗炉中焙烧10min后得到。

热解过程中添加特定的添加剂可以促进溴化阻燃剂热解的溴固定。当废弃电路板在金属氧化物（如Al_2O_3、ZnO、Fe_2O_3、La_2O_3、CaO和CuO）存在下热解时，溴化氢和溴化有机物的产生会受到明显抑制。在一项研究中，研究人员研究了三种基于Ca的添加剂（CaO、$Ca(OH)_2$和牡蛎壳）的脱溴效果。添加$Ca(OH)_2$和牡蛎壳后，热裂解油中总溴含量分别下降到1.3%和2.7%。

通过热解可以实现树脂的回收利用。它不仅能回收能源，而且能实现固体副产物再生。但同时，由于对高技术装备的要求及高投资、高风险的存在，只有在大量收集废弃电路板非金属材料的情况下，该方法才能产生经济效益。此外，如果热解过程控制不当，还会产生一些有害物质。

（3）化学浸出法　传统的浸出方法以无机酸或氰化物为主要浸出剂。金属（特别是硝基盐酸）的浸出均存在矿物酸浸，而氰化物浸出主要针对贵金属。通常利用H_2SO_4、HCl、HNO_3等酸溶解电路板中的金属，使电路板中的金属进入溶剂中与非金属物质分离，之后通过萃取、沉淀、置换以及过滤的方法对金属进行回收利用。利用无机酸浸出具有成本低、工艺控制灵活性强等优点，已被广泛报道用于废弃电路板的金属浸出。一般，贱金属如锌、锡、铁、铝等可以溶解在稀无机酸中，而铜、钯和贵金属等只溶于氧化酸（如浓硝酸）或无机酸和氧化剂中。

由于还原电位高的贵金属不易被非氧化酸浸出，所以通常采用氧化剂对其进行浸出，提高浸出效率。最常见的酸和氧化剂是 H_2SO_4 和 H_2O_2，通过它们可以实现铜的完全浸出。为了实现金属的选择性浸出，多级浸出也是一种有效的选择。研究人员已经证明，无机酸可以在相对温和的条件下有效地从废弃电路板中提取出许多贱金属，而贵金属则需要更高的浸出时间、温度、压力以及酸和氧化剂的浓度。挥发性的 HNO_3、HCl 和硝基盐酸可能会给工人和环境带来风险，这不仅是因为其固有的挥发性，还因为 NO_x 气体混合物等有害气体反应产物的潜在释放。此外，腐蚀性强的强酸对设备的要求较高，往往伴随着不需要的副产品和大量的酸性废水，需要妥善管理。因此，在一些研究中，首先用无机酸浸出贱金属，然后用其他浸出剂，如氰化物和硫脲浸出贵金属。

氰化浸出用于从天然矿物中回收金和银已经商业化 100 多年。氰化物提取电路板中的贵金属，一般先用氰化钠溶液浸泡并通入空气，再加入生石灰或氢氧化钠调节 pH 值在 10.5 左右，避免形成和挥发的有毒 HCN。贵金属溶于溶液中，过滤后滤液用锌丝置换，得到沉淀并用酸洗得到粗金。利用氰化法提取贵金属的效率高、设备简单、成本较低，使其在工业上仍然比其他非氰化物浸出剂更适用于贵金属。但是由于氰化物毒性较大，对环境和人体都具有危害性，因此近些年很多学者研究生物浸出希望可以替代化学氰化物浸出，减少对环境的危害。

（4）生物浸出法　生物浸出又称生物湿法冶金，目前主要应用于铜、金、铝、锌等有用金属回收。生物浸出已用于从矿石中回收贵金属和铜多年，但用于回收废弃电路板的生物冶金仍处于起步阶段。由于生物浸出具有处理成本低、产生污染少、实际操作简单等优势，成为目前冶金加工中最有前途的技术之一。采用微生物法浸出废弃电路板中的金属，要先对废弃电路板进行预处理，将电路板上的电子元器件全部拆除后，用物理手段粉碎至一定粒径，确保可以与微生物充分接触。将废弃电路板粉碎后，加入到特制培养基中，接种微生物后进行金属浸提。目前用于废弃电路板金属浸出的微生物主要有硫杆菌属和氰细菌两类。两种微生物的作用机理不同。硫杆菌属利用 Fe^{3+} 氧化、硫酸的溶解作用，使废弃电路板中较活泼的铜、铅、铝等金属浸出；而氰细菌主要通过产生 CN^-，与金属形成螯合物溶解于水中浸出。

5.3 制冷设备中有毒有害物质处置技术

5.3.1 氟利昂

随着空调、冰箱等各类含有氟利昂设备的使用和更新换代，氟利昂带来的环境问题受到了国际社会的普遍关注。废氟利昂回收利用和处理处置对于实现其环境无害化管理至关重要。

氟利昂，名称源于英文 Freon，它是一个由美国杜邦公司注册的制冷剂商标。由于二氯二氟甲烷等氟氯烃（Chlorofluorocarbon，CFC）类制冷剂破坏大气臭氧层，故已限制使用。地球上已出现很多臭氧层空洞，有些空洞已超过非洲面积，其中很大的原因是因为 CFC 类氟利昂的化学性质。氟利昂的另一个危害是温室效应。

1. 氟利昂的分类

氟利昂一般将其定义为饱和烃（主要指甲烷、乙烷和丙烷）的卤代物的总称，按照此定义，氟利昂可分为 4 类。

氟氯烃组成元素氟 F、氯 Cl、碳 C。由于对臭氧层的破坏作用最大，被《蒙特利尔议定书》列为一类受控物质。

氢氯氟烃（Chlorodifuoromethane，HCFC）组成元素氢 H、氯 Cl、氟 F、碳 C，由于其臭氧层破坏系数仅仅是 R11 的百分之几，因此被视为 CFC 类物质的最重要的过渡性替代物质。

氢氟烃（Hydrofluorocarbon，HFC）组成元素氢 H、氟 F、碳 C，臭氧层破坏系数为 0，但是气候变暖潜能值很高。1987 年《蒙特利尔议定书》中提出要逐步淘汰氟氯烃和其他耗臭氧物质的使用，结果导致了氢氟碳化物的广泛应用，1997 年《京都议定书》中将氢氟碳化物列为温室气体。

最后一类是混合制冷剂，如 R401A 为 R22、R152a、R124 分别以 53、13、34 的质量比例混合。

2. 氟利昂的回收

制冷设备中的氟利昂，主要来源于制冷剂和发泡剂气体。

对于制冷剂的回收，一般利用制冷剂回收装置直接对压缩机钻孔抽取。制冷剂回收装置目前已经相对成熟，经过分离和排除废润滑油，净化后的制冷剂可实现再利用。

发泡层中含氟利昂气体。一般采取机械破碎发泡层，并进一步挤压破碎后的发泡层材料，使得氟利昂气体释放出来。释放出来的氟利昂气体被送到冷却装置中，通过空气冷凝或液氮冷凝实现浓缩回收。

除了再生利用以外，氟利昂的无害化销毁也是其重要的处置方式。据了解，自 2008 年以来，已有约 155 个销毁设施在全球 28 个国家运作，部分设施的数量和技术见表 5-2。美国的 11 个消耗臭氧层物质（Ozone-Depleting Substances，ODS）的商业销毁设施处置能力为 318t/年。日本是目前已知的具有废弃 ODS 处置设施最多的国家。

表 5-2　各国的销毁设施的数量和技术

国家	销毁 ODS 设施（在运行数量）	使用的技术
日本	80	水泥窑/石灰回转窑法 氮气等离子体电弧法 回转窑焚烧法/城市固体废 弃物焚烧法 液体喷射焚烧法 微波等离子体法 电感耦合射频等离子体法 气相催化脱卤法 过热蒸汽反应堆法 固相碱性反应堆法 电熔窑法
美国	11	回转窑法 等离子体法 固定炉单元/液体注射单元法 水泥窑法 轻集料窑法
比利时	2	回转窑法
捷克	1	回转窑法
丹麦	4	催化裂化法
芬兰	1	回转窑法
德国	7	危险废弃物焚烧法 反应炉裂解法 多孔反应堆法
匈牙利	5	回转窑法 液体喷射焚烧法
瑞典	4	空气等离子体法
英国	2	高温焚烧法

5.3.2　压缩机油

压缩机油是指一类石油产品，用于润滑压缩机的气缸、阀及活塞杆密封处。

压缩机油要求有较高的抗氧化性和闪点。通常闪点应较压缩机压缩时的最高温度高出 40℃ 。

废弃压缩机油中含有致癌、致突变等物质，其中有机化合物如芳香族类对身体有毒害作用，这些物质不仅对呼吸系统造成伤害，还会进入血液运行全身，会干扰人的造血系统、神经系统等。

废弃压缩机油属于危险废物，必须由危险废物处置企业进行妥善处理。废弃压缩机油中的悬浮状氯（卤素）多达 4%，若不能除净，只能进行燃烧回收能量或者焚烧处理。

对制冷设备废弃压缩机油回收再利用的研究较少，主要有传统的及新型的回收再利用技术。

传统的回收再利用技术通过吸附、蒸馏及其他精制手段除去废弃压缩机油中的杂质和有害物质，分离出未变质的组分，并加入适量的添加剂，使其达到再生油的标准。在进行精制处理前，需要对废弃压缩机油进行预处理，包括蒸发、沉降、离心及过滤等步骤，脱去其中部分水分及不利杂质。但是由于压缩机油中本身含有的多种添加剂，预处理后的废弃压缩机油仍远远不能达到再生机油的标准，因此还必须结合其他化学精制方法，将不利组分等脱去，才能得到符合标准的再生基础油。

新型的回收再利用技术有：分子蒸馏技术，在高真空条件下利用物质间平均自由程的差异来分离物质，这对沸点高、黏度大的废弃压缩机油尤为适用；超临界流体萃取技术，具有高效、快速和无污染的优点，被认为是一种发展潜力巨大的再生油技术；膜分离技术，采用具有选择透过性地薄膜为分离介质，在膜两端施加一定的压力选择性地使原料中的某种组分透过膜从而实现混合物分离。废弃压缩机油黏度大、油渗透通量低，阻碍了膜分离技术在废弃压缩机油处理领域的应用，可通过提高油料温度、组合应用超临界流体萃取技术和掺入一定比例的汽油来降低废弃压缩机油的黏度。

5.4 显示器中有毒有害物质处置技术

▶ 5.4.1 铅玻璃

CRT 的含铅玻璃废弃之后，由于在环境中接触水、酸性物质，会导致大量的铅从中溶出，进入到土壤以及地下水中，造成环境危害。当铅进入土壤后，会破坏其中的有机物质，严重影响土壤的肥力，进一步抑制种子的萌发及植物的生长发育，影响农作物的生产等。地下水受到铅污染后，会影响饮水人群的身体健康。铅通过食物链最终进入动物及人类的体内，一般情况下难以从体内排出。更严重的是，当人体脱离了铅污染的环境，进行驱铅治疗降低血铅水平后，已受损的神经细胞仍无法恢复至之前的正常水平。

铅是重要的战略资源。废弃 CRT 含铅玻璃中的铅含量（22%~28%）远高于多数铅矿资源（含铅 3%左右），数量巨大的废弃 CRT 含铅玻璃可被视为回收再生铅的重要对象。对于处在产品生命周期末端的废弃 CRT 含铅玻璃，其资源化、无害化处理处置技术的研究不仅拥有广阔的应用前景，还具有非常重要的社会意义和十分可观的经济价值。

▶ 1. 铅玻璃结构

我国对于铅晶质玻璃尚无国家标准和行业标准，习惯上通过氧化铅含量将铅晶质玻璃分为中铅晶质玻璃（含 PbO ≥ 24%）、高铅晶质玻璃（含 PbO ≥ 30%）。废弃 CRT 管锥玻璃属于高铅晶质玻璃。铅玻璃的组成式为：R_mO_n-PbO-SiO_2。式中 SiO_2，即二氧化硅，称为网络形成体，是构成玻璃网络结构的基本单元；R_mO_n，代表碱、碱土、稀土金属的金属氧化物，是使玻璃网络结构发生变化、达到调整特性的网络修改物；PbO，即氧化铅，为特征成分，赋予玻璃基本特性。

1989 年日立公司生产的 14in CRT 显示器的废弃 CRT 含铅玻璃衍射图谱如图 5-2 所示。

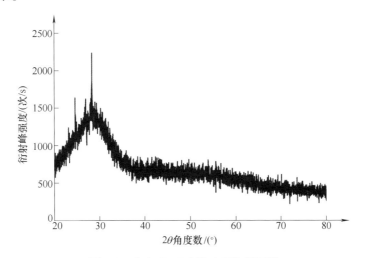

图 5-2　废弃 CRT 含铅玻璃衍射图谱

由衍射图谱可以看出，衍射图并无明显波峰，整体趋势较为平缓，该特征表明废弃 CRT 含铅玻璃具有玻璃的一般特征，其内部应为连续的网状结构。

铅主要存在于含铅玻璃的网络间隙中。Pb^{2+} 离子最外层电子是两个未配对的 6S 电子。这两个未配对电子是 Pb^{2+} 离子极化率高和易被氧离子极化的原因，如

图 5-3 所示。这种极化作用使 Pb^{2+} 离子的电子层严重变形，而使铅离子具有一定程度的两极性。换句话说，Pb^{2+} 离子一头呈更多的金属性，另一头呈更多的 Pb^{4+} 离子性。

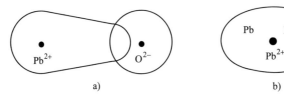

图 5-3　铅可极化示意图

a）Pb^{2+} 离子被 O^{2-} 离子所极化　b）形成了两极性的 Pb^{2+} 离子

　　结晶氧化铅四方晶胞结构中 Pb^{2+} 离子受 O^{2-} 离子的极化和变形是更为明显的，如图 5-4 所示。

　　在形成第一个氧化铅四方晶胞的结晶进程中，前四个 O^{2-} 离子向 Pb^{2+} 离子靠拢，出现图 5-4 所示的极化情况，形成两极。向 Pb^{2+} 离子靠拢的后四个 O^{2-} 离子，因 Pb^{2+} 离子的两极性而与 Pb^{2+} 离子保持比前四个 O^{2-} 离子较大的距离。通过 X 射线结构分析，得出前四个 O^{2-} 离子与 Pb^{2+} 离子的距离为 2.3Å，后四个 O^{2-} 离子与 Pb^{2+} 离子的距离为 4.29 Å，后者是前者的近 2 倍（图5-4），反映出 Pb^{2+} 离子的极化作用和变形。二元 $PbO-SiO_2$ 玻璃中氧化铅的浓度较小时，Pb^{2+} 离子如同 Na_2O-SiO_2 玻璃中的 Na^+ 离子一样，起网络外体功能；但氧化铅浓度大时，显然出现 Pb^{2+}/Pb^{4+}

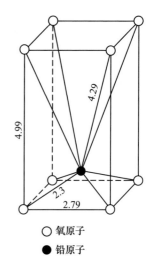

图 5-4　结晶氧化铅的四方晶胞

（单位为 Å，$1Å = 10^{-10}m$）

平衡，Pb^{4+} 离子以［PbO_4］结构团进入网络，因而一直到最高浓度仍能形成玻璃。除 Pb^{2+} 离子与 Pb^{4+} 离子之间的平衡之外，Pb^{4+} 离子与最邻近氧间的键型方面还有第二个平衡（即［PbO_4］网络四面体中的 Pb^{4+}—O 键与散布 PbO_2 中的 Pb^{4+}—O 键的平衡）。从表 5-3 可见，Pb^{4+} 离子的离子半径比 Pb^{2+} 离子小得多，按笛采尔的场强值划分，属于中间氧化物。

表 5-3　Pb^{2+} 和 Pb^{4+} 离子在玻璃网络中的功能

离子	离子半径 r/Å	场强 $F/(Z/a^2)$	在玻璃网络中的功能
Pb^{2+}	1.32	0.27	网络外体
Pb^{4+}	0.84	0.8	中间氧化物（＝网络形成体）

⬙ 2. 铅玻璃处置技术

国内外对废弃 CRT 含铅玻璃的资源化利用技术已经进行了许多研究，最近几年来，CRT 显示器的减产导致国外相关研究并不多见，而国内以回收铅资源为目标的深层次资源化利用研究报道日益增多。

（1）国外研究进展　20 世纪 90 年代，国外有学者开始关注并开展废弃 CRT 的资源化利用研究。

1994 年在美国召开的国际信息显示年会上，索尼美国工程及制造圣地亚哥制造中心的 R. E. Dodds 等提出，依照美国 EPA 的 TCLP 毒性浸出标准，废弃 CRT 含铅玻璃属于法定有毒有害废弃物，应该采取措施降低铅含量并进行铅的回收和再利用，以代替掩埋处理。

会上，美国康宁公司 D. E. Goforth 等介绍了从含铅玻璃中提取铅元素的研究成果——利用醋酸和柠檬酸缓冲液对废弃 CRT 含铅玻璃进行浸出，观察铅浸出量的变化。研究发现改变温度、时间、提高介质 pH 值能够改善浸出效果，提高铅浸出率。

2004 年，日本的 H. Miyoshi 等采用亚临界水热处理 CRT，并在 373K 采用酸浸出的方法，降低了废弃 CRT 含铅玻璃中的铅含量，以降低掩埋区含铅玻璃废物的环境风险。

2005 年，泰国朱拉隆功大学的 K. Pruksathorn 等采用 0.1mol/L 硝酸和 0.5mol/L 乙酸浸出铅之后再通过电沉积的方法，以 0.5mol/L、1mol/L 的乙酸作为电解质，电流密度分别为 8.8mA/cm^2、10mA/cm^2，以 0.1mol/L 和 0.5mol/L 硝酸作为电解质，电流密度分别为 15mA/cm^2、27.5mA/cm^2，能够去除其中 95% 的铅。

2008 年，日本名古屋大学的 R. Sasai 等，以乙二胺四乙酸钠为金属螯合还原剂，连同水、氧化锆，在室温下运用湿法球磨的方法，借助摩擦能与形成的 Pb-EDTA 等高键能，破坏固体硅玻璃网络矩阵中的 Pb—O—Pb 结构，最终得到铅离子与硫酸铅的混合物，同时实验中所用到的金属螯合物可以多次循环利用。

2009 年，加拿大蒙特利尔大学 P. G. Yot 将碳化硅和氮化钛作为还原剂，与废弃 CRT 含铅玻璃在高温环境下反应，使玻璃内部结构发生变化，形成含铅的多孔结构，还原的铅和未还原的铅转移至多孔结构表面，从而降低了玻璃颗粒中的铅含量。

（2）国内研究进展　2000 年以后，国内学者基于国外相关研究基础，研究改变废弃 CRT 含铅玻璃的原物质结构，对铅、硅等成分进行回收利用，获得很多有价值的研究成果。

2009 年，中国科学院生态环境研究中心的朱建新等，向含铅玻璃中投加金属 Mg 和 Fe_2O_3 作为助剂，依靠自蔓延反应，将废弃 CRT 玻璃合成复合玻璃陶瓷，实现重金属 Pb 和 Ba 的固化和稳定化。这种方法为铅找到了一个再利用的新途径，降低了铅的浸出量，但是处理过程中需要加入不少于 30% 的 Mg 和 Fe_2O_3 作为助剂，也同时消耗了新的金属 Mg 和 Fe_2O_3 资源。

2009 年，中国科学院生态环境研究中心的陈梦君等研究了真空碳还原法处理废弃 CRT 含铅玻璃的原理。向废弃 CRT 含铅玻璃中加入 C，在真空条件下高温还原、分离回收金属 Pb、Na 和 K。该项研究的核心成果是将高温碳还原技术和真空冶炼技术进行综合应用，形成了针对含铅玻璃的系统化除铅技术。

2010 年，北京工业大学田英良等提出了一种从废弃 CRT 含铅玻璃中提取氯化铅的方法。将废弃 CRT 玻璃粉碎，混合强碱和活性炭于 $450\sim800℃$ 条件下熔融 $20\sim120min$，使得氧化铅分离出来，用活性炭还原氧化铅，过滤之后得到碱渣和废液，再用盐酸浸洗碱渣，趁热过滤后得到氯化铅沉淀和残渣。

2011 年，中国科学院生态环境研究中心张付申等提出一种通过废弃 CRT 含铅玻璃制备纳米含铅粒子的方法。含铅玻璃经过多级粉碎处理得到 200 目粒径粉末，然后投加碳粉在球磨机内混合，放入真空炉内以无氧环境加热，蒸馏。最终在还原气体中，经过冷却，将得到的含铅物质投入乙醇，经超声波分散处理，得到含铅纳米粒子。

2011 年，北京矿冶研究总院王成彦等发表专利，在其中提到将废弃电子玻璃经两级破碎，与铅精矿、湿法炼锌渣、含铅湿法炼铜渣、铅贵金属系统渣中的一种或几种混合，以黄铁矿、氧化铁、石灰或石灰石为助剂，以无烟煤作为还原剂混合配料。然后，由空气喷入闪速熔炼反应炉内进行闪速熔炼，产出粗铅、熔炼炉渣。熔炼炉渣在贫化电炉内与碳还原剂再混合，经过进一步还原，产出含铅小于 2% 的渣。除排出的粗铅外，其尾渣用于制造水泥。

2012 年，清华大学李金惠等申请的两项发明专利中提出了将 CRT 锥玻璃机械活化后的深度处理工艺。其中一项是机械活化后酸浸实验方法，将 CRT 锥玻璃经过初级粉碎和球磨活化处理，得到含铅玻璃粉末，通过控制反应温度、时间、硝酸浓度及液固比，对玻璃粉末进行酸浸出处理，将浸出液过滤分离之后得到二氧化硅粉末与含铅溶液，实现了对两种材料的分离。另一项为机械活化后进行湿法硫化处理的方法。将机械活化处理后的玻璃粉末、水和单质硫一同放入高压反应釜中，得到硫化铅晶体。

2012 年，同济大学李光明等提出将粉碎、球磨后的废弃 CRT 含铅玻璃粉作为反应原材料，以氟硅酸为浸提剂，连续强化浸出 $4\sim12h$，经冷却、过滤后获得氟硅酸铅母液，再将稀硫酸溶液缓慢加入母液中形成硫酸铅沉淀，冷却过滤，得到白色硫酸铅滤饼，真空干燥后可获得纯度较高的硫酸铅产品，所收集的滤液为氟硅酸溶液，可循环利用。

2012 年，上海第二工业大学张承龙等提出一种在星球球磨机内碱浸出技术。将含铅玻璃粉碎至 1~2mm 粒径，然后在星球球磨机的球磨罐中与氢氧化钙、氧化钙等添加剂一同进行氢氧化钠碱溶液浸出处理，使含铅玻璃结构在强碱环境中被破坏。过滤之后将得到的含铅浸出液进行电沉积回收铅，反应产生的不溶渣则用来生产泡沫玻璃。

2012 年，格林美新材料有限公司的许开华等提出用含铅玻璃制取三盐基硫酸铅的处理方法。将含铅玻璃粉碎、过筛后，得到含铅玻璃粉末，加水制成碱性糊状物，之后一起焙烧成料。经过醋酸和硝酸浸出后，先后在分离除杂、洗涤、烘干中向浸出液内投加氢氧化钠、碳酸钠、硫酸钾。最终使沉淀出的 $PbSO_4$ 转化为化工原料——三盐基硫酸铅。

2015 年，中国电器科学研究院、天津理工大学等以废弃 CRT 含铅玻璃为原料，用一定的物理化学条件打破其连续网络结构，利用制取水玻璃的方法实现其分解过程中醋酸预处理、水玻璃熔制、水玻璃溶解及含铅水玻璃除铅等关键问题，最终实现回收含铅化合物以及其他组分的综合利用。

5.4.2　荧光粉

废弃 CRT 的屏玻璃上涂有一层稀薄的稀土三基色荧光粉，CRT 中最常用的荧光粉一般为蓝粉（$ZnS：Ag$）、绿粉（$ZnS：Cu$）和红粉（Y_2O_3 或 $Y_2O_2S：Eu^{3+}$）。荧光粉含有大量的稀土资源，平均每台完整的 CRT 屏玻璃中一般含有荧光粉的质量为 1~7g，其中稀土含量占荧光粉质量的 15%左右，所以每台 CRT 中稀土量为 0.15~1g。稀土资源是重要的国家战略性资源，虽然我国是世界上的稀土资源大国，但由于人口众多，人均占有量却很少，且由于先前大量开采、廉价出口以及国内需求快速增加，我国稀土储量已经大幅下降，因此为了节约宝贵的稀土原生资源，保证环境和经济的可持续发展，从废弃 CRT 荧光粉中回收稀土资源，使稀土资源能循环再利用具有重大的国家战略意义。

另一方面，稀土资源通常具有急性或慢性毒性，如果进入环境中，会对土壤或水体中的动植物造成很大危害，稀土资源的环境毒理问题已受到广泛关注。

因此，开展 CRT 荧光粉的回收处置，尤其是从中回收稀土资源不仅会节约资源，保护环境，而且具有很大的经济价值与战略意义。

1. 荧光粉结构

荧光粉是能将外部提供的能量转变为人眼能够看到的可见光的物质，被广泛应用于照明和显示器领域中。彩色显像管中涂有阴极射线荧光粉，在电子束的作用下荧光粉发出红、绿、蓝三种不同亮度的光，这三种光通过不同的搭配方式就形成了肉眼能看见的天然色彩。荧光粉的类型与化学组成见表 5-4。

表 5-4　荧光粉的类型与化学组成

荧光粉的类型	主要的化成组成	主要应用
CRT 荧光粉	Y_2O_3：Eu^{3+}（红），Y_2O_2S：Eu^{3+}（红），Gd_2O_2S：Dy（绿），ZnS：Cu、Au、Al（绿），ZnS：Ag（蓝）	彩色电视机、计算机和手机显示屏
灯用荧光粉	Y_2O_3：Eu^{3+}（红），$CeMgAl_{10}O_{17}$：Tb^{3+}（绿），$BaMg\,Al_{10}O_{17}$：Eu^{2+}（蓝）	各种荧光灯
等离子平板显示（PDP）荧光粉	$BaMg\,Al_{10}O_{17}$：Eu^{2+}（蓝）	平板电视机等

2. 荧光粉处置技术

目前，国外对稀土三基色荧光粉的回收利用主要采用湿法冶金法、萃取分离法、超临界二氧化碳萃取法、离子交换柱分离法。

1）湿法冶金法。湿法冶金法利用金属的相关性质，如可溶于各种强酸等特点，将金属溶于液相中，然后从液相中将其回收。

Touru Takahashi 利用卤磷酸钙与三基色荧光粉的密度差异，采用气流分级法富集三基色荧光粉，然后用硫酸溶液浸出稀土组分，最后用氢氧化物和草酸盐进行共沉淀回收钇和铕，回收率可达到 99.1%。

T. Hirajima 等研究了阳离子浮选剂十二烷基三甲基醋酸铵（Dodecyl Trimethyl Ammonium Acetate，DAA），阴离子浮选剂十二烷基硫酸钠（Sodium Dodecyl Sulfate，SDS），以及 Na_2SiO_3 分散剂在不同 pH 范围内对荧光粉浮选分离的效果。结果表明，DAA 可浮选回收 70%~90% 的稀土荧光粉，SDS 可回收 66%~82% 的稀土荧光粉（d50<13μm）。

Tooru Takahashi 等从废弃荧光粉中分离出稀土元素，并进一步将其合成红粉（Y_2O_3：Eu^{3+}）。通过浮选的方法将稀土荧光粉富集，再用强酸将稀土浸出，通过氢氧化物和草酸盐沉淀，经超声和冷冻处理后得钇和铕的草酸盐，最后高温下煅烧得到红粉。

Luciene 等采用 H_2SO_4 从废弃 CRT 中回收稀土。钇和铕的浸出率可达到 96% 和 98%。同时对反应过程中产生的 H_2S 进行了处理，实现了处理过程无害化和充分回收副产物 $ZnSO_4$ 的目的。

2）萃取分离法。萃取分离法是利用不同组分在溶剂中有不同的溶解度来分离获取高纯稀土的方法。

Akira Otsuki 等的研究中，采用萃取分离法，庚烷-水相萃取红粉的回收率达到 94.1%，蓝粉（$BaMgAl_{10}O_{17}$：Eu^{2+}）的回收率为 98.7%，绿粉（$CeMgAl_{10}O_{17}$：Tb^{3+}）的回收率较低为 76.0%。

Radhika 等从磷酸介质中用不同萃取剂萃取稀土，萃取效果为：TOPS 99>PC 88A>Cyanex 272。

3）超临界二氧化碳萃取法。二氧化碳是超临界流体中最常用的一种液体。Shimizu 等使用含有 TBP、硝酸和水的超临界二氧化碳技术从废弃的荧光灯中回收荧光物质，钇和铕回收率均超过 99%。

超临界条件下回收率较高，但二氧化碳能从溶剂中快速逸出分离，造成反应体系不稳定，影响分离过程。

4）离子交换柱分离法。Herman R. Heytmeijer 利用强酸浸出废弃荧光粉中的稀土元素，再将浸出液流入阳离子交换柱进行阳离子交换，再用浓盐酸提取出交换柱内的钇和铕，草酸沉淀得到草酸稀土沉淀物，最后通过煅烧得到钇和铕的氧化物。

国内也有研究者已开始探索从废荧光粉中回收稀土资源的方法。

吴玉锋等采用 Na_2O_2 碱熔试剂回收稀土元素。在碱渣比 4∶1、煅烧温度 700℃、煅烧时间为 30min 的条件下，对碱熔产物用过量盐酸在 70℃ 水浴 2h，钇和铕的浸出率可达 100%。同时在该团队起草的《废弃稀土荧光粉化学分析》中介绍，为精确测定 CRT 中荧光粉的含量，也采取了碱熔方法。

王勤等通过硫酸、盐酸和硝酸的对比酸浸研究表明，在酸浸过程中加入 H_2O_2、HClO 等氧化剂后，其浸出率均能达到 98% 以上。同时，Zn、Cd 金属也得到了有效回收，但对 Ba、Ca、Pb 金属未做相应的回收。

5.5 废弃电池处置技术

5.5.1 锂离子电池

1. 锂离子电池产生情况

我国锂离子电池产业规模呈逐年增长态势，2020 年我国锂离子电池产量 188.5 亿只，制造规模位居全球首位。锂离子电池产品主要以消费类及电动汽车应用为主，其中便携式移动电子设备（如手机、笔记本计算机和数码相机）所使用的锂离子电池约占锂离子电池总量的 40%。

小型锂离子电池的内部为卷绕式，动力电池采用的是叠片结构。锂离子电池由阴极、阳极、有机电解质、隔膜和外壳组成。阴极是一种铝箔，其表面涂有阴极材料、导体、聚偏氟乙烯（Polyvinylidene Fluoride，PVDF）黏结剂和氟盐。阳极通常是涂有石墨、导电剂、黏结剂和电解质混合物的铜箔。导电剂一般由乙炔黑制成，黏结剂通常由聚偏氟乙烯（PVDF）制成，电解质是锂盐（如 $LiPF_6$、$LiClO_4$）溶于有机溶剂（如碳酸乙烯、碳酸二甲酯）的溶液。为了防止两个电极之间的短路，在阳极和阴极之间设置了隔膜作为屏障。电池的典型外壳是铁或铝罐体。锂离子技术的成功在很大程度上取决于其优异的性能，如重量轻、能量密度高、自动放电速率较低、循环寿命长、产生的环境污染少，故被广泛应用于笔记本计算机、电子通信等便携式设备。目前，锂离子电池占市场电池份额的40%，并且随着便携式电子产品以及电动汽车消费量的增加，锂离子电池的生产量将进一步扩大。锂离子电池的反应式为

$$阳极反应： \quad 6C + xLi^+ + xe^- \longrightarrow Li_xC_6 \tag{5-1}$$

$$阴极反应： \quad LiCoO_2 \longrightarrow Li_{(1-x)}CoO_2 + xLi^+ + xe^- \tag{5-2}$$

$$电池反应： \quad LiCoO_2 + 6C \underset{放电}{\overset{充电}{\rightleftharpoons}} Li_{(1-x)}CoO_2 + Li_xC_6 \tag{5-3}$$

▶▶ 2. 废弃锂离子电池处理技术

（1）放电　在加工前，必须对锂离子电池进行放电，以防止在后续的拆解和破碎处理中发生短路和自燃，从而避免爆炸。常用的是废碱液、盐饱和溶液，如 NaCl 和 Na_2SO_4。一般直接将锂离子电池放置于溶液中，使电解液与盐溶液接触，通过放电，将电池的电压放至 2.5V 以下。但在接触反应后，会形成 LiF 和高腐蚀性的 HF，造成部分锂的流失。

（2）火法　火法主要是通过高温处理，根据电池组分中的黏结剂、阴极材料、铝箔分解温度的不同，将阴极材料分离出来的方法。近年来，真空高温热解被认为是一种替代的预处理方法。在真空高温热解过程中，电解液、分离器、黏结剂等有机物被热破坏，分解为低分子产物（液体或气体），可作为燃料或化学原料重复使用。真空高温热解可以使有机材料充分分解，且钴酸锂粉末层高温处理后变得松脆。由于无氧的环境，铜和铝避免被氧化，可回收金属形式。并且，真空高温热解还可以从含有锂的有机化合物中收集热解产物或挥发物，为了提高锂的回收效率，将真空高温热解与碳热还原相结合。与传统的热分解工艺相比，真空高温热解可以防止有毒气体在低于常压的温度下释放到环境中。

（3）有机溶解　将阴极材料中的黏结剂进行溶解浸出，使有机组分溶于溶液中，以便进行后续提纯。黏结剂一般为聚偏氟乙烯（PVDF）等有机物，通过相似相溶原理利用有机溶剂可将其溶解，实现阴极材料与铝箔的分离。常用的有机溶剂主要有 N-甲基吡咯烷酮（N-Methylpyrrolidone，NMP）、N-二甲基甲酰胺（N-Dimethylformamide，DMF）、二甲基乙酰胺（Dimethylacetamide，DMAC）和二甲基亚砜（Dimethyl Sulfoxide，DMSO）等。NMP 分离阴极材料效果好、时间短、不破坏铝箔，在工业上被大量使用，但缺点在于易于挥发，且毒性较大，可能对人体存在潜在危害。因此低毒、低成本的 DMSO 作为替代品也常用于溶解黏结剂，同时可以达到分离阴极材料与铝箔的目的。

（4）湿法冶金　在传统的湿法冶金主导工艺中，关键是浸出、沉淀和溶剂

萃取。首先通过浸出将阴极材料中的金属提取到溶液中，继而在后续的沉淀和萃取中回收金属。

浸出剂主要包括无机酸、有机酸和碱性溶液。一步浸出法是直接采用 HCl、HNO$_3$、H$_2$SO$_4$ 等无机酸浸出电极材料，见式（5-4）~式（5-6），但由于无机酸在酸浸后会产生强酸性的废液，同时无机强酸具有很强的腐蚀性，容易产生酸雾，对人体产生危害，因此已有学者尝试用有机酸处理废弃电池，研究了用天然有机酸浸取钴酸锂，处理后的废液易生物降解，同时不产生有害气体。

$$8HCl + 2LiCoO_2 \longrightarrow 2LiCl + 2CoCl_2 + 4H_2O \tag{5-4}$$

$$6HNO_3 + 2LiCoO_2 + 2H_2O_2 \longrightarrow 2LiNO_3 + 2Co(NO_3)_2 + 5H_2 + 4O_2 \uparrow \tag{5-5}$$

$$3H_2SO_4 + 2LiCoO_2 + H_2O_2 \longrightarrow Li_2SO_4 + 2CoSO_4 + 4H_2O + O_2 \uparrow \tag{5-6}$$

两步法浸出废弃电极材料是在酸浸出前先采用 NaOH 溶液浸出铝，能够使钴、锂、镍等有价金属更好富集，提高分离效率。具体操作是先通过 NaOH 溶液选择性浸出铝，之后用 H$_2$SO$_4$+H$_2$O$_2$ 浸出钴、锂、镍等有价金属，以实现铝与电极材料的彻底分离。

（5）溶剂萃取法　溶剂萃取法是利用有机溶剂与钴形成配合物，对钴和锂进行回收。萃取剂通常对不同的金属离子具有选择性，选择性高度依赖平衡 pH 值。常用的萃取剂主要有二（2-乙基己基）磷酸［Di-(2-Ethylhexyl)Phosphoric Acid，D2EHPA］，二乙基己基酸（2-EthylhexylPhthalate，DEHPA），2，4，4-三甲基戊基膦酸（Diisooctylphosphinic Acid，Cyanex272），二乙基己基膦酸单-2-乙基己基酯（2-Ethylhexylphosphoric Acid Mono-2-Ethylhexyl Ester，PC-88A）和三辛胺（Tri-n-octylamine，TOA）等。有研究用 2，4，4-三甲基戊基膦酸（Cyanex272）的皂化钠盐从硫酸浸出后的混合溶液中分离钴和锂，钴以配合物的形式提取到有机相中，从而得到金属的分离提纯。对萃取之后的萃余液进行后续处理，可以得到高纯的锂盐和钠盐。溶剂萃取利用不同的萃取剂萃取不同金属，具有比化学沉淀更好的选择性，但是这种方法涉及大量的有机溶剂，后期处理的难度较大。

（6）化学沉淀法　化学沉淀法是利用金属离子与某些阴离子形成低溶解度的化合物从溶液中析出，从而达到金属分离的目的。一般沉淀剂有氨水（NH$_4$OH）、NaOH、草酸、草酸铵、丁二酮肟试剂等。通过氨水（NH$_4$OH）、NaOH 等碱性溶液可以将钴离子以氢氧化钴的形式从溶液中提取出来；草酸、草酸铵将钴离子以草酸钴沉淀的形式提取出来；丁二酮肟试剂与镍离子形成鲜红色螯合物 Ni(C$_4$H$_7$N$_2$O$_2$)$_2$ 将镍离子分离。

（7）高温冶金　通常用于从矿石和精矿中通过高温强化的物理和化学转化来提取目标金属。在以燃烧冶金为主导的过程中，从废电池中回收贵重金属是通过高温处理实现的。这通常与大量的气体排放（除非排放受到特定系统的控制和处理），即二噁英、氟化物有关。

5.5.2 锌锰干电池

1. 锌锰干电池产生情况

市场上电池的种类依靠电池大小可分为大型电池（铅酸蓄电池和镍镉蓄电池）和便携式电池（锌碳电池、锌银电池、锌锰干电池、镍氢电池、镍离子蓄电池等）。在不可逆便携式电池中，投放市场的电池群是碱性电解质锌锰干电池（61%）、碱性电解质锌空气电池（25%），锂电池（12%）等。可逆便携式电池的市场占有率为镍镉电池（39%）、镍氢电池（34.7%）、锂离子和锂电池（17.6%）、铅酸电池（8.7%）。通常锌锰干电池使用挤压或卷焊成圆筒形锌片作为电池的阳极并兼作容器，其阴极的电芯是由二氧化锰与乙炔黑、石墨、固体氯化铵，按一定的比例混合，加适当的电解液压制而成，电芯周围包上绵纸，并在其中心插入碳棒，碳棒再戴上铜帽最终构成阴极。采用微酸性的氯化铵、氯化锌溶液或者碱性的氢氧化钾溶液作为电解质溶液，锌筒底部放有绝缘垫，上部有纸垫和塑料盖。锌筒外部裹有一张蜡纸或沥青纸，最外部包以纸壳或铁壳商标。碱性锌锰干电池的反应式为

阳极反应：

$$Zn + 2OH^- \longrightarrow Zn(OH)_2 + 2e^-, \quad Zn(OH)_2 + 2OH^- \longrightarrow [Zn(OH)_4]^{2-}$$

$$(5-7)$$

阴极反应：

$$MnO_2 + H_2O + e^- \longrightarrow MnO(OH) + OH^-,$$

$$MnO(OH) + H_2O + e^- \longrightarrow Mn(OH)_2 + OH^- \quad (5-8)$$

总反应：

$$Zn + MnO_2 + 2H_2O + 2OH^- \longrightarrow Mn(OH)_2 + [Zn(OH)_4]^{2-} \quad (5-9)$$

酸性锌锰干电池的电解液是氯化铵或氯化锌的水溶液，其电池反应式为

阳极反应： $Zn + 2NH_4Cl \longrightarrow Zn(NH_3)_2Cl_2 + 2H^+ + 2e^-$ $\quad (5-10)$

正极反应： $2MnO_2 + 2H^+ + 2e^- \longrightarrow 2MnOOH$ $\quad (5-11)$

电池反应： $Zn + 2NH_4Cl + 2MnO_2 \longrightarrow Zn(NH_3)_2Cl_2 + 2MnOOH$ $\quad (5-12)$

由锌锰干电池的组成可知，废干电池中含有汞、镉、铬、铅、锌、锰等多种重金属，这些重金属在环境中不能降解，只能迁移。一旦水体或土壤被重金属污染以后，重金属将在水体、土壤中逐渐迁移到动物以及人体内，对动物和人体造成巨大危害。而且在生物作用下，这些重金属易与有机物结合形成毒性

很强的金属有机化合物，见表 5-5。

表 5-5 锌锰干电池中有毒有害物质

重金属	危　害
汞	会造成人神经功能紊乱，对消化和免疫系统、肺和肾脏也会产生有害影响
锰	人体必需的微量元素，但过量的锰蓄积于体内将引起神经性功能障碍，较重者出现两腿发沉以及伴有精神症状
镉	在生物体内积累，对肾脏和骨骼具有很高的毒性，会造成人体骨质疏松、软骨症等疾病
铅	进入人体后，不易被排泄，会影响婴儿和幼儿大脑和神经系统的发育；会使儿童出现行为问题，低智商、精力难以集中；对成年人的长期损害包括高血压和肾脏损害的风险增加
锌	能使蛋白质沉淀，对皮肤黏膜有刺激作用

▶ **2. 废弃锌锰干电池处理技术**

（1）湿法冶金路线回收锌、锰　湿法回收废弃锌锰干电池中锌、锰的工艺流程，一般是先通过分选、拆卸和研磨等预处理工艺，再通过中性和酸性浸出，提取锌、锰离子，最后通过萃取、沉淀、电解、氧化等方法进行回收，工艺流程如图 5-5 所示。

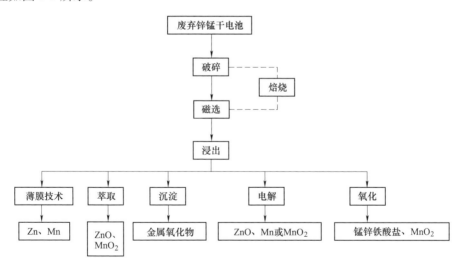

图 5-5 回收废弃锌锰电池锌、锰的工艺流程

1）预处理。电池的预处理包括以下顺序步骤：分选、拆卸和研磨。在分选步骤中，将锌碳电池和碱性电池与其他类型的电池分开。在拆卸步骤中，将由石墨和金属氧化物混合物组成的废电池粉尘从铁屑、纸张和塑料中分离出来。例如，金属废料可以通过高温冶金处理回收。最后，在研磨阶段，利用球磨机对废电池颗粒进行研磨，降低其粒度，以提高浸出步骤的效率。

2) 浸出（中性和酸性）。锌和锰的氧化物不溶于水，所以分离钾、锌和锰可以通过洗粉与水（以下称为中性浸出），从而使 KOH 溶液蒸发成纯 KOH 盐或用于沉淀剂溶液中选择性沉淀步骤。除去钾后，用硫酸溶液浸出（以下称为酸性浸出）洗后的粉末，可以达到锌和锰的氧化物的溶解。从粉末中去除钾也可能有助于减少酸性浸出步骤中硫酸的消耗。对于氧化锌和锰的溶解，考虑了以下反应，即

$$ZnO + H_2SO_4 \longrightarrow ZnSO_4 + H_2O \tag{5-13}$$

$$Mn_2O_3 + H_2SO_4 \longrightarrow MnO_2 + MnSO_4 + H_2O \tag{5-14}$$

$$Mn_3O_4 + 2H_2SO_4 \longrightarrow MnO_2 + 2MnSO_4 + 2H_2O \tag{5-15}$$

根据式（5-13），氧化锌可以被硫酸溶液完全溶解，另一方面，由于生成的 MnO_2 是不溶性的，Mn_2O_3 和 Mn_3O_4 的溶解是部分的，结果仅溶解了原存在于粉末中的总锰的 43%。因此，采用过氧化氢（H_2O_2）作为还原剂对粉末中锰的100% 进行浸出是一种可行的选择，即

$$MnO_2 + H_2SO_4 + H_2O_2 \longrightarrow MnSO_4 + 2H_2O + O_2 \tag{5-16}$$

3) 沉淀。在酸性浸出步骤中得到的水溶液被送至净化步骤以分离锌和锰。可采用萃取、沉淀、电解等多种分离方法。

（2）干法回收锌锰干电池中的金属　干法回收锌、锰是通过不同温度使锌锰干电池中的金属以及金属氧化物在不同时间段从马弗炉中挥发，经冷凝处理后回收金属。这种方法也称真空回收法。废弃电池经分类筛选、破碎，送入马弗炉，在 600℃ 温度下焙烧，含汞的废气采用气旋集尘器或干式电集尘器收集，或使用空气冷却或冷凝器冷却回收汞。焙烧剩余物转熔化炉或回转窑，在 1100~1300℃ 的高温下，锌及氯化锌氧化成氧化锌，随烟气排除，采用旋风除尘器或布袋除尘器回收氧化锌。残存的二氧化锰及铁等进入残渣，进一步回收铁、锰或制取锰铁合金。

（3）氯化铵的回收处理工艺方法　氯化铵在电池中作为活性物质，参与电池反应，并作为电池的电解质。由于氯化铵是弱酸性，还可以降低阴极附近的 pH 值，改善放电性能。氯化铵一般在普通锌锰干电池中加入，碱性锌锰干电池不需要加入。锌锰干电池在放电的过程中还会产生电化学反应产物 $Zn(NH_3)_2Cl_2$，它存在于内部粉状物质中。因此在氯化铵的回收过程中，先将电池的外层物质拆解，然后将内层物质即锌粉、碳棒、电解液、纤维、黑色粉末等直接送入真空设备中进行加热蒸馏，最后冷凝回收氯化铵。真空加热过程中，普通锌锰干电池中的 $Zn(NH_3)_2Cl_2$ 易分解，其分解反应式为

$$Zn(NH_3)_2Cl_2 =\!\!=\!\!= ZnCl_2 + 2NH_3 \uparrow \tag{5-17}$$

氯化铵在常压下，加热至 100℃ 时开始显著挥发，加热至 350℃ 升华，沸点为 520℃。所以，当真空炉的工况在 200℃、压强为 700~800Pa 时，氯化铵被蒸

发分离完毕，停止对氯化铵的冷凝回收。$Zn(NH_3)_2Cl_2$ 中分解的 NH_3 在回收氯化铵后，用水吸收，得到氨水。

参 考 文 献

[1] LI H, JACQUES E, ELSAYEDO. Hydrometallurgical recovery of metals from waste printed circuit boards (WPCBs): Current status and perspectives-A review [J]. Resources Conservation & Recycling, 2018, 139: 122-139.

[2] HADI P, XU M, LIN C S K, et al. Waste printed circuit board recycling techniques and product utilization-sciencedirect [J]. Journal of Hazardous Materials, 2015, 283: 234-243.

[3] 王芳芳，赵跃民，张涛，等. 废弃线路板中金属资源的物理回收 [J]. 矿产综合利用，2017 (2): 1-7.

[4] 张静. 废 CRT 玻壳铅的浸出特性及资源化利用可行性研究 [D]. 南京: 南京林业大学，2009.

[5] 张兵，陈奇，宋鹏，等. 含铅玻璃及其无铅化的研究 [J]. 玻璃与搪瓷，2006，34 (1): 50~53.

[6] 张远，史良图，李晓峰. 关于我国铅污染危害及防治的综述 [J]. 长春医学，2010，8 (2): 65~67.

[7] 上海嘉仕威实业有限公司. 防辐射铅玻璃详细说明 [Z]，2012.

[8] 蔡连和. 氧化铅在陶瓷釉药中的应用 [J]. 陶瓷工程，1995，29: 12~13.

[9] MIYOSHI H, CHEN D P, AKAI T. A novel process utilizing subcritical water to remove lead from wasted lead silicate glass [J]. Chemistry letters, 2004, 33 (8): 956~957.

[10] PRUKSATHORN K, DAMRONGLERD S. Lead recovery from waste frit glass residue of electronic plant by chemical-electrochemical methods [J]. Korean journal of chemical engineering, 2005, 22 (6): 873~876.

[11] SASAI R, KUBO H. et al. Development of an eco-friendly material recycling process for spent lead glass using a mechanochemical process and Na 2 EDTA reagent [J]. Environmental Science & Technology, 2008, 42 (11): 4159~4164.

[12] YOT P G, MEAR F O. Lead extraction from waste funnel cathode-ray tubes glasses by reaction with silicon carbide and titanium nitride [J]. Journal of Hazardous, 2009, 172 (1): 117~123.

[13] 朱建新，陈梦君，于波. 废旧阴极射线管玻璃高温自蔓延处理技术 [J]. 稀有金属材料与工程，2009，38 (z2): 134~137.

[14] 陈梦君，张付申，朱建新. 真空碳热还原法无害化处理废弃阴极射线管锥玻璃的研究 [J]. 环境工程学报，2009，3 (1): 156~160.

[15] 田英良，梁新辉，孙诗兵. 一种从废弃 CRT 玻璃中提取铅的方法: CN102051487A [P]. 2011-05-11.

[16] 王成彦，李敦钫，郜伟，等. 一种废弃电子玻璃的回收利用和无害化处理方法:

CN102199707A［P］. 2011-09-28.

［17］ 张付申，邢明飞. 废旧阴极射线管含铅玻璃一步法合成纳米铅的工艺：CN102002593A
　　　［P］. 2011-04-06.

［18］ 李光明，胥清波，贺文智，等. 一种从废弃 CRT 锥玻璃中提取铅的方法：CN102676826A
　　　［P］. 2012-09-19.

［19］ 李金惠，苑文仪. 一种废阴极射线管锥玻璃机械活化强化酸浸处理方法：
　　　CN102660686A［P］. 2012-09-12.

［20］ 李金惠，苑文仪. 一种废阴极射线管锥玻璃机械活化湿法硫化处理方法：
　　　CN102643994A［P］. 2012-08-22.

［21］ 张承龙，王景伟，白建峰. 一种从回收废旧含铅玻璃中提取金属铅的方法：
　　　CN102417989A［P］. 2012-04-18.

［22］ 许开华，郭苗苗，何显达，等. 一种处理废旧含铅玻璃的方法：CN102372431A［P］.
　　　2012-03-01.

［23］ 龚裕，田祥森，吴玉锋，等. 废弃 CRT 中稀土回收利用研究进展［J］. 稀土，2016，
　　　37（04）：113-119.

［24］ 王莲贞. 废弃 CRT 荧光粉中提取稀土的研究［D］. 马鞍山：安徽工业大学，2014.

［25］ DEXPERTG J, SOPHIE R, SOPHIE C, et al. Re-processing CRT phosphors for mercury-free
　　　applications［J］. Journal of Luminescence, 2009, 129（12）: 1968-1972.

［26］ LUCIENE V. R, CARLOS A M. Process development for the recovery of europium and yttrium
　　　from computer monitor screens［J］. Minerals Engineering, 2015, 70: 217-221.

［27］ DU X Y, GRENDEL T E. Global in-use stocks of the rare earth elements: a first estimate［J］.
　　　Environmental Science & Technology, 2011, 45: 4096-4101.

［28］ 陈祖义. 稀土的生物效应与农用稀土的累积影响［J］. 农村生态环境，1999，15（3）：
　　　44-48.

［29］ 国本崇. 荧光粉的发光原理、技术发展史、开发现状及课题［J］. 辛相东，译. 中国照
　　　明电器，2008（11）：33-37.

［30］ 傅丽. 废旧稀土荧光灯中稀土金属分离实验的研究［D］. 北京：首都经济贸易大
　　　学，2008.

［31］ TAKAHASHI T TAKANO A, SAITOH T, et al. Separation and recovery of rare earth elements
　　　from phosphor sludge in processing plant of waste fluorescent lamp by pneumatic classification
　　　and sulfuric acidic leaching［J］. Shigen-to-Sozai, 2001, 117（7）: 579-585.

［32］ HIRAJIMA T, BISSOMBOLO A, SASAKI K, et al. Floatability of rare earth phosphors from
　　　waste fluorescent lamps［J］. International Journal of Mineral Processing, 2005, 77（4）:
　　　187-198.

［33］ TAKAHASHI T, TAKANO A, SAITOH T, et al. Synthesis of red phosphor（Y2O3: Eu3+）
　　　from waste phosphor sludge by coprecipitation process［J］. Shigen-to-Sozai, 2002, 118:
　　　413-418.

［34］ LUCIENE VR, CARLOS A M. Process development for the recovery of europium and yttrium
　　　from computer monitor screens［J］. Minerals Engineering, 2015, 70: 217-221.

［35］ OTSUKI A, et al. Solid-solid separation of fluorescent powders by liquid-liquid extraction using aqueous and organic phases ［J］. Resources Processing , 2006, 53（3）：121-133.

［36］ XIE F, ZHANG T V, DREISINGER D, et al. A critical review on solvent extraction of rare earths from aqueous solutions ［J］. Minerals Engineering, 2014, 56：10-28.

［37］ RYOSUKE S, KAYO S, YOUICHI E, et al. Supercritical fluid extraction of rare earth elements from luminescent material in waste fluorescent lamps ［J］. Journal of Supercritical Fluids, 2005, 33：235-241.

［38］ HERMAN R H. Recovery of yttrium and europium from contaminated solutions：4432948 ［P］. 1982-10-20.

［39］ WU Y F, WANG B L, ZHANG Q J, et al. Recovery of rare earth elements from waste fluorescent phosphors：Na2O2 molten salt decomposition ［J］. Journal of Material Cycles and Waste Management, 2014, 16（4）：635-641.

［40］ 王勤，马琳，何显达，等. CRT 荧光粉处理方法：CN 102312095 A ［P］. 2012-01-11.

［41］ 徐敬东. 有关制冷剂命名和分类的几个问题 ［J］. 四川制冷, 1998（03）：14-17.

［42］ 毛海萍. R22 氟利昂制冷剂的替代 ［J］. 压缩机技术, 2011（03）：27-29.

［43］ 张贺然，于可利，邱金凤等. 美国、欧盟、日本的制冷剂回收处置现状 ［J］. 资源再生, 2018, 196（11）：48-51.

［44］ 张康. 废机油的直接资源化利用及改性分级利用研究 ［D］. 太原：太原理工大学, 2018.

［45］ 戴长松，路密，熊岳平，等. 废旧锂离子电池处理处置现状及污染防治对策 ［J］. 环境科学与技术, 2013（S2）：332-335.

［46］ GOEDKOOP M. Tools for life cycle assessment and eco design ［J］. Trans Mat Res Soc Jpn, 1994, 18A：81-86.

［47］ 杨宇，梁精龙，李慧，等. 废旧锂离子电池回收处理技术研究进展 ［J］. 矿产综合利用, 2018, 214（6）：7-12.

［48］ 郝涛，张英杰，董鹏，等. 废旧三元动力锂离子电池正极材料回收的研究进展 ［J］. 硅酸盐通报, 2018, 37（8）：2450-2456.

［49］ SWAIN B, JEONG J, LEE J, et al. Separation of cobalt and lithium from mixed sulphate solution using Na-Cyanex 272 ［J］. Hydrometallurgy. 2006, 84（3-4）：130-138.

［50］ ZENG, X L, LI J H, NARENDRA S. Recycling of spent lithium-ion battery：a critical Review ［J］. Critical Reviews in Environmental Science & Technology, 2014, 44（10）：1129-1165.

［51］ 蒲敏，韩国治. 废旧锌锰电池回收处理工艺的探讨 ［J］. 上海环境科学, 2004（3）：131-133.

［52］ 王韶林. 废干电池的危害与利用 ［J］. 中国资源综合利用, 2000（9）：20-21.

［53］ 杨智宽. 废锌锰干电池的综合利用 ［J］. 再生资源研究, 1998（1）：26-28.

［54］ 赵双双. 废 CRT 含铅玻璃制取水玻璃后溶解渣中含铅化合物的分离回收 ［D］. 天津：天津理工大学, 2015.

［55］ 赵新，王鹏程，胡彪. 废 CRT 含铅玻璃的资源化新工艺及机理研究 ［J］. 日用电器,

2014（12）：65-70.

［56］韩杰. 废旧锌锰干电池的资源化研究［D］. 南京：东南大学，2007.

［57］黎俊青，何庆中，王明超，等. 基于真空技术的废旧锌锰干电池干湿法综合处理技术［J］. 环境工程，2010，28（05）：110-114.

［58］高春娟，张雨山，蔡荣华. 贵金属富集提取技术研究进展［J］. 盐业与化工，2010，39（2）：39-43.

［59］李洪枚. 废旧稀土荧光灯资源综合利用技术现状［J］. 稀土，2008，29（5）：97-101.

［60］BIRKE V, MATTIK J, RUNNE D. Mechanochemical reductive dehalogenation of hazardous polyhalogenated contaminants［J］. Journal of Materials Science, 2004, 39（16-17）：5111-5116.

［61］GUO X, XIANG D, DUAN G, et al. A review of mechanochemistry applications in waste management［J］. Waste Management, 2010, 30（1）：4-10.

［62］YUAN W, LI J, ZHANG Q, et al. Innovated application of mechanical activation to separate lead from scrap cathode ray tube funnel glass［J］. Environmental Science & Technology, 2012, 46（7）：4109-4114.

［63］YUAN W, LI J, ZHANG Q, et al. A novel process utilizing mechanochemical sulfidization to remove lead from cathode ray tube funnel glass［J］. Journal of the Air & Waste Management Association, 2013, 63（4）：418-423.

［64］YUAN W, LI J, ZHANG Q, et al. Lead recovery from cathode ray tube funnel glass with mechanical activation［J］. Journal of the Air & Waste Management Association, 2013, 63（1）：2-10.

第 6 章

——

废弃电器电子产品管理措施

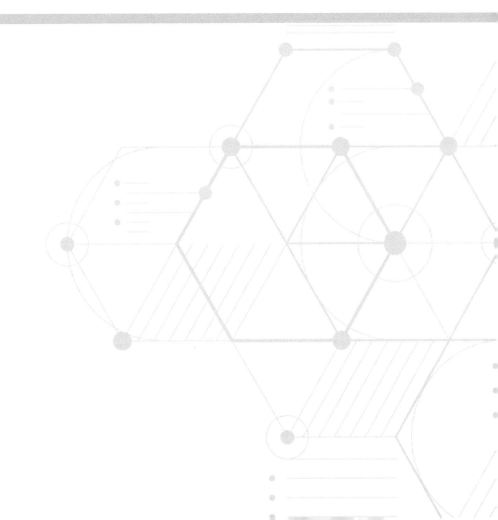

美、日等发达国家和地区从 20 世纪 90 年代开始，大部分在原有危险废物、固体废物管理的法律框架下，先后制定了适合各自国情或地区的废弃电器电子产品的相关标准、规范、法规等管理措施和实施细节，为后续制定废弃电器电子产品管理政策的国家提供了丰富经验。进入 21 世纪以来，我国电器电子产品居民保有量和社会报废量持续高速增长，而与此同时带来的生态环境和资源浪费的压力与日俱增，根据研究，列入《废弃电器电子产品处理目录（2014 年版）》的 14 类电器电子产品，2021 年产生的废弃量将达到约 1673.1 万 t。2008 年国务院第 23 次常务会议正式通过了《废弃电器电子产品回收处理管理条例》，并于 2011 年 1 月 1 日起施行，正式规范了我国废弃电器电子产品的回收处理活动，是我国真正意义上第一部针对促进废弃电器电子产品资源综合利用和循环经济发展、保护环境和保障人体健康而制定的法规，也为我国废弃电器电子产品回收与处置规范化管理奠定了基础。

6.1 国外废弃电器电子产品管理措施

20 世纪 90 年代，欧洲各国开始对废弃电器电子产品进行立法。20 世纪 90 年代末期，日本也颁布实施专项法规，逐渐确立了"谁污染谁负责"的原则，创造了生产者责任延伸制度和其他管理制度，以法律手段引导废弃电器电子产品从传统的"生产—消费—废弃"模式向"生产—消费—再生产"新经济发展模式转变。各国在废弃电器电子产品相关法律与政府建立的相关政策条例的基础上，形成了适合各国自身的废弃电器电子产品的管理模式。

6.1.1 美国废弃电器电子产品管理措施

2018 年美国仍是全球第一大经济体，国民生产总值为 20.5 万亿美元左右，人均国民生产总值为 62941 美元，均居全球第一。美国也是世界上电器电子产品的生产大国和消费大国。美国由于其经济特点和金融优势，长期以来对国内资源和能源能够保持稳定的低价足量供给，对废弃物品的规模处置和资源利用率并不高，因此在 20 世纪 90 年代之前废弃电器电子产品的资源综合利用技术体系和管理措施并不健全。

据美国环境保护署估计，2009 年，美国处理了 237 万 t 电子垃圾，其中 25%电子垃圾是在美国国内回收的。2010 年，美国有 27%的电子废物被回收利用，其中移动设备的回收率最低，为 11%。美国的住宅电子垃圾收集项目显示，收集到的大部分物品包括电视机、计算机、显示器和其他电器。废弃电器电子产品的组分主要是金属（质量分数为 49%）、塑料（质量分数为 33%）和 CRT（质量分数为 12%），占收集到的电子垃圾总质量的 90%以上（USEPA，

1999）。美国的住宅电子垃圾收集种类情况如图 6-1 所示。

美国现有部分州已经实施了州管理系统，然而美国还没有一个联邦官方的电子垃圾管理系统。2011 年美国环境保护署（EPA）、环境质量委员会（Council on Environmental Quality）和总务管理局（General Services Administration，GSA）共同发起推出国家电子管理战略，旨在关注联邦政府在美国建立电子管理的行动。

美国电子垃圾处理方式主要是回收再利用、国内垃圾填埋场倾倒以及国内生产的电子垃圾的国际运输三种方式。据联合国估计，美国电子废物出口的比例在 10% ~ 50% 之间，美国环境保护署估计为 25%，国际贸易委员会估计该数字接近 13%。虽然不同机构给出的出口数据不一致，但这些报告都记录和显示出电子垃圾的大量产生和运输的现象。

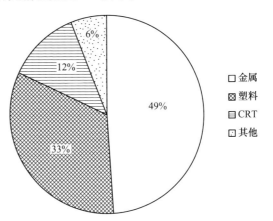

图 6-1　美国的住宅电子垃圾收集种类情况

美国还没有制定联邦法律来规范国内电子垃圾的回收，但一些州正在实施政策，以解决电子垃圾不断增加的问题。到目前为止，已经有 25 个州通过了法律来规范全州范围内的电子垃圾回收计划。大多数有电子废物法的州都采用生产者责任的方法，要求制造商对回收已达到寿命期的电子产品负责。但是，由于各州的电子废物法各不相同，这些法律在调节环境和健康危害方面的效力可能有所不同。由于美国还没有批准《巴塞尔公约》，美国仍可以向那些电子垃圾拆解和回收成本较低的国家出口电子垃圾。

▶▶ 1. 联邦政府废弃电器电子产品管理措施

美国管理固体废物的联邦法律是 1976 年的《资源保护和回收法》，其中要求对废弃电器电子产品中破坏臭氧层的氯氟烃和含氢氯氟烃实行强制回收。但美国一直没有针对全国性的废弃电器电子产品进行立法，仅有一些不具强制力的自愿性的活动和认证标准，通过认证的电子废物回收商须遵守有关处理电子废物的标准。

2006 年，美国环境保护署提出了名为"负责任的回收"（Responsible Recycling，简称 R2）规范。R2 规范主要关注于回收企业在回收和出口废弃电器电子产品时可能造成的环境和安全影响。R2 规范只是一个自愿性的认证规范，约束力十分薄弱且要求相对宽松。由于 R2 规范的规定不那么严格，美国国内一些环保人士提出了一个更严格的认证标准——E-steward。2010 年 4 月，美国环境活动团体巴塞尔行动网络（Basel Action Network，简称 BAN）发布了面对废弃电器电子产品回收企业的标准"E-steward"和相关的认证程序，该标准主要面向废弃电器电子产品的循环利用企业。除 BAN 以外，包括美国 Greenpeace、美国 Natural Resources Defense Council（NRDC）以及美国 Sierra Club 在内的合计 73 家环境活动团体都在支持 E-steward 认证标准。

R2 和 E-steward 标准都旨在对废弃电器电子产品的处理进行约束和规范，但两者在处理要求及约束力方面都有差异。在向发展中国家出口电子垃圾方面，经 R2 规范认证的企业可以向发展中国家出口电子垃圾，而 E-steward 标准禁止向发展中国家出口电子垃圾。在焚化或填埋电子废物方面，R2 规范认证的回收商在确定不会出现无法控制的情况下，可将有毒的电子废物放入堆填区或焚化炉内，而 E-steward 则禁止将有毒的电子废物放入堆填区或焚化炉内。目前，全球约有 21 个国家的 600 多家 R2 回收商。美国大多数公司都已选择 R2 或 E-steward 进行认证，有些公司这两种认证都有。

2. 美国州政府对废弃电器电子产品的管理措施——以加利福尼亚州废弃电器电子产品管理为例

美国目前已有 25 个州就回收利用废弃电器电子产品自行立法，明确了制造商承担回收废弃电器电子产品的责任，鼓励制造商在产品设计时更多地考虑产品达到寿命期后如何处理和使用易于循环利用的材料，以减少废弃电器电子产品对环境的污染和破坏。虽然各州立法不尽相同，但大体包括以下几方面的内容：一是立法规定回收的电器电子产品范围主要包括电视机、台式计算机、笔记本计算机和计算机显示器等；二是明确由制造商承担收集、运输和回收废弃电器电子产品的费用，消费者一般不用付费；三是规定制造商必须在其电器电子产品上标明自有或授权品牌的标签，向州环保管理部门注册和提交电器电子产品回收计划，并在制造商公司网站上公布如何对产品进行回收的信息，每年还需缴纳一定的注册费用，否则其产品不得在州内销售。注册费一般存入州回收利用信托基金，用于当地的废弃电器电子产品回收项目。截至 2008 年，17 个州以某种形式制定了生产者责任法，共有 35 个州已经或正在考虑制定电子垃圾回收法律。美国各州关于废弃电器电子产品的法案见表 6-1。加利福尼亚州作为美国第一个就电子废物问题立法的州，现已具有较为完备的废弃电器电子产品回收体系。下面以废弃电器电子产品管理为例，阐述美国州政府在废弃电器电子产品方面的管理系统。

表 6-1　美国各州关于废弃电器电子产品的法案

序号	地点	签署日期	立　　法
1	阿肯色州	2001 年 4 月	Arkansas Computer and Electronic Solid Waste Management Act 《阿肯色州计算机和电子固体废物管理法案》
2	加利福尼亚州	2003 年 9 月	The Electroinc Waste Recycling Act（S. B. 20/50） 《加利福尼亚州电子废物再生法》（S. B. 20/50）
3	科罗拉多州	2000 年	Colorado CRT Recycling Pilot Project 《科罗拉 CRT 回收试点计划》
4	康涅狄格州	2007 年 7 月	Connecticut's E-waste Recycling Law 《康州电子回收法》
5	夏威夷群岛	2008 年 7 月	Senate Bill 2843 《参议院第 2843 号法案》
6	伊利诺伊州	2008 年 9 月	Senate Bill 2313 《参议院第 2313 号法案》（电子产品回收再利用法案）
7	印第安纳州	2009 年 5 月	House Bill 1589 《众议院第 1589 号法案》（印第安纳州环境法修正法案）
8	缅因州	2004 年	Maine's Household Television and Computer Monitor Recycling Law 《缅因州家用电视与计算机显示器回收法》
9	马里兰州	2005 年	House Bill 575（Statewide Computer Recycling Pilot Program）、 House Bill 488（Statewide Electronics Recycling Program） 《众议院第 575、488 号法案》（马里兰州全州电子产品回收计划）
10	密歇根州	2008 年 12 月	Senate Bill 897 《参议院第 897 号法案》
11	明尼苏达州	2007 年 5 月	Minnesota's Electronics Recycling Act 《明尼苏达州电子回收法案》
12	密苏里州	2008 年 6 月	Senate Bill 720 《参议院第 720 号法案》
13	新泽西州	2008 年 1 月	New Jersey's Electroinc Waste Recycling Act 《新泽西州电子废物再生法》
14	纽约州	2010 年 10 月	NYS Electronic Equipment Recycling and Reuse Act 《纽约州电子设备回收和再利用法案》
15	纽约市	2008 年 5 月	Int. 728、Int. 729 《电子设备收集、再使用和回收利用法》
16	北卡罗来纳州	2007 年 8 月	Solid Waste Management Act 《固体废物管理法》

（续）

序号	地点	签署日期	立　　法
17	俄克拉荷马州	2008 年 5 月	Senate Bill 1631（Oklahoma Computer Equipment Recovery Act） 《参议院第 1631 号法案》俄克拉荷马州计算机设备恢复法案
18	俄勒冈州	2007 年 6 月	Oregon's Electroinc Waste Recycling Act 《俄勒冈州电子废物再生法》
19	宾夕法尼亚州	2010 年 11 月	Covered Device Recovery Act（CDRA） 《宾夕法尼亚州涵盖设备回收法》
20	罗得岛州	2006 年 7 月	Electronic Waste Prevention，Reuse and Recycling Act 《电子废物预防，再利用和再循环法案》
21	得克萨斯州	2007 年 6 月	House Bill 2714（Texas Administrative Code，Chapter 328） 《得州行政法例第 328 章（关于消费计算机设备回收计划法）》
22	弗吉尼亚州	2008 年 3 月	House Bill 344（Computer Recovery and Recycling Act 2008） 《众议院第 344 号法案》（计算机恢复和回收法案）
23	华盛顿州	2006 年 3 月	Senate Bill 6248 《参议院第 6248 号法案》（关于构建电子产品回收法的法案）
24	西弗吉尼亚州	2008 年 4 月	Senate Bill 746 《参议院第 746 号法案》（关于西弗吉尼亚州第 22 篇第 15a 款修订的法令）
25	威斯康星州	2009 年 10 月	Wisconsin's Electroinc Waste Recycling Act 《威斯康星州电子废弃物回收法》

　　2003 年加利福尼亚州颁布《加利福尼亚州电子废物再生法》，建立了"电子废物回收计划（CEW）"，以抵消处理某些不需要的电子设备的成本。该法案对所有出售的新显示器和电视机都引入了电子废物回收费，支付回收费用 6~10美元不等。该法案的颁布，在加利福尼亚州建立起一套资金系统来支撑废弃电器电子产品的回收系统以及强大的收集和处理基础设施。目前加利福尼亚州从少数几家回收商增加到州内超过 60 家电子垃圾回收企业以及 600 多个收集站点，回收了超过 20 亿 lb（1lb=0.45359237kg）的废弃电视机和显示器。加利福尼亚州的电子废物既不能在垃圾掩埋场处理，也不能出口到海外。加利福尼亚州废弃电器电子产品的回收系统是在政府的主导下，连接回收系统内的各个主体，从废弃电器电子产品产生的源头到废弃电器电子产品最终的处理处置进行监督和把控，使废弃电器电子产品可以有效地处理和回收，以下是回收系统的各个主体及运作方式的分析。

　　（1）零售商　零售商在销售产品时，向消费者收取 6 美元、8 美元、10 美元不等的回收费用。零售商在每个季末将回收费用提交给加利福尼亚州税务及费用管理处（CDTFA），并存入废弃电器电子产品的回收账户。

（2）消费者 消费者在购买产品时，需要支付该电子产品日后的回收费用，并且还可能需要支付报废费用给收集者。

（3）收集者 收集者首先需要被授权收集资格，在 2005 年之后，收集者通过加利福尼亚州消费者的网络信息资源来收集加利福尼亚州的废弃电器电子产品，这些收集者只可以通过消费者的报废费用来补偿网络系统的开支，而不可以向消费者收取其他费用。

（4）回收处理者 回收处理者可以从加利福尼亚州的网络信息资源获得每件废弃电器电子产品 0.48 美元的回收费，回收处理者又需要向收集者支付 0.2 美元/lb 的收集费。回收处理者还需要提供处理过程的证据（包括破碎、拆卸、碾压等处理过程），处理过程不得向土壤、大气、水中排放污染物。

（5）回收及循环再造商 回收及循环再造商向回收处理者支付回收及循环再造款项，以支付电子废物收集及循环再造的平均费用。

（6）加利福尼亚州税务及费用管理处（CDTFA） 加利福尼亚州税务及费用管理处从零售商收取回收费用，并存入废弃电器电子产品的回收账户。

（7）加利福尼亚州综合废物管理部（CIWMB） CIWMB 支付 0.48 美元/lb 的回收费用给回收处理者。

（8）有毒物资控制部（DTSC） DTSC 的管理费用来自专项拨款。

▶▶ 6.1.2 欧洲废弃电器电子产品管理措施

1993 年，欧盟确立了以"谁污染，谁负责"原则和"减少有害物质的替代原则"为基础的管理制度。1998 年 7 月颁布了《废旧电子电器回收法》，要求厂家对其产品在每个环节上对环境造成的影响负责，相关电子垃圾的回收和处理费用也由厂家承担。《欧盟电子废弃物管理法令》于 2002 年 10 月获得批准，并于 2003 年 2 月 12 日生效。与此同时获得批准的还有两项指令，即第 2002/96/EC 号《关于报废电子电器设备指令》（WEEE）和第 2002/95/EC 号《关于在电子电器设备中限制使用某些有害物质指令》（ROHS），该两项指令于 2004年 8 月 13 日正式实行。

▶ **1. 欧盟废弃电器电子产品立法**

（1）《关于报废电子电器设备指令》（WEEE） WEEE 指令规定 10 种不同的产品类别：①大型家用电器；②小型家用电器；③信息技术和电信设备；④消费者的设备；⑤照明设备；⑥电气和电子工具；⑦玩具、休闲、运动器材；⑧医疗设备；⑨监测和控制仪器；⑩自动售货机。此外，该指令列出了 10 种产品类别中受规管的具体产品。WEEE 指令第 7 条还为概述的产品类别设定了回收再利用废弃电器电子产品的时间表和数量目标。欧洲议会和部长理事会定期制定新的目标和时间表，回收目标从质量的 50% 到 80% 不等，每一个成员国都必须满足这些要求，欧洲委员会监测各成员国的执行情况。

WEEE 指令概述了强制收集及循环再造电子废物的一般规定。每个欧盟成员国都有责任设计和实施该指令所需的收集和回收计划，而且成员国在国家执行方面具有很大的灵活性。在欧洲，各国政府现分为两种国家执行模式：垄断的国家集体制度和竞争性的国家清算制度。第一种垄断的国家集体制度是指在一种制度下收集、回收和资助所有执行 WEEE 指令的活动。这些活动往往是在一个或多个行业协会拥有的公司赞助下进行的，且在非营利的基础上运作的。公司按产品类别划分组织，以实现废弃电器电子产品的最大回收效率，并确定回收材料的市场。第二种竞争性的国家清算制度旨在避免单一的垄断系统，利用市场动态来降低总体成本，也是许多较小成员国的首选。相比之下，一些市场相对较大、电子垃圾水平较高的成员国已选择设计信息交换系统，试图通过基于市场的竞争来节省成本。

（2）《关于在电子电器设备中限制使用某些有害物质指令》（ROHS）严格限制 WEEE 指令涵盖的 10 个产品类别中的 8 个类别及 6 种有毒物质。8 个类别分别为大型家用电器，小型家用电器，信息技术和电信设备，消费者的设备，照明设备，电器和电子工具，玩具、休闲、运动器材，自动售货机。ROHS 指令涵盖的 6 种有毒物质分别是四种重金属（铅、汞、镉和六价铬）和两种化学物质［多溴联苯（PBBs）和多溴二苯醚（PBDEs）］。除镉外，其他每种有毒物质的最大允许浓度均为 0.1%，镉的最大允许浓度仅为 0.01%。并且，ROHS 指令规定的最大允许浓度并不适用于成品平均浓度，而是适用于任何不同材料的有毒物质浓度。例如，一个电子产品被一个塑料外壳覆盖，而塑料外壳中含有 0.15% 的阻燃剂 PBBs，无论整个产品的大小或质量如何，都将违反指令。

此外，根据《巴塞尔公约》的政策发展，欧盟立法禁止成员国向发展中国家出口危险废物。

⯈⯈ 2. 德国废弃电器电子产品的立法及管理措施

欧盟通过了一系列与电子垃圾相关的社区级法规，旨在保护和改善环境质量，保护人类健康，谨慎合理地利用自然资源。欧洲国家废弃电器电子产品回收体系可分为两种类型：一类是已经从国家立法层面得到解决，制定了专门的法规，建立了废弃电器电子产品回收体系并已有效运行，如比利时、丹麦、荷兰等；另一类虽然没有专门制定废弃电器电子产品的法规，但依据废物管理法令运行，建立了完善的回收体系，如德国、法国。以下将简单介绍德国废弃电器电子产品的立法、回收情况及管理体系。

（1）德国废弃电器电子产品的立法及执行情况　1972 年，德国颁行《废弃物管理法》。1991 年 7 月，颁布《电子废弃物法》。1992 年起草了《关于防止电器电子产品废弃物产生和再利用法（草案）》。1996 年公布了更为系统的《循环经济和废物管理法》，通过这些法律法规对废弃电器电子产品进行积极回收利用和处置。德国还根据欧盟的 WEEE 以及 ROHS 指令，于 2005 年 7 月颁布了新的《电子电器设备使用、回收、有利环保处理联邦法》。该法明确了制造商对其设计、制造和销售的家电和电子产品进行收集、再使用和处置等义务，即从电器的原材料选择和产品设计开始，就为将来的使用和废弃考虑，形成资源—产品—再生资源的良性循环，从根本上解决环境与发展的长期矛盾。在相对健全的法律法规及完善的回收体系保障下，德国电子垃圾回收率也逐年提高。WEEE指令规定，到 2016 年，电子垃圾回收率应达到 45%。据德国联邦环境署统计数据显示，早在 2010 年德国就以 45% 的回收率完成了该目标，并预计这一数据在2019 年将达到 65%。

据德国废物管理及再生利用协会（BVSE）介绍，德国每年的废弃电器电子产品约为 200 万 t，年均增长率为 3%~5%，其中 60%~70% 的废弃电器电子产品由市政当局公共废弃物管理机构收集，30% 的废弃电器电子产品由私人公司收集。德国废弃电器电子产品收集系统基本由 4500 个公共废物收集管理机构设立的收集点、30000 个商业收集点以及 1000 个制造商提供的收集点组成，在该收集系统下，人均收集量已达到 5.5kg/年。

根据《电子电器设备法》，德国联邦环境署成立了电子废弃物注册管理基金会（简称 EAR 基金会）。基金会不承担废弃电器电子产品的回收、处理、分类、拆解和再利用等具体事项，而是通过系统协调电子垃圾的流向、分配制造商的责任份额并监控制造商的回收情况，保证《电子电器设备法》的有效实施。EAR 基金会主要与电器电子设备制造商和公共废物处置机构建立联系。

（2）德国的废弃电器电子产品管理体系　德国的废弃电器电子产品管理体系如图 6-2 所示。

1）政府机关。联邦层级的政府行政机关有两个：环境、自然保护与核安全部和联邦环境署。环境、自然保护与核安全部负责辅助颁布条例，联邦环境署负责管理生产者的注册与担保，以及公共废物管理机构的各项事宜。联邦州负责颁布州法规，州级行政主管部门制定生产者向公共废物管理机构支付的费率，公共废物管理机构负责废弃物回收、运输、处理与处置的管理和运营。

2）生产者。根据延伸生产者责任制，生产者需要对生产的电器电子产品废弃后的生命终期管理负责。生产者根据其产品在德国的市场份额承担同比例的废弃电器电子产品的转运、处理与处置的成本。生产者所需承担的最大费用主要是废弃电器电子产品的物流运输和处理费用。德国的电器电子产品生产者责任延伸体现为：①贴加提示标签，提醒消费者单独收集废弃电器电子产品；②在新产品投放市场前，须在国家电器设备注册处注册；③生产者对本企业产品转化而成的废弃电器电子产品负责，生产者一般不直接参与废弃电器电子产品的转运、处理与处置，而是委托处理企业进行处理；④每个月，生产者须向国家电气设备注册处报告投放德国市场的种类及数量。

3）分销者。分销者即向消费者提供电器电子产品的任何人。分销者可以自愿决定是否参与回收废弃电器电子产品。德国的分销者常以购物折价的方式来提供回收服务，即消费者购买新产品时，可以用旧产品来抵消部分购买新产品的价格。

4）消费者。消费者须将产生的电子废物与其他垃圾分类，使用上门回收系统时，向市政支付收集的费用。

5）公共废物管理机构。该机构是废弃电器电子产品的法定回收机构，负责向消费者收集废弃电器电子产品，并免费移交给生产者。

6）处理企业。处理企业确保废弃电器电子产品处理达到法定再循环率以及回收利用率。处理企业需要申请污染排放许可，并对处理设施进行年度认证。《电子废弃物法》《废物处理法》《专门废物管理公司条例》以及《污染排放控制法》对其电子废弃物处理过程提供相应的法律依据。

7）结算机构。结算机构负责确定并分配生产企业电子废弃物处理的责任份额以及监控生产企业的责任完成情况。

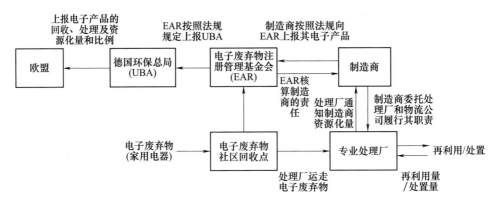

图 6-2　德国的废弃电器电子产品管理体系

▶▶ 6.1.3　韩国废弃电器电子产品管理措施

韩国经济部于 2003 年修订了《废物回收法》，以有效收集和回收废物，并颁布了《电子废弃物生产者责任延伸条例》，截至目前，将废弃电器电子产品分为 10 个大类，分别为冰箱、洗衣机、空调、电视机、计算机、音频设备、移动电话、打印机、复印机、传真机。生产者责任延伸制度要求生产者在其产品的整个生命周期内对其环境影响承担更多的管理责任，并要求生产者必须根据其年生产量的一定百分比收集和回收指定数量的废弃电器电子产品，否则他们必须付出比回收废品更多的花销。2007 年，韩国制定了《废旧电子电气设备资源法》，该法案旨在减少废弃电器电子产品进入垃圾掩埋场和焚烧厂的数量，通过采用生产者责任延伸制度，实现所有目标产品的高回收率，并改善电器电子产品在其生命周期内的整体环境性能。这项法案与欧盟的指令相对应，如 WEEE 指令、ROHS 指令及最终车辆（ELV）指令（欧盟指令 2000、欧盟指令 2002a、欧盟指令 2002b）。这表明了韩国的总体目标，即尽量减少废弃电器电子产品处理对环境造成的所有可能影响。生产者、进口商、分销商、消费者所有各方都应参与废弃电器电子产品的收集、处理、回收和无害环境的处置。生产者必须为废弃电器电子产品的收集、回收和处理系统提供资金。图 6-3 所示为韩国废弃电器电子产品目前的管理系统。

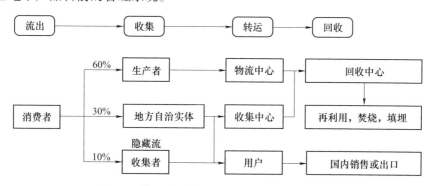

图 6-3 韩国废弃电器电子产品目前的管理系统

2000 年 9 月，韩国成立了韩国电子工业协会（KAEE），作为一个生产者责任组织，旨在通过回收及循环再造电子产品，保护环境及建立资源再循环型社会。该协会的固定会员包括三星、LG 电子在内的 118 家制造及进口企业，以及 59 家回收公司。2003 年 1 月，引入生产者责任延伸制并实施《节约资源和鼓励回收法》。2003 年 6 月建设都市回收中心。从 2012 年起，建立和运营全国回收网络体系，开展符合生产者责任延伸制的互助业务，扩大回收新技术的开发和供应，并对每个类别和项目建立系统的统计，调查实际收集和回收水平。

近些年韩国有 100 家物流中心及 3300 家配送机构，此外，还有 232 个地方自治机关收集电子垃圾。回收系统方面，通过韩国 7 个地区先进的回收中心和 59 个回收工厂，鼓励环保回收。韩国每年回收电子垃圾 9 万 t 以上，如图 6-4 所示。

在韩国，电子废弃产品的年度强制回收率由韩国商务部根据目标回收率、从仓库装运的电器电子产品数量以及回收市场状况确定。生产者责任延伸制度

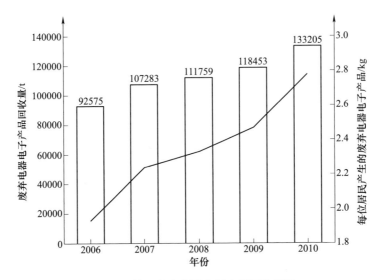

图 6-4　韩国废弃电器电子产品回收情况

强制回收的总量，由每年从仓库装运的电器电子产品的数量乘以每年的强制回收率确定。表 6-2 列举了韩国在 2008 年—2010 年间的废弃电器电子产品国内产生量、资源化目标量以及回收量。例如，在 2010 年，韩国经济部确定的资源化目标量为冰箱 51791t，洗衣机 29355t，电视机 16397t，空调 3091t。生产商回收的大部分废弃电器电子产品的数量超过了他们的强制性目标量。

表 6-2　韩国废弃电器电子产品回收情况

废弃电器电子产品	2008 年			2009 年			2010 年		
	国内产生量/t	资源化目标量/t	回收量/t	国内产生量/t	资源化目标量/t	回收量/t	国内产生量/t	资源化目标量/t	回收量/t
冰箱	311815	58933	53678	222474	45830	58636	234347	51791	64618
洗衣机	102329	25889	22035	95470	24918	26046	107137	29355	29215
电视机	73480	10655	18664	74214	11874	18544	86300	16397	21491
空调	124120	2855	2438	126979	2921	2887	128790	3091	3064
计算机	51028	5256	9992	47605	5284	8383	54304	6679	9790
音频设备	3908	582	1170	4901	760	685	4632	787	711
移动电话	2984	537	711	3206	635	629	3533	777	731
复印机	6098	774	958	4636	617	588	5707	810	994
传真机	837	95	111	468	57	117	525	70	129
打印机	22829	2557	2002	11929	1420	1938	15056	1957	2462
总计	699428	108134	111759	591882	94316	118453	640331	111714	133205

从韩国废弃电器电子产品回收的角度来看，目前的工作主要集中在有限的废弃电器电子产品种类，尤其是大型家用电器和少数电子设备的材料回收。此外，目前系统中的电子设备中仅有一小部分是回收利用的。因此，政策和法规需要提高其目标回收率，并提供各种奖励措施，将废弃电器电子产品从家庭存储中移除。此外，还需要扩大废弃电器电子产品回收清单的类别和项目，包括小型家用电器（如吸尘器、电饭煲、咖啡机）和其他 IT 产品（如 MP3 播放器、游戏播放器）。

6.2 我国废弃电器电子产品管理措施

根据 2019 年国家统计局数据的研究预测，2019 年我国主要电器电子产品的社会保有量，电视机约为 5.4 亿台、电冰箱约为 4.4 亿台、洗衣机约为 4.2 亿台、空调约为 4.6 亿台、计算机约为 2.8 亿台、手机约为 11 亿台、吸油烟机约为 2.4 亿台、热水器约为 3.7 亿台。此外，每年还有大量的复印机、传真机、打印机等电子产品报废淘汰。

2008 年以前，我国废弃电器电子产品的流向主要有三个：一是通过走街串巷的小商贩上门回收或者通过生产厂家、销售商"以旧换新"等方式回收后，流入旧货市场，销售给低端消费者；二是通过捐赠等方式，向西部地区、希望小学等特定地域、群体转移；三是拆解、处理，提取贵金属等原材料。环境污染问题主要集中在第三个流向中，即由于一些地方存在为数众多的拆解处理废弃电器电子产品的个体手工作坊，它们为追求短期效益，采用露天焚烧、强酸浸泡等原始落后方式提取贵金属，随意排放废气、废液、废渣，对大气、土壤和水体造成了严重污染，危害了人类健康。尽管各级人民政府对废弃电器电子产品引发的环境和健康问题给予了高度关注，但仍存在着应对措施不力的问题，有必要对废弃电器电子产品处理加强法制化管理，以利于可持续发展。

可见，我国废弃电器电子产品回收处置行业开展较早，但长期以来缺乏规范化的管理。鉴于上述现状，2008 年国务院常务会通过了《废弃电器电子产品回收处理管理条例》（中华人民共和国国务院第 551 号令），并 2011 年 1 月 1 日起正式实施。同时，为配合《废弃电器电子产品回收处理管理条例》的执行，2012 年 7 月，《废弃电器电子产品处理基金征收使用管理办法》（财综〔2012〕34 号）正式实施，以及相关配套管理政策法规标准的陆续颁布，开启了我国废弃电器电子产品回收处置行业规范化管理的序幕。

截至 2020 年，我国进入废弃电器电子产品处理基金补贴名单的处理企业共计 109 家，废弃电器电子产品处理企业的处理能力已经达到 1.7 亿台。

表 6-3 列举了我国废弃电器电子产品相关政策文件。

表 6-3　我国废弃电器电子产品相关政策文件

文件名称	颁布/实施部门	实施日期
《固体废物污染环境防治法》（2016 修正）	全国人大常委会	2005 年 4 月 1 日
《废弃电器电子产品处理企业建立数据信息管理系统及报送信息指南》（环境保护部公告〔2010〕第 84 号）	环境保护部	2010 年 11 月 16 日
《废弃电器电子产品回收处理管理条例》（国务院第 551 号令）	国务院办公厅	2011 年 1 月 1 日
《废弃电器电子产品处理资格许可管理办法》（环境保护部第 13 号令）	环境保护部	2011 年 1 月 1 日
《废弃电器电子产品处理基金征收使用管理办法》（财综〔2012〕34 号）	财政部、环境保护部、国家发展和改革委员会、工业和信息化部、海关总署和国家税务总局	2012 年 7 月 1 日
《关于进一步明确废弃电器电子产品处理基金征收产品范围的通知》（财综〔2012〕80 号）	财政部、国家税务总局	2012 年 10 月 15 日
《关于组织开展废弃电器电子产品拆解处理情况审核工作的通知》（环发〔2012〕110 号）	环境保护部、财政部	2012 年 9 月 3 日
《关于完善废弃电器电子产品处理基金等政策的通知》（财综〔2013〕110 号）	财政部、环境保护部、国家发展和改革委员会、工业和信息化部	2013 年 12 月 2 日
《旧电器电子产品流通管理办法》（商务部 2013 年第 1 号令）	商务部	2013 年 5 月 1 日
《废弃电器电子产品规范拆解处理作业及生产管理指南（2015 年版）》（公告 2014 年 第 82 号）	环境保护部、工业和信息化部	2014 年 12 月 5 日
《国家危险废物名录（2021 年版）》	生态环境部、国家发展和改革委员会、公安部、交通运输部、国家卫生健康委员会	2021 年 1 月 1 日
《关于调整废弃电器电子产品处理基金补贴标准的通知》（财税〔2021〕10 号）	财政部、生态环境部、国家发展和改革委员会、工业和信息化部	2021 年 4 月 1 日

▶ 6.2.1 废弃电器电子产品管理相关法规

▶ 1.《电子废物污染环境防治管理办法》

2007 年 9 月 7 日，在环境保护部第 3 次局务会议通过了《电子废物污染环境防治管理办法》，并于 2008 年 2 月 1 日起施行。该办法是以《固体废物污染环境防治法》为依据，面向电子废物的产生、贮存、拆解、利用、处置过程，为了防治电子废物污染环境，加强对电子废物的环境管理而制定。该办法提出了对电子废物管理范围的界定，即是指废弃的电子电器产品、电子电器设备（以下简称产品或者设备）及其废弃零部件、元器件和环境保护部会同有关部门规定纳入电子废物管理的物品、物质，包括工业生产活动中产生的报废产品或者设备、报废的半成品和下脚料，产品或者设备维修、翻新、再制造过程产生的报废品，日常生活或者为日常生活提供服务的活动中废弃的产品或者设备，以及法律法规禁止生产或者进口的产品或者设备。

该办法规定新建、改建、扩建拆解、利用、处置电子废物的项目，建设单位（包括个体工商户）向所在地设区的市级以上地方人民政府环境保护行政主管部门报批环境影响评价文件，并进行环境保护措施验收，负责审批环境影响评价文件的县级以上人民政府环境保护行政主管部门将具备条件的单位列入电子废物拆解利用处置单位临时名录，进入名录后该单位才可以进行电子废物的拆解利用处置，三年内没有两次以上（含两次）相关违法行为的列入临时名录的单位可列入电子废物拆解利用处置单位名录。

该办法根据我国当时电子废物的处理处置现状，提出了拆解、利用和处置电子废物，应当符合环境保护部制定的有关电子废物污染防治的相关标准、技术规范和技术政策的要求，主要强调：禁止使用落后的技术、工艺和设备拆解、利用和处置电子废物；禁止露天焚烧电子废物；禁止使用冲天炉、简易反射炉等设备和简易酸浸工艺利用、处置电子废物；禁止以直接填埋的方式处置电子废物；拆解、利用、处置电子废物应当在专门作业场所进行，作业场所应当采取防雨、防地面渗漏的措施，并有收集泄漏液体的设施；拆解电子废物，应当首先将铅酸电池、镉镍电池、汞开关、阴极射线管、多氯联苯电容器、制冷剂等去除并分类收集、贮存、利用、处置；贮存电子废物，应当采取防止因破碎或者其他原因导致电子废物中有毒有害物质泄漏的措施；破碎的阴极射线管应当贮存在有盖的容器内；电子废物贮存期限不得超过 1 年。

▶ 2.《废弃电器电子产品回收处理管理条例》

2008 年 8 月 20 日国务院第 23 次常务会议通过了《废弃电器电子产品回收处理管理条例》，并于 2011 年 1 月 1 日起施行。同时，《废弃电器电子产品处理目录》《废弃电器电子产品处理企业建立数据信息管理系统及报送信息指南》、《废弃电器电子产品处理资格许可管理办法》等配套管理政策也先后颁布。

该条例明确了《废弃电器电子产品处理目录》中规定的产品范畴的处理活动，是指将废弃电器电子产品进行拆解，从中提取物质作为原材料或者燃料，用改变废弃电器电子产品物理、化学特性的方法减少已产生的废弃电器电子产品数量，减少或者消除其危害成分，以及将其最终置于符合环境保护要求的填埋场的活动，不包括产品维修、翻新以及经维修、翻新后作为旧货再使用的活动。

该条例规定了生产者、销售者、回收经营者、处理企业各应当承担的相关责任和义务。

①电器电子产品生产者的责任。生产者的责任主要是"绿色"生产。"绿色"生产是《中华人民共和国清洁生产促进法》规定的生产企业的责任。从国外经验看，生产者尽量做到"绿色"设计、"绿色"生产、从源头上控制污染材料的使用，是解决电子污染的根本途径。条例规定，电器电子产品生产者、进口电器电子产品的收货人或者其代理人生产、进口的电器电子产品应当符合国家有关电器电子产品污染控制的规定，采用有利于资源综合利用和无害化处理的设计方案，使用无毒无害或者低毒低害以及便于回收利用的材料。电器电子产品上或者产品说明书中应当按照规定提供有关有毒有害物质含量、回收处理提示性说明等信息。

②电器电子产品销售者、维修机构、售后服务机构的责任。条例规定，电器电子产品销售者、维修机构、售后服务机构应当在其营业场所显著位置标注废弃电器电子产品回收处理提示性信息。回收的废弃电器电子产品应当由有废弃电器电子产品处理资格的处理企业处理。

③废弃电器电子产品回收经营者的责任。条例规定，废弃电器电子产品回收经营者应当采取多种方式为电器电子产品使用者提供方便、快捷的回收服务。废弃电器电子产品回收经营者对回收的废弃电器电子产品进行处理，应当依照本条例规定取得处理资格；未取得处理资格的，应当将回收的废弃电器电子产品交有资格的处理企业处理。回收的电器电子产品经过修复后销售的，必须符合保障人体健康和人身、财产安全等国家技术规范的强制性要求，并在显著位置标识为旧货，具体管理办法由国务院商务主管部门制定。

④处理企业的责任。一是，从事废弃电器电子产品处理活动，应当取得废弃电器电子产品处理资格。二是，处理废弃电器电子产品，应当符合国家有关资源综合利用、环境保护、劳动安全和保障人体健康的要求，禁止采用国家明令淘汰的技术和工艺处理废弃电器电子产品。三是，处理企业应当建立废弃电器电子产品处理的日常环境监测制度。四是，处理企业应当建立废弃电器电子

产品的数据信息管理系统，向所在地的设区的市级人民政府环境保护主管部门报送废弃电器电子产品处理的基本数据和有关情况。废弃电器电子产品处理的基本数据的保存期限不得少于3年。

此外，回收、储存、运输、处理废弃电器电子产品的单位和个人，还应当遵守国家有关环境保护和环境卫生管理的规定。

3.《废弃电器电子产品处理资格许可管理办法》

2010年11月5日，根据《中华人民共和国行政许可法》《固体废物污染环境防治法》和《废弃电器电子产品回收处理管理条例》，环境保护部审议通过了《废弃电器电子产品处理资格许可管理办法》，并于2011年1月1日起施行。该办法规定了废弃电器电子产品处理资格的申请、审批及相关监督管理活动。这为正规拆解处置废弃电器电子产品企业设立了准入制度。

该办法限定了申请废弃电器电子产品处理资格的应当具备的基本条件。申请企业应当依法成立，符合本地区废弃电器电子产品处理发展规划的要求，具有增值税一般纳税人企业法人资格，并具备下列条件。

1）具备与其申请处理能力相适应的废弃电器电子产品处理车间和场地、贮存场所、拆解处理设备及配套的数据信息管理系统、污染防治设施等。

2）具有与所处理的废弃电器电子产品相适应的分拣、包装设备以及运输车辆、搬运设备、压缩打包设备、专用容器及中央监控设备、计量设备、事故应急救援和处理设备等。

3）具有健全的环境管理制度和措施，包括对不能完全处理的废弃电器电子产品的妥善利用或者处置方案，突发环境事件的防范措施和应急预案等。

4）具有相关安全、质量和环境保护的专业技术人员。

同时，该办法也规定了废弃电器电子产品处理资格的监督、惩罚和退出机制。企业违规内容主要包括：不按照废弃电器电子产品处理资格证书的规定处理废弃电器电子产品的；未按规定办理废弃电器电子产品处理资格变更、换证、注销手续的；擅自关闭、闲置、拆除或者不正常使用污染防治设施、场所的，经县级以上人民政府环境保护主管部门责令限期改正，逾期未改正的；造成较大以上级别的突发环境事件的；废弃电器电子产品处理企业将废弃电器电子产品提供或者委托给无废弃电器电子产品处理资格证书的单位和个人从事处理活动的；倒卖、出租、出借或者以其他形式非法转让废弃电器电子产品处理资格证书的。

6.2.2 基于生产者责任延伸制度的基金管理措施

1.《废弃电器电子产品处理基金征收使用管理办法》

1）2012年5月21日，为规范废弃电器电子产品处理基金征收使用管理，根据《废弃电器电子产品回收处理管理条例》（国务院第 551 号令），由财政部、环境保护部、国家发展和改革委员会、工业和信息化部、海关总署和国家税务总局制定发布了《废弃电器电子产品处理基金征收使用管理办法》，并于 2012 年 7 月 1 日起执行。

废弃电器电子产品处理基金（以下简称基金）是国家为促进废弃电器电子产品回收处理而设立的政府性基金。基金全额上缴中央国库，纳入中央政府性基金预算管理，实行专款专用，年终结余结转下年度继续使用。

该办法划定了履行基金缴纳义务范围，包括电器电子产品生产者、进口电器电子产品的收货人或者其代理人。该办法明确了基金适用范围，包括：废弃电器电子产品回收处理费用补贴；废弃电器电子产品回收处理和电器电子产品生产销售信息管理系统建设，以及相关信息采集发布支出；基金征收管理经费支出；经财政部批准与废弃电器电子产品回收处理相关的其他支出。

为引导废弃电器电子产品正规回收体系的建立，鼓励正规拆解企业对《废弃电器电子产品处理目录》规定产品进行有效资源综合利用和无害化处理，该办法对处理企业按照实际完成拆解处理的废弃电器电子产品数量给予定额补贴，基金补贴标准为：电视机 85 元/台、电冰箱 80 元/台、洗衣机 35 元/台、房间空调 35 元/台、微型计算机 85 元/台。

2）2015 年 11 月 26 日，为合理引导废弃电器电子产品回收处理，加快提升行业技术水平和整体效率，根据废弃电器电子产品回收处理成本和收益变化情况，财政部、环境保护部、国家发展和改革委员会、工信部四部委发布了新版废弃电器电子产品处理基金补贴标准，调整后的废弃电器电子产品处理基金补贴标准自 2016 年 1 月 1 日起施行。新的基金补贴标准如下。

电视机：14in 及以上且 25in 以下阴极射线管（黑白、彩色）电视机，补贴标准为 60 元/台，25in 及以上阴极射线管（黑白、彩色）电视机，等离子电视机、液晶电视机、OLED 电视机、背投电视机补贴标准为 70 元/台，14in 以下阴极射线管（黑白、彩色）电视机不予补贴。

微型计算机：台式微型计算机（含主机和显示器）、主机显示器一体形式的台式微型计算机、便携式微型计算机补贴标准为 70 元/台；平板计算机、掌上计算机补贴标准另行制定。

洗衣机：单桶洗衣机、脱水机（3kg<干衣量≤10kg），补贴标准为 35 元/台；双桶洗衣机、波轮式全自动洗衣机、滚筒式全自动洗衣机（3kg<干衣量≤10kg）补贴标准为 45 元/台；干衣量≤3kg 的洗衣机不予补贴。

电冰箱：冷藏冷冻箱（柜）、冷冻箱（柜）、冷藏箱（柜）（50L≤容积≤500L）的补贴标准为 80 元/台；容积<50L 的电冰箱不予补贴。

空调：整体式空调、分体式空调、一拖多空调（含室外机和室内机）（制冷量≤14000W）补贴标准为130元/台。

3）2021年3月22日，为完善废弃电器电子产品处理基金补贴政策，合理引导废弃电器电子产品回收处理，财政部、生态环境部、国家发展和改革委员会、工业和信息化部联合颁布了《关于调整废弃电器电子产品处理基金补贴标准的通知》（财税〔2021〕10号），调整后的废弃电器电子产品处理基金补贴标准自2021年4月1日起施行。相较于2016年实施的补贴标准，该次补贴标准下调明显（表6-4），具体新的基金补贴标准如下。

电视机：14in及以上且25in以下阴极射线管（黑白、彩色）电视机，补贴标准为40元/台，25in及以上阴极射线管（黑白、彩色）电视机，等离子电视机、液晶电视机、OLED电视机、背投电视机补贴标准为45元/台，14in以下阴极射线管（黑白、彩色）电视机不予补贴。

微型计算机：台式微型计算机（含主机和显示器）、主机显示器一体形式的台式微型计算机、便携式微型计算机补贴标准为45元/台；平板计算机、掌上计算机补贴标准另行制定。

洗衣机：单桶洗衣机、脱水机（3kg<干衣量≤10kg），补贴标准为25元/台；双桶洗衣机、波轮式全自动洗衣机、滚筒式全自动洗衣机（3kg<干衣量≤10kg）补贴标准为30元/台；干衣量≤3kg的洗衣机不予补贴。

电冰箱：冷藏冷冻箱（柜）、冷冻箱（柜）、冷藏箱（柜）（50L≤容积≤500L）的补贴标准为55元/台；容积<50L的电冰箱不予补贴。

空调：整体式空调、分体式空调、一拖多空调（含室外机和室内机）（制冷量≤14000W）补贴标准为100元/台。

表6-4　废弃电器电子产品处理基金补贴变化

序号	产品名称	品种	补贴标准/（元/台）			
			2021年（新）	2016年（旧）	备注	2012年（旧）
1	电视机	14in及以上且25in以下阴极射线管（黑白、彩色）电视机	40	60	14in以下阴极射线管（黑白、彩色）电视机不予补贴	85
		25in及以上阴极射线管（黑白、彩色）电视机，等离子电视机、液晶电视机、OLED电视机、背投电视机	45	70		
2	微型计算机	台式微型计算机（含主机和显示器）、主机显示器一体形式的台式微型计算机、便携式微型计算机	45	70	平板计算机、掌上计算机补贴标准另行制定	85

（续）

序号	产品名称	品种	补贴标准/（元/台）			
			2021 年（新）	2016 年（旧）	备注	2012 年（旧）
3	洗衣机	单桶洗衣机、脱水机（3kg<干衣量≤10kg）	25	35	干衣量≤3kg 的洗衣机不予补贴	35
		双桶洗衣机、波轮式全自动洗衣机、滚筒式全自动洗衣机（3kg<干衣量≤10kg）	30	45		
4	电冰箱	冷藏冷冻箱（柜）、冷冻箱（柜）、冷藏箱（柜）（50L≤容积≤500L）	55	80	容积<50L 的电冰箱不予补贴	80
5	空调	整体式空调、分体式空调、一拖多空调（含室外机和室内机）（制冷量≤14000W）	100	130		35

▶▶ 2.《关于进一步明确废弃电器电子产品处理基金征收产品范围的通知》

2012 年 10 月 15 日，财政部和国家税务总局发布了《关于进一步明确废弃电器电子产品处理基金征收产品范围的通知》，通知中明确了征收废弃电器电子产品处理基金（以下简称基金）的产品范围。

1）纳入基金征收范围的电视机 是指含有电视调谐器（高频头）的用于接收信号并还原出图像及伴音的终端设备，包括阴极射线管（黑白、彩色）电视机、液晶电视机、等离子电视机、背投电视机以及其他用于接收信号并还原出图像及伴音的终端设备。

2）纳入基金征收范围的电冰箱 是指具有制冷系统、消耗能量以获取冷量的隔热箱体，包括各自装有单独外门的冷藏冷冻箱（柜）、容积≤500L 的冷藏箱（柜）、制冷温度>-40℃且容积≤500L 的冷冻箱（柜）以及其他具有制冷系统、消耗能量以获取冷量的隔热箱体。

对上述产品中分体形式的设备，按其制冷系统设备的数量征收基金。对自动售货机、容积<50L 的车载冰箱以及不具有制冷系统的柜体，不征收基金。

3）纳入基金征收范围的洗衣机 是指干衣量≤10kg 的依靠机械作用洗涤衣物（兼有干衣功能）的器具，包括波轮式洗衣机、滚筒式洗衣机、搅拌式洗衣机、脱水机以及其他依靠机械作用洗涤衣物（兼有干衣功能）的器具。

4）纳入基金征收范围的房间空调是指制冷量≤14000W（50472kJ/h）的空调，包括整体式空调（窗机、穿墙机、移动式等）、分体形式空调（分体壁挂、分体柜机、一拖多、单元式空调等）以及其他房间空调。对分体形式空调，按室外机的数量征收基金。对不具有制冷系统的空调，不征收基金。

5）纳入基金征收范围的微型计算机，是指接口类型仅包括 VGA（模拟信号接口）、DVI（数字视频接口）或 HDMI（高清晰多媒体接口）的台式微型计算机的显示器、主机和显示器一体形式的台式微型计算机、便携式微型计算机（含笔记本计算机、平板计算机、掌上计算机）以及其他信息事务处理实体。

▶3. 《关于完善废弃电器电子产品处理基金等政策的通知》

2013 年 12 月 2 日，为促进废弃电器电子产品处理的规模化、产业化、专业化发展，提升行业技术装备水平，推动优质废弃电器电子产品处理企业（以下简称处理企业）做大做强，淘汰落后处理企业，财政部、环境保护部、发展和改革委员会、工业和信息化部联合发布了《关于完善废弃电器电子产品处理基金等政策的通知》，通知进一步明确了纳入基金补贴范围的处理企业和基金补贴企业推出机制。

（1）将已建成的优质处理企业纳入基金补贴范围　优质处理企业是指再生资源利用领域全国性龙头企业和电器电子产品生产大型骨干企业设立的处理企业，并具备下列条件：具有国内领先水平的废弃电器电子产品拆解处理技术设备，具备持续的技术设备研发和创新能力；具有废弃电器电子产品的无害化资源化深度处理能力，资源回收利用率和附加值高；废弃电器电子产品处理的环境污染控制标准高；企业管理规范，有完善的废弃电器电子产品回收处理信息管理系统，内部控制制度有效；有稳定的废弃电器电子产品回收渠道；企业诚信度高，社会信誉良好。

本通知发布前已建成但尚未纳入相关省（区、市）废弃电器电子产品处理发展规划（以下简称规划）的优质处理企业，可以向设区的市级环保部门申请废弃电器电子产品处理资格，并向财政部、环境保护部、发展和改革委员会、工业和信息化部申请废弃电器电子产品处理基金（以下简称基金）补贴。

设区的市级环保部门对提出申请的优质处理企业资质情况进行审查，对符合条件的颁发废弃电器电子产品处理资格证书。财政部会同环境保护部、发展和改革委员会、工业和信息化部对提出基金补贴申请的优质处理企业相关条件进行审核，并组织专家进行现场核查，对达到合格标准的，纳入基金补贴范围。

（2）调整完善各省（区、市）废弃电器电子产品处理发展规划　对获得基金补贴的优质处理企业，由相关省（区、市）环保部门会同有关部门将其纳入本地区规划。本通知发布后新设立的优质处理企业申请废弃电器电子产品处理资格和基金补贴，必须先符合各省（区、市）规划的要求。

严格控制处理企业规划数量，优化处理企业结构。除将已获得基金补贴的优质处理企业纳入规划外，本通知发布前已经环境保护部备案的各省（区、市）

废弃电器电子产品处理企业规划数量不再增加。各省（区、市）环保部门要会同有关部门通过修订本地区规划，淘汰技术设备落后、不符合环保要求、资源综合利用率低、缺乏诚信和管理混乱的企业，并将优质处理企业纳入规划。

合理核定处理企业的处理能力。设区的市级环保部门要切实规范废弃电器电子产品处理资格审查和许可管理，根据处理企业配备的关键处理设备（如CRT切割机）台数、以每天 8h 工作时间为标准，并区分废弃电器电子产品类别，科学合理核定处理企业的处理能力，确保真实准确，不得虚增处理能力。凡不符合上述要求的，设区的市级环保部门要重新核定处理企业的处理能力，并按规定对其换发废弃电器电子产品处理资格证书。各省（区、市）环保部门要督促和指导设区的市级环保部门做好处理能力核定工作，并于 2014 年 1 月 20日前将重新核定后的本地区处理企业的处理能力报环境保护部和财政部备案。

（3）明确基金补贴企业退出规定 各级环保部门要会同有关部门通过现场检查、驻厂监管、重点抽查、委托专业机构审核、信息系统实时监控等方式，加强对处理企业拆解处理废弃电器电子产品的审核和环境执法监督。财政部会同环境保护部、发展和改革委员会、工业和信息化部对处理企业进行综合评估。在审核监督和综合评估中发现处理企业有下列情形之一的，取消给予基金补贴的资格，并从相关省（区、市）规划中剔除：存在违法经营行为的；以虚报、冒领等手段骗取基金补贴的；非法利用处置废弃电器电子产品拆解产物的；自2014 年起，经各级环保部门审核确认的废弃电器电子产品不规范拆解处理数量占其申报拆解处理总量连续两年超过 5%的；自 2014 年起，各类废弃电器电子产品年实际拆解处理量低于许可处理能力的 20%的，以及资源产出率低于40%的。

（4）全面公开废弃电器电子产品处理信息 各省（区、市）环保部门要在政府网站显著位置公开本地区处理企业规划数量、名称、处理设施地址、处理的废弃电器电子产品类别和能力等；按季度公开本地区处理企业完成拆解处理的废弃电器电子产品种类、数量以及拆解产物和最终废弃物利用处置情况；及时公开本地区废弃电器电子产品拆解处理的环保核查和数量审核情况以及处理企业接受基金补贴情况。环境保护部要在政府网站显著位置公开各省（区、市）处理企业规划数量、名称、布局、处理能力等；按季度公开各省（区、市）处理企业完成拆解处理的废弃电器电子产品种类、数量及审核情况；及时公开各省（区、市）处理企业接受基金补贴情况等。通过提高废弃电器电子产品处理信息透明度，更好地接受社会公众监督，营造公平市场环境，增强行业发展的自律性，促进行业持续健康发展。

▶▶▶ 4.《生产者责任延伸制度推行方案》

2016 年 12 月 25 日，国务院办公厅印发了《生产者责任延伸制度推行方案》，方案综合考虑产品市场规模、环境危害和资源化价值等因素，率先确定对电器电子、汽车、铅酸蓄电池和包装物 4 类产品实施生产者责任延伸制度。在总结试点经验基础上，适时扩大产品品种和领域。实施生产者责任延伸制度，把生产者对其产品承担的资源环境责任从生产环节延伸到产品设计、流通消费、回收利用、废物处置等全生命周期，是加快生态文明建设和绿色循环低碳发展的内在要求，对推进供给侧结构性改革和制造业转型升级具有积极意义。

方案要求制定电器电子产品生产者责任延伸政策指引和评价标准，引导生产企业深入开展生态设计，优先应用再生原料，积极参与废弃电器电子产品回收和资源化利用。支持生产企业建立废弃电器电子产品的新型回收体系，通过依托销售网络建立逆向物流回收体系，选择商业街区、交通枢纽开展自主回收试点，运用"互联网+"提升规范回收率，选择居民区、办公区探索加强垃圾清运与再生资源回收体系的衔接，大力促进废弃电器电子产品规范回收、利用和处置，保障数据信息安全。率先在北京市开展废弃电器电子产品新型回收利用体系建设试点，并逐步扩大回收利用废弃物范围。

完善废弃电器电子产品回收处理相关制度，科学设置废弃电器电子产品处理企业准入标准，及时评估废弃电器电子产品处理目录的实施效果并进行动态调整。加强废弃电器电子产品处理基金征收和使用管理，建立"以收定支、自我平衡"的机制。强化法律责任，完善申请条件，加强信息公开，进一步发挥基金对生产者责任延伸的激励约束作用。

6.2.3　废弃电器电子产品拆解处理管理措施

1.《废弃电器电子产品规范拆解处理作业及生产管理指南（2015 年版）》

2014 年 12 月 5 日，为提高废弃电器电子产品处理基金补贴企业生产作业和环境管理水平，保障基金使用安全，环境保护部、工业和信息化部联合发布了《废弃电器电子产品规范拆解处理作业及生产管理指南（2015 年版）》。指南适用于列入《废弃电器电子产品处理基金补贴企业名单》的废弃电器电子产品处理企业，其他具有废弃电器电子产品处理资格的企业可以参考本指南的内容合理安排有关生产和环境管理工作。

《废弃电器电子产品规范拆解处理作业及生产管理指南（2015 年版）》明确了对拆解处理企业的基本要求、管理制度、数据信息管理、视频监控设置及要求、设施和设备要求、拆解处理过程要求、主要拆解产物清单、工业危险废物产生单位规范化管理主要指标及管理内容等废弃电器电子产品拆解作业全过程的规范指导，有利于深入提高行业企业技术水平和管理水平；同时，指南可作为各级环保部门对拆解处理企业的日常监管和基金补贴审核工作的技术参考与重要依据。

▶▶ **2.《废弃电器电子产品拆解处理情况审核工作指南（2019 年版）》**

为贯彻落实《废弃电器电子产品回收处理管理条例》和《废弃电器电子产品处理基金征收使用管理办法》，促进废弃电器电子产品的妥善回收处理，规范和指导废弃电器电子产品拆解处理情况审核工作，保障基金使用安全，环境保护部制定了《废弃电器电子产品拆解处理情况审核工作指南（2015 年版）》，并于 2015 年 7 月 1 日起施行；2019 年 6 月 24 日，生态环境部发布了《废弃电器电子产品拆解处理情况审核工作指南（2019 年版）》，进一步细化了审核程序、审核结果认定、审核范围等，并于 2019 年 10 月 1 日起施行。

指南规定了各方职责、审核程序和要点、审核资料的管理、审核工作要求和信息公开等审核过程主要事项。

（1）各方职责　处理企业是废弃电器电子产品拆解处理活动和享受基金补贴的第一责任人，对拆解处理规范性和基金补贴申报真实性、准确性承担责任。

省级生态环境主管部门负责本地区拆解处理情况的审核：须委托或邀请第三方专业审核机构承担（不具备第三方条件，可自行组织），邀请财政、审计等方面的专家和机构参与审核工作，对审核结论负责，接受社会监督；须制定、修订完善审核及日常监管方案，明确工作机制、流程、时限等内容，建立健全纪律监督机制。

生态环境部负责制定生态环境保护要求、技术规范、指南及审核办法并组织实施，汇总报送的审核情况并提交至财政部。

财政部负责核定并按照国库集中支付制度支付资金，对虚报、冒领等企业做出处理、处罚决定。

（2）审核程序和要点　处理企业自查和申报：处理企业应建立内部自查制度，在申报前进行自查，形成详细记录，并每季度统计拆解处理情况，填写材料于次月 5 日前报送省级生态环境主管部门。

审核：省级生态环境主管部门通过季度集中、每月分期、与日常监管结合等形式审核区域内企业申请，审核以随机抽查为主，抽查率须不低于 10% 且覆盖实际处理各类产品。

核算规范拆解处理数量：审核核实拆解数量，并根据情况认可或扣减企业申报量，首次申请的新企业从获得许可证之日开始计算、搬迁新址的企业从旧址停产且新址获得资格证书之日开始计算。

结果报送：省级生态环境主管部门或授权部门，结合第三方审核报告和日常监管情况，形成《废弃电器电子产品拆解处理情况审核工作报告》，并每季度次月月底前将审核情况、处理情况表、工作报告报送生态环境部门，同时抄送固管中心。

结果确认：生态环境部委托固管中心对报送的审核结果进行技术复核、并于网站公示，生态环境部根据审核结果与技术复核意见，确认处理企业拆解情况，并通报问题地方主管部门。

（3）审核资料的管理　处理企业应当保存回收、拆解处理相关的基础记录、原始台账、原始凭证、自查记录等不少于 5 年，视频录像不少于 1 年（关键节点 3 年）；省级生态环境主管部门保存企业纸质版申报材料、处理情况表及审核工作报告（生态环境部一同保存）不少于 5 年；各级生态环境专管部门和第三方审核机构保存审核原始记录、有问题纸质材料、视频录像、第三方书面报告不少于 5 年，此外，各级主管部门还需要保存日常监管工作记录不少于 5 年。

（4）审核工作要求　秉承"公开、公平、廉洁、高效"的原则，审核人员严格执行《固体废物管理廉政建设"七不准、七承诺"》等党风廉政建设有关规定，并接受业务主管部门和纪检部门监督，涉及本人利害相关时应当回避；不得参与妨碍审核工作活动、不得谋取私利、不得工作期间饮酒；应当接受培训，不少于两人一组，对审核数据和信息负有保密责任。

（5）信息公开　处理企业应当定期向社会公开。市级以上地方生态环境主管部门应当在政府网站显著位置向社会公开企业相关情况及定期拆解处理审核情况和基金补贴情况，接受公众监督。

参 考 文 献

［1］陈广玉. 美国电子废弃物回收企业认证标准：e-Stewards 标准［EB/OL］.［2021-1-1］http：//www. istis. sh. cn/list/list. aspx？id＝7086.

［2］高攀，王宗凯，邓茜. 美国建立便民回收利用体系处理电子垃圾［EB/OL］.［2021-1-1］http：//www. 71. cn/2013/0609/717642. shtml.

［3］曾延光. 美国各州电子废弃物回收立法最新进展［J］. 信息技术与标准化，2009（7）：24-30.

［4］冷罗生. 电子废弃物回收利用和处置的法律措施：国外经验与我国对策［EB/OL］.［2021-1-1］. http：//politics. people. com. cn/n/2012/1224/c1001-19994132. html.

［5］向宁，梅凤乔，叶文虎. 德国电子废弃物回收处理的管理实践及其借鉴［J］. 中国人口·资源与环境，2014，24（2）：111-118.

［6］JANG Y C，JINTAE K，GEONGUK K，等. 德国电子废弃物回收处理的法律要求及实施情况［J］. 节能与环保，2006（8）：8-9.

［7］JANG Y C. Waste electrical and electronic equipment（WEEE）management in Korea：generation，collection，and recycling systems［J］. Journal of Material Cycles and Waste Management，2010，11（12）：283-294.

［8］邓梅玲，赵新，周超群，等. 废弃电器电子产品拆解信息管理系统研究［J］. 环境技术，2014（12）：83-87.

［9］陈魁，姚从. 发达国家电子废弃物立法比较及对我国的启示［J］. 再生资源研究，

2007（6）：25-30.

［10］ ZENG X L，GONG R Y，CHEN W Q et al. Uncovering the recycling potential of "new" WEEE in China ［J］. Environ mental Science & Technology，2016，50（3）：1347-1358.

［11］ 田晖. 中国废弃电器电子产品回收处理及综合利用行业白皮书 2019 ［R］. 北京：中国家用电器研究院，2020：5.

第 7 章

废弃电器电子产品绿色处置
与资源化技术典型工程案例

7.1 废弃电器电子产品绿色处置与资源化生产整厂设计工程案例

本章以某废弃电器电子回收处理企业为例，对其生产线布局、设备配置、人员配置等进行设计。整体设计采用立体工厂的设计理念，实现节能、节地、提高生产率的目的。

7.1.1 基本情况

1. 处理量

年拆解处理 350 万台废弃电器电子产品。项目的产能分配见表 7-1。

表 7-1 项目的产能分配

序号	拆解处理内容		年拆解处理量 /(万台/年)	合计 /(万台/年)
1	废弃电器电子产品	废弃 CRT 电视机	60	350
2		废弃计算机	20	
3		废弃液晶电视机	50	
4		废弃洗衣机	30	
5		废弃空调	15	
6		废弃电冰箱	15	
7		废弃小家电	160	
8	废塑料		1.2 万 t/年	

2. 建设内容与规模

实际使用面积 44 亩（1 亩 = 666.67m²），建筑面积 27952m²。项目关键技术装备拟采用国内先进的废弃电冰箱拆解破碎分选生产线、废弃 CRT 电视机/计算机拆解生产线、废弃液晶电视机拆解生产线、废弃洗衣机/空调拆解生产线、废弃小家电拆解生产线以及废塑料破碎生产线、铁料打包生产线，并配套完善的环保系统。

3. 设计特点

（1）特点 1：立体工厂、提高效率 本项目引入立体工厂设计理念，通过建设斜坡物流输送带、产物投料通道、货运电梯、行吊，实现物流通畅、效率提升，如图 7-1 所示。

通过物流输送带，将 1-1 号厂房（一楼）外的卸货点与 1-2 号厂房（二楼）

的拆解生产线无缝衔接，60%以上的原料一次性实现"入厂-卸载-生产"，直接减少了原料入库-出库的周转时间，节约了原料的仓储用地。

1-2 号厂房（二楼）拆解线开设产物投料通道，通道穿过楼层，投入 1-1 号厂房（一楼）集料箱。通过该投料通道连接 1-2 号与 1-1 号厂房，可实现拆解产物即时分类收集和及时转运储存，减少了物流车辆与通道的需求。

在 2 号厂房（产成品仓库）、3 号厂房（其中的产成品仓库区域），行吊设备覆盖全区域，利用纵向空间进行装卸运输，同时辅以叉车，提高仓库面积的使用率。

图 7-1 立体厂房布局

（2）特点 2：工艺布局合理，生产区具备可扩展性 厂区各拆解线的布置充分考虑了生产过程流畅、安全和环保，重载荷和振动类设备放置一楼，重噪声设备远离办公区域。

在 1-2 号厂房，从办公室延伸到 1-2 号厂房东边布局参观通道，可参观废弃小家电、洗衣机/空调、液晶电视机、CRT 电视机/计算机的拆解过程。参观通道由钢和有机玻璃构成，使展示过程安全、完整。

（3）特点 3：采用先进设备，提升产能 新项目产能为年处理能力 350 万台，将新增废弃 CRT 电视机/计算机拆解生产线、废弃电冰箱拆解破碎分选生产线、废弃液晶电视机/小家电拆解生产线、废弃洗衣机/空调拆解生产线，废弃小家电拆解生产线、废塑料破碎生产线、铁料打包生产线，均将采购国内最高水平的设备，保证生产安全、高效、连贯、稳定，降低劳动强度，提升产品附加值。

7.1.2 主要技术工艺

1. 总体工艺方案

项目设备包括：废弃 CRT 电视机/计算机拆解生产线、废弃液晶电视机/小家电拆解生产线、废弃小家电拆解生产线、废弃洗衣机/空调拆解生产线及配套设备设施，废塑料破碎生产线、铁料打包生产线，以及独立在 3 号厂房的废弃电冰箱拆解破碎分选生产线，要求在空间有限条件下保证产能及物流通畅。

为保证生产车间楼上和楼下的物流畅通，将生产线从厂房的二楼西侧开始按照废弃 CRT 电视机/计算机拆解生产线、废弃洗衣机/空调拆解生产线、废弃液晶电视机/小家电拆解生产线排列。其工艺布局、设备设计和拆解方案，要求符合《废弃电器电子产品拆解处理情况审核工作指南（2015 年版)》和《废弃电器电子产品规范拆解处理作业及生产管理指南（2015 版)》等相关行业政策规定。

（1）户外入料输送系统工艺设计

1）上料输送系统设计。它采用爬坡皮带的设计，前段增加上料线和转弯皮带连接爬坡皮带。爬坡皮带具有保证物料可靠运行的结构设计，具有能够进行检修的安全平台，保证物料输送速率达到拆解产能要求，以达到产生故障率低、安全可靠的设计原则，如图 7-2 所示。

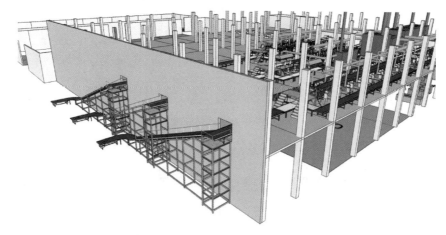

图 7-2　上料输送系统设计

2）转换入料系统设计。原材料应顺畅转向输送至二楼拆解生产线，并与生产节拍匹配；输送线的物料在分料机构的作用下分别将物料分配到各个线体的上料皮带上；分料系统采用 PLC 控制，能有效控制各个输送线体的联动关系，并能为所需上料的皮带进行物料分配。

（2）废弃 CRT 电视机/计算机拆解生产线工艺设计　此拆解生产线的设计要求所有拆解产物必须全部从二楼通过滑道及其他装置落到一楼并收集输送到产成品仓库，如图 7-3 所示。

1）入料拆解。废弃 CRT 电视机/计算机通过入料输送线分配后，经上料皮带将物料分别输送到各个拆解工位，每个拆解工位进行独立拆解，拆解产物中塑料置于中间双层上层皮带输送至线体末端，其余拆解产物置于下层，输送至

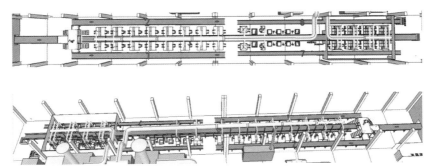

图7-3 废弃CRT电视机/计算机拆解生产线工艺设计

中间分选段进行分选（除CRT屏幕），通过落料口及滑道输送到一楼物料框中。

2）除防爆带。在除防爆带工位进行防爆带的切割、去除；管颈管的划痕、切割处理。

3）CRT屏锥分离。CRT屏锥通过线体两侧上料输送机进行上料，在屏锥分离切割台进行加热、分离；同时对荧光粉进行收集；拆解产物中的锥玻璃置于末端三层皮带中间层，屏玻璃置于下层经皮带反向输送到落料口落料。

4）铁类拆解产物输送设计要求。

①为集中收集防爆带等铁料并进行打包处理，将除防爆带工位提前到分选工位前。设置6个工位，其中输送带一侧是两人，一个负责切割防爆带和电子枪、管颈玻璃，另一人负责撕开防爆带（一般这样两个人配合可处理前段10~14人的拆解量）。

②考虑到电视机的拆解产物较杂，主要是偏转线圈、电路板、扬声器等，故将分选区域的下料口输送带两边各定4个，两两相连以减少一层收集吨袋的数量，其他如消磁线圈、连接线等待收集多时集中送料。

③分选镍网荫罩，将拆解出的荫罩通过两侧玻壳入料皮带送到生产线最后，由人工分选后通过滑道送到一楼。

（3）废弃洗衣机/空调拆解生产线工艺设计

1）洗衣机/空调室内机拆解。物料通过上料系统输送到线体两侧的上料输送皮带上，同时为各个拆解工位提供拆解物料，拆解产物中塑料置于中间双层皮带上层，通过皮带输送机输送到线体末端进入落料口到一楼；其余产物置于下层输送至后端进行分选并通过落料口到一楼（电动机除外）；电动机置于物料框中，到电动机打孔处进行处理。

2）空调室外机拆解。物料在前12m滚筒线上进行外壳拆解、抽氟工序后进入到各个拆解工位进行拆解；拆解产物塑料置于中间输送线上层输送至末端到落料口；电动机、压缩机、电路板、电线等拆解产物置于下层输送到后端进行分选，电动机、压缩机置于物料框中，分别转运到电动机打孔和压缩机滤油平台处理，如图7-4所示。

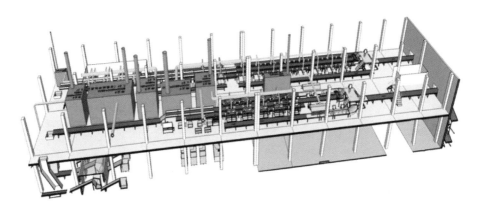

图7-4 废弃洗衣机/空调拆解生产线工艺设计

（4）废弃液晶电视机拆解生产线工艺设计 该线大多数拆解产物体积较大，需要通过电梯输送到一楼，故将其设置到离电梯距离较近的东侧。废弃液晶电视机拆解生产线工艺设计如图7-5所示，其要点为：

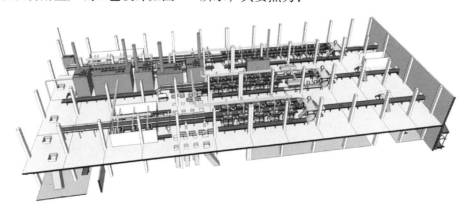

图7-5 废弃液晶电视机拆解生产线工艺设计

1）前拆解。液晶电视机通过线体两侧上料，在前拆解工作台上进行拆解工序，拆解产物中的塑料置于中间双层皮带上层，背光灯模组及其他产物置于下层。

2）背光灯模组拆解。背光灯模组在负压房的背光灯拆解工作台进行拆解。

（5）落料口滑道工艺设计

1）落料口滑道应能保证所投物料能够顺利滑到一楼规划设计的物料框中，不能出现堵料、不落料现象。

2）物料框位置应设计到整齐排列位置，并有足够的物料转运通道。

3）对于落料中出现大噪声的物料应有降噪设计理念，达到减弱或消除噪声的目的。

4）所有滑道均由支撑架固定稳定，避免出现工作状态中的摇晃现象。

5）对于具有传送机结构的滑道应有相应的检修平台。

6）滑道落料口应有相应的开关阀门，以便在进行物料框更换时，物料不掉落。

（6）环保方案工艺设计

1）除尘设施设计。各生产线配备的除尘装置选相对过滤面积大、清灰效果显著、排放达标可靠的滤筒（芯）式集尘器，以空间利用率最大化为原则顺序摆放于各生产线附近，以减少风损、节能降耗且保证风量稳定。风管布局按最短流程及合理分配风量原则设计，最终集中引风至厂界外，排放气体符合国家、省市大气污染物综合排放标准。

2）滑道降噪设计。应采用降噪措施减小物料与滑道碰撞产生的噪声叠加及回响。

（7）废弃电冰箱拆解破碎分选生产线工艺设计　废弃电冰箱拆解破碎分选生产线工艺路线的设计原则为尽可能多地获得废弃电冰箱中铜、铁、塑料等材料，并避免发泡剂氟利昂气体逃逸导致二次污染，以及防控环戊烷类碳氢化合物气体导致的安全事故。

生产线主要利用双轴破碎、四轴破碎与物理多级分选等过程，将废料尺寸逐渐减小，使得废料中原本紧密结合的金属与非金属物质得以分开和细化，搭配适当分选设备进一步分离混合的金属与非金属物质；同时，将聚氨酯泡棉通过粉碎、挤压，减小体积，并进一步释放残留的发泡剂氟利昂气体；电冰箱泡棉中发泡剂氟利昂气体进一步收集；生产线配置气体监测设备，对环戊烷类碳氢化合物气体浓度在线监控，设置不同应对措施，确保生产安全。

▶▶ 2. 生产线工艺方案

项目主要技术工艺包括废弃 CRT 电视机/计算机拆解回收处理（图 7-6~图 7-8）、

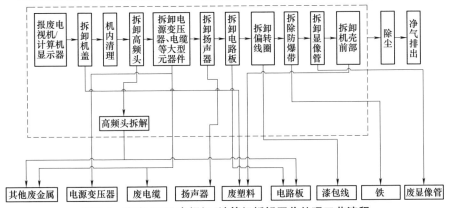

图 7-6　废弃 CRT 电视机/计算机拆解回收处理工艺流程

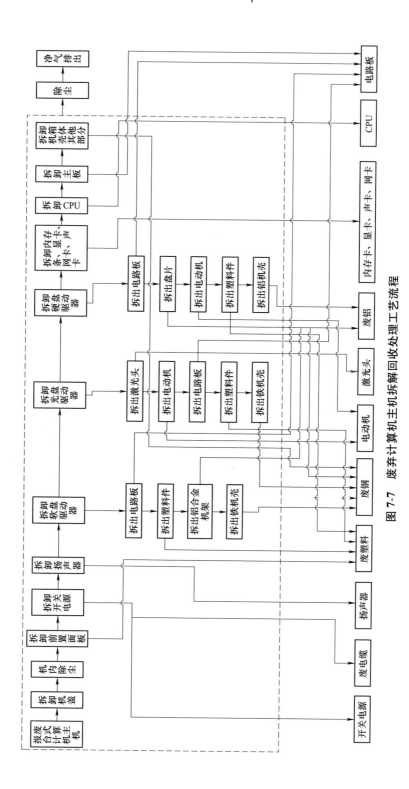

图 7-7 废弃计算机主机拆解回收处理工艺流程

废弃液晶电视机拆解回收处理（图7-9）、废弃洗衣机拆解回收处理（图7-10）、废弃空调拆解回收处理（图7-11~图7-13）、废弃小家电拆解回收处理（图7-14）、废弃电冰箱拆解回收处理（图7-15）以及废塑料破碎回收处理（图7-16）。

（1）废弃CRT电视机/计算机拆解回收处理工艺流程

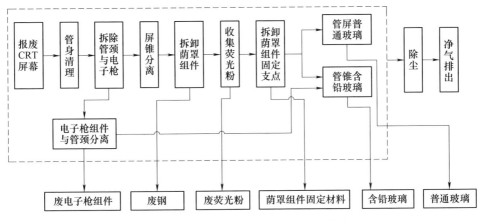

图7-8　废弃CRT屏幕拆解回收处理工艺流程

（2）废弃液晶电视机拆解回收处理工艺流程

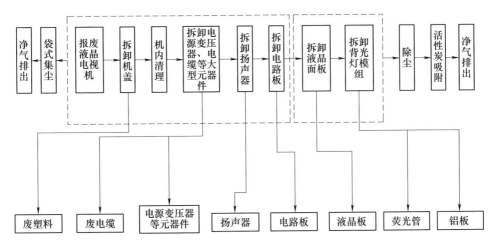

图7-9　废弃液晶电视机拆解回收处理工艺流程

（3）废弃洗衣机拆解回收处理工艺流程

（4）废弃空调拆解回收处理工艺流程

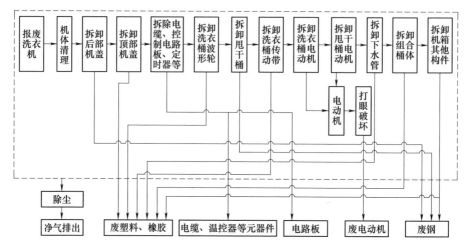

图 7-10　废弃洗衣机拆解回收处理工艺流程

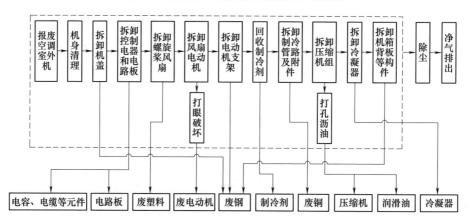

图 7-11　废弃空调室外机拆解回收处理工艺流程

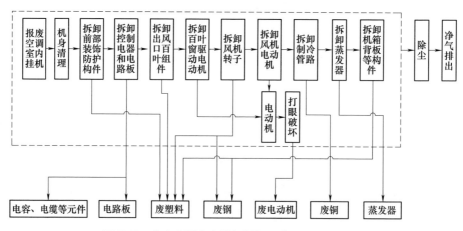

图 7-12　废弃空调室内挂机拆解回收处理工艺流程

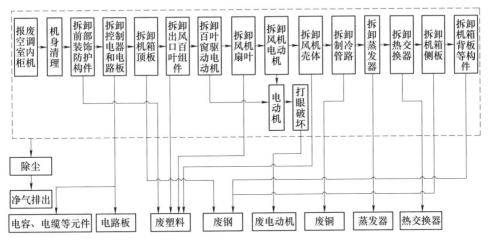

图7-13　废弃空调室内柜机拆解回收处理工艺流程

（5）废弃小家电拆解回收处理工艺流程

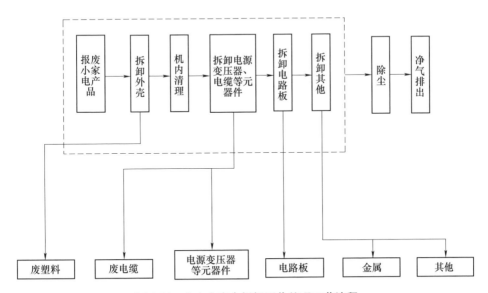

图7-14　废弃小家电拆解回收处理工艺流程

（6）废弃电冰箱拆解回收处理工艺流程

（7）废塑料破碎回收处理工艺流程

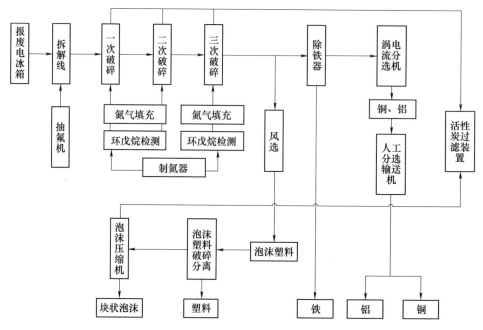

图 7-15 废弃电冰箱拆解回收处理工艺流程

7.1.3 主要生产设备

本项目整厂工艺与物流设计遵循"绿色环保、节能降耗、高效降本、清洁生产、安全稳定、均衡布局"的原则，形成了涵盖建筑布局、工艺流程、设备设计、物流规划及存储分配等的整厂设计方案，符合《废弃电器电子产品规范拆解处理作业及生产管理指南（2015 版）》等相关行业政策规定。

主要生产设备见表 7-2。

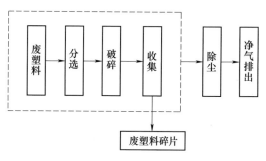

图 7-16 废塑料破碎回收处理工艺流程

表 7-2 主要生产设备

一、上料系统			
功率		43kW	
序号	设备名称	单台功率/kW	数量（台）	总功率/kW
1	输送线	0.75	3	2.25
2	转弯输送线	0.75	6	4.5

序号	设备名称	单台功率/kW	数量（台）	总功率/kW
3	斜坡输送线（含钢平台）	5.5	3	16.5
4	安全检修爬梯		3	
5	P1输送线	3	1	3
6	P2输送线	4	1	4
7	P3输送线	5.5	1	5.5
8	动力滚筒+顶升机构	0.37	3	1.11
9	左向动力滚筒	0.37	3	1.11
10	转弯输送机	0.75	4	3
11	右向动力滚筒	0.37	3	1.11
12	安全疏散梯1		3	
13	安全疏散梯2		2	
14	控制系统		1	

二、废弃CRT电视机/计算机拆解生产线

生产线数量	1			
生产能力	电视机：750台/h；计算机：500台/h			
功率	114kW			
序号	设备名称	单台功率/kW	数量（台）	总功率/kW
1	上料输送线	5.5	2	11
2	元件输送线	7.5	1	7.5
3	塑料外壳输送线	7.5	1	7.5
4	屏玻璃输送线	2.2	1	2.2
5	锥玻璃输送线	2.2	1	2.2
6	CRT玻壳入料输送线	5.5	2	11
7	双工位拆解工作台		16	
8	防爆带切割设备		6	
9	屏幕切割机/荧光粉抽取台	4.5	16	72
10	小元件滑道		8	
11	屏玻璃滑道		1	
12	锥玻璃滑道		1	
13	塑料机壳滑道		1	
14	控制系统		1	

（续）

三、废弃洗衣机/空调拆解生产线			
生产线数量	1		
生产能力	250 台/h		
功率	24kW		
序号	设备名称	单台功率/kW	数量（台）	总功率/kW
1	上料辊筒线	0.75	2	1.5
2	上料输送线	2.2	2	4.4
3	转弯输送机	0.75	2	1.5
4	空调外壳拆解工作台		2	
5	抽氟设备	1.5	2	3
6	双层拆解产物输送线	5.5	1	5.5
7	不锈钢坡道		1	
8	塑料机壳分拣传送线	2.2	1	2.2
9	双工位拆解台		10	
10	压缩机钻孔钻	1.5	2	3
11	压缩机放油槽		2	
12	小元件滑道		8	
13	塑料机壳滑道		1	
14	控制系统		1	
15	洗衣机甩桶压轴设备	2.25	1	2.25
16	洗衣机放盐卤水设备		1	

四、废弃液晶电视机拆解生产线			
生产线数量	1		
生产能力	625 台/h		
功率	17kW		
序号	设备名称	单台功率/kW	数量（台）	总功率/kW
1	上料输送线	2.2	2	4.4
2	转弯输送机	0.75	2	1.5
3	背光模组铁壳输送线	1.5	2	3
4	液晶塑料外壳输送线	4	1	4
5	屏幕输送线	4	1	4
6	双工位拆解台		10	
7	小元件滑道		7	

序号	设备名称	单台功率/kW	数量（台）	总功率/kW
8	塑料机壳滑道		1	
9	双工位背光模组拆解工作台		6	
10	汞蒸气监测系统		1	
11	控制系统		1	

五、废弃电冰箱拆解破碎分选生产线

生产线数量	1
生产能力	60~80 台/h
功率	≤340kW
粉尘排放标准	≤120mg/m³

序号	设备名称	单台功率/kW	数量（台）	总功率/kW
1	预拆解处理线	3.75	1	3.75
2	吸风罩	2.5	3	7.5
3	抽氟机	1.5	2	3
4	刮板输送机	7.5	1	7.5
5	双轴破碎机	90	1	90
6	破物料输送机	3	1	3
7	四轴破碎机	88	1	88
8	环戊烷检测装置		1	
9	制氮机		1	
10	喷淋装置		1	
11	出料输送机	1.5	1	1.5
12	金塑分离机	45	1	45
13	金塑分离下绞龙	3	1	3
14	振动输送机	1.5	1	1.5
15	悬挂除铁器	4.4	1	4.4
16	上料输送机	3	1	3
17	平台上振动输送机	1.5	1	1.5
18	涡电流分离设备	5.5	1	5.5
19	平台下绞龙	5.5	1	5.5
20	人工分拣输送机	0.75	1	0.75
21	收尘储料箱	11	1	11
22	塑料泡沫破碎机	18	1	18

（续）

序号	设备名称	单台功率/kW	数量（台）	总功率/kW
23	塑料泡棉分级机		1	
24	收尘储料箱	11	1	11
25	泡沫挤压机	22	1	22
26	活性炭罐		1	
27	隔声房		1	
28	画面显示系统		1	
29	操作平台		1	

六、废塑料破碎生产线

生产线数量	2
生产能力	9t/h
功率	195kW

序号	设备名称	单台功率/kW	数量（台）	总功率/kW
1	破碎机入料输送机	3	2	6
2	重型破碎机	90	2	180
3	出料输送机（含磁选滚筒）	3	2	6
4	除尘系统	2.2	1	2.2
5	电控系统		2	

七、铁料打包生产线

生产线数量	1
生产能力	6.48t/h
功率	43kW

序号	设备名称	单台功率/kW	数量（台）	总功率/kW
1	上料输送线	3	2	6
2	铁料打包机	18.5	2	37

八、除尘系统

功率	339kW
粉尘排放标准	≤120mg/m³

序号	设备名称	单台功率/kW	数量（台）	总功率/kW
1	除尘一：电视机拆解线前段工位	75	1	75
2	除尘二：荧光粉吸附	45	1	45
3	除尘三：CRT切割、防爆+玻璃落料	45	1	45

序号	设备名称	单台功率/kW	数量（台）	总功率/kW
4	除尘四：后段背光模组工位	37	1	37
5	除尘五：液晶拆解线前段	37	1	37
6	除尘六：洗衣机前段	75	1	75
7	除尘七：抽氟利昂工位	22	1	22
8	除尘八：塑料破碎间	2.2	1	2.2

九、预留拆解线——废弃小家电拆解生产线	
生产线数量	3（预留）
生产能力	650 台/条/h（以小家电计算）
功率	100kW
粉尘排放标准	≤120mg/m³

序号	设备名称	单台功率/kW	数量（台）	总功率/kW
1	输送线	0.75	1	0.75
2	转弯输送线	0.75	1	0.75
3	斜坡输送线（含钢平台）	3.7	1	3.7
4	P 输送线	2.2	1	2.2
5	物料分配线	0.75	3	2.25
6	安全疏散梯		3	
7	上料输送线	1.5	6	9
8	双层拆解物输送线	3.7	3	11.1
9	原料输送线	3.7	1	3.7
10	双工位拆解工作台		42	
11	除尘系统	22	3	66

7.1.4 物料平衡

废弃电器电子产品回收处理物料平衡见表 7-3。

表 7-3 废弃电器电子产品回收处理物料平衡

废弃家电种类	CRT 电视机	计算机	液晶电视机	洗衣机	空调	电冰箱	小家电	合计
废弃家电年处理量/（万台/年）	60	20	50	30	15	15	160	350

（续）

废弃家电种类		CRT 电视机	计算机	液晶电视机	洗衣机	空调	电冰箱	小家电	合计
产物年产量/（t/年）	铁及铁合金	1725	2000	595	4345	3511	3602	8912	24690
	铜及铜合金	470	174	162	226	1415	250	464	3161
	铝及铝合金	40	53	14	109	658	80	224	1178
	塑料	2396	507	1507	2707	1339	3183	5552	17191
	玻璃	6903	966	—	—	—	—	—	7869
	电路板	1242	403	667	117	237	22	240	2928
	玻璃模组	—	—	578	—	—	—	—	578
	荧光灯	—	—	58	—	—	—	—	58
	光学系统	—	—	1311	—	—	—	—	1311
	其他	424	97	108	296	490	213	608	2236
合计/（t/年）		13200	4200	5000	7800	7650	7350	16000	61200

注：小家电种类繁多，其中重量和材料种类差异性大，该表格中数值可能与实际情况误差较大。

▶▶ 7.1.5　生产线生产人员配置

生产线生产人员配置见表 7-4。

表 7-4　生产线生产人员配置

序号	生产线	年处理量（万台）	年处理天数（天）	日处理量（台）	单班拆解人数（人）	班数（班）	总人数（人）
1	废弃 CRT 电视机	60	170	3529	60	1	60
2	废弃计算机	20	90	2222			
3	废弃液晶电视机	50	100	5000	34	1	34
4	废弃小家电	160	160	10000			
5	废弃洗衣机	30	150	2000	36	1	36
6	废弃空调	15	110	1364			
7	废弃电冰箱	15	260	577	11	1	11
8	废塑料破碎	1.2 万 t/年	260	47t	8	1	8
9	铁料打包	2.5 万 t/年	260	96t	2	2	4
合计							153

7.1.6　环境保护

1. 废气产生与排放

废气污染物主要有粉尘、氟利昂、汞及其化合物。

产生粉尘排放有废弃 CRT 电视机/计算机拆解生产线、废弃液晶电视机拆解生产线、废弃洗衣机/空调拆解生产线、废弃小家电拆解生产线、废弃电冰箱拆解破碎分选生产线以及废塑料破碎生产线；有汞及其化合物排放的是废弃液晶电视机拆解生产线中后段背光模组拆解线；有氟利昂排放的是废弃洗衣机/空调拆解生产线、废弃电冰箱拆解破碎分选生产线。本项目（废弃小家电拆解生产线暂不生产，未考虑其除尘系统）将建设 8 套除尘系统，完成对颗粒物粉尘、荧光粉、汞及其化合物、氟利昂、环戊烷的收集与处理。

本项目废气产生、收集、处理，如图 7-17 所示。

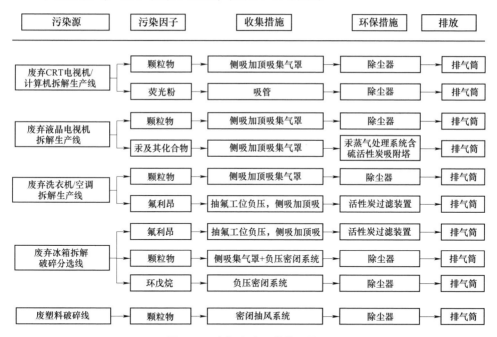

图 7-17　废气产生、收集、处理

2. 废水产生与排放

本项目生产工艺中不使用水，因此无工业废水产生。

3. 噪声

主要噪声源见表 7-5。

表 7-5　主要噪声源

序号	名　称	使用生产线	单位	数量	声源强度/[dB(A)]
1	双轴破碎机	废弃电冰箱拆解破碎分选生产线	台	1	110
2	四轴破碎机		台	1	105
3	塑料破碎机	废塑料破碎生产线	台	2	110
	合计			4	

本项目对噪声产生较大的废弃电冰箱箱体破碎、废塑料破碎过程常用建封闭隔声室的方式降噪。

▶ 4. 危险废弃物产生与处理

废弃电器电子产品的拆解产生的危险废弃物主要有铅玻璃、氟利昂、废润滑油、荧光粉等，产生的年均危险废弃物总量见表 7-6。

表 7-6　产生的年均危险废弃物总量

序号	种类	重量/t	处理方式
1	冷媒（电冰箱、空调）	22	委托有资质企业处理
2	废润滑油	38	委托有资质企业处理
3	电路板	2688	委托有资质企业处理
4	铅玻璃	2132	委托有资质企业处理
5	荧光粉	9	委托有资质企业处理
6	荧光灯	58	委托有资质企业处理
7	合计	4947	

注：小家电种类繁多，该表中未计算小家电的危险废弃物产生。

▶ 7.1.7　立体效果

图 7-18 所示为工厂设计的立体效果。

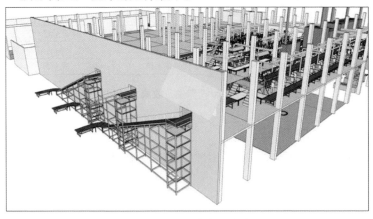

图 7-18　工厂设计的立体效果

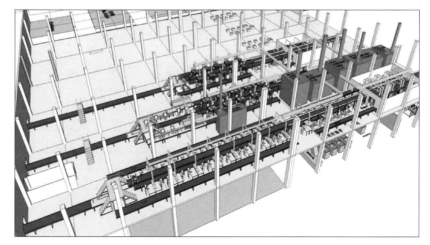

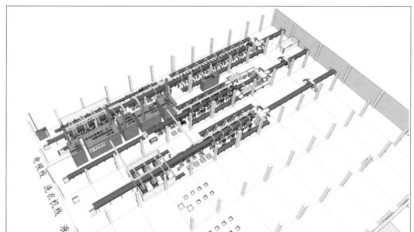

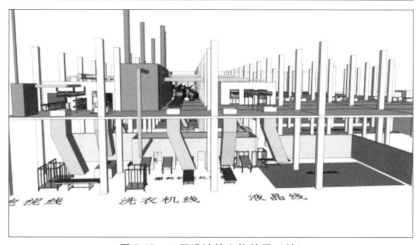

图 7-18 工厂设计的立体效果（续）

7.2 废弃手机电路板绿色处置与资源化生产工程设计案例

以广东省佛山市某废弃电器电子产品拆解企业的废弃手机电路板有价金属湿法绿色提取工艺及成套生产装备为例，对废弃手机中的有价金属的含量、拆解工艺，废弃手机电路板有价金属提取工艺进行研究，在此基础上，对生产线布置、提取设备配置及废水、废气处理工艺和设备进行设计。本设计以节能环保为主旨，所用的药剂为自主研发的低毒环保型试剂，尽可能从生产的源头减少废水、废气的排放。

7.2.1 基本情况

1. 项目特点

项目设计采取全湿法工艺提取金、银、钯、锡、铜五种金属。本处理线包括废弃手机电路板光板（去掉器件的电路板）金属回收成套装备、废弃手机电路板元器件（已拆解、脱除、分类的元器件）贵金属回收成套装备和成套环保处理设施三个模块。该处理线所用主体试剂为自主研发的低毒环保型试剂，不含有剧毒的氰化物和硝基盐酸等处理药剂，试剂可多次循环使用，减少了废水量，整条处理线产生的生产废水均可达标排放；对产生的少量废气进行集中处理，整个处理线符合国家环保要求。研发了低毒环保的浸出药剂，采用分部法定向选择性浸出锡、铜、银、金、钯，然后分别进行还原提取，金、银、钯回收率达到95%以上，各个工艺单元不产生氮氧化物、二氧化硫等国家严格进行总量控制的污染物，从源头上减少环境污染。该工艺中各个工艺单元的浸出和提取废液经过简单处理可以循环利用，提高清水的重复利用率，减少废水排放，废水中不含复杂的有机物和氨氮，经简单处理即可达标排放，降低了环保处置费用。

2. 设计产能

生产线处理规模按照年处理1200万台手机电路板设计，每天处理4万台，每天拆解的手机电路板总重大约800kg，其中光板大约600kg，元器件（IC芯片+贴片元器件+接插件+不锈钢保护片）大约200kg；年大约处理240t（其中光板180t，元器件60t），每年按300天计算，每天两班，每班8h工作制计算，每天处理IC芯片和贴片元器件80~100kg，处理接插件40~50kg。

3. 技术指标

此次建设的废弃手机电路板有价金属提取处理生产线，主要技术指标见表7-7。

表 7-7　主要技术指标

金属种类	回收率	纯度
金	≥98%	≥99%
银	≥98%	≥99%
钯	≥98%	≥99%
铜	≥90%	
锡	≥90%	

废水、废气排放指标：按国家标准 GB 8978—1996《污水综合排放标准》，GB 16297—1996《大气污染物综合排放标准》进行废水和废气的工程验收，废水和废气达标排放，由双方认可的第三方检测机构出具检验测试报告。

7.2.2　总体技术方案

1. 拆解线工艺设计

废弃手机依次拆除外壳、后盖、液晶屏、塑料软板等，将拆解下的锂电池、摄像头、扬声器、麦克风等分类存放，拆解下的电路板进入下一阶段深度资源化处理。

1）废弃手机拆解流程，如图 7-19 所示。

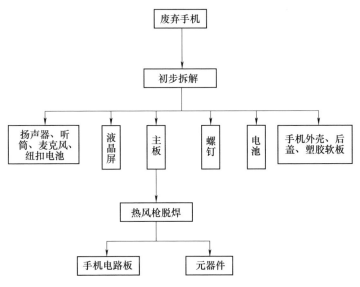

图 7-19　废弃手机拆解流程

2）拆解产物处理处置办法，见表 7-8。

表 7-8　拆解产物处理处置办法

序号	所需工具	产生的拆解物	拆解产物处理处置办法
1	螺钉旋具、热风枪等	手机电路板	湿法、物理、电解的综合利用来提取金属和非金属
2	螺钉旋具、热风枪等	元器件	破碎、湿法、电解的综合利用来提取金属
3	螺钉旋具、镊子、钳子等	扬声器、听筒、麦克风	
4	螺钉旋具、镊子等	手机外壳、后盖、塑胶软板	破碎简单造粒或制成新型改性材料等
5	镊子等	电池+纽扣电池	输送给有资质的电池处理厂家
6	螺钉旋具等	螺钉	收集、售卖等
7	螺钉旋具等	液晶屏	收集、售卖等

▷▷ 2. 电路板中有价金属含量的测定

针对废弃功能手机（非智能手机）占绝大多数的实际情况，对废弃功能手机电路板中的金属材料的组成进行了详细的实验研究，样本分为带保护罩和不带保护罩两类，各 2000 片废弃手机电路板，实验结果见表 7-9 和表 7-10。

表 7-9　带保护罩的废弃功能手机电路板金属含量

名称	含量/(g/t)	百分含量（%）
金	330.9	0.03309
银	1126.5	0.11265
钯	29.5	0.00295
铜	332901	33.29
锡	20041	2.004
铅	4790	0.479
铁	50500	5.05

表 7-10　不带保护罩的废弃功能手机电路板金属含量

名称	含量/(g/t)	百分含量（%）
金	393.2	0.03932
银	1492	0.1492
钯	27.5	0.00275
铜	321298	33.13
锡	24595	2.46
铅	6300	0.63
铁	11200	1.12

3. 电路板有价金属提取工艺设计

废弃手机电路板进行有价金属提取之前需要进行预拆解，拆解工艺按照公司已经制定好的流程进行操作，将废弃手机电路板上的芯片和元器件拆除，将其中光板和元器件分类，分别进入不同的生产模块进行回收处理。手机电路板的前序分类拆解可以大幅降低后续湿法处理成本，提升有价金属回收效率。手机电路板上脱除的元器件大致分为四类，包括IC芯片、贴片元器件（贴片电容/电阻/电感/二极管/晶体管等）、接插件（镀金接触点）、不锈钢保护片，其中IC芯片中含金量最高，大约是贴片元器件的5倍，不含银和钯；贴片元器件绝大多数是陶瓷元件，含金、银和钯；接插件接插点镀金。为了降低处理成本和简化工艺流程，本工艺将分类处理提取贵金属，因此，在手机电路板脱除元器件工序需要将脱除的元器件分成四类，以便于为下面的分类处理提供必要的生产条件，接插件和光板一样进行剥金处理。据测算每块手机电路板重大约20g，脱除的元器件总量大约在5g，其中IC芯片和贴片元器件大约2g。电路板有价金属提取工艺设计如图7-20所示。

（1）手机光板剥金工艺　将手机光板依次装入5个滚筒中，然后进行两次水洗，进入剥金槽进行剥金处理，剥金处理完成后，光板进行两次清洗后下料，剥金液进行过滤富集得到金箔，金箔除杂质后熔炼得到金块，滤液泵入沉铜槽进行提铜处理，经过滤、调整后重新进入剥金槽循环使用。

（2）手机电路板元器件有价金属提取工艺　将元器件放入破碎机破碎到规定粒度，进入球磨机进行研磨，研磨到规定粒度后经过旋流器和除铁器磁选，将非金属颗粒和铁除去，然后进入浸锡工序进行浸出处理，过滤清洗后进入铜、银浸出工序进行浸出处理，然后再进入金、钯浸出工序进行浸出处理，各工序浸出液进行沉淀、还原处理进行固液分离，将金、银、钯等有价金属提取出来。

（3）废水、废气处理工艺　废水经过调节池均质、均量后，通过提升泵输送到一体化废水处理平台，再经过pH调节池、化学反应池、曝气池、一级絮凝池、二级絮凝池、沉淀池，后分为清水和污泥排放。系统中污泥排放进入压池机中，压干水分后，定期清运到政府指定地点处理；废气主要是硫酸雾和少量含氯废气，采用二级碱液吸收处理，废液返回废水处理系统处理。

7.2.3　工艺参数优化

1. 元器件的破碎和研磨的最佳工艺条件

从废弃手机电路板上拆解下来的IC芯片和贴片元器件，含有金、银、钯、锡和铜等金属，采用湿法浸出工艺提取这些金属，必须将IC芯片和贴片元器件

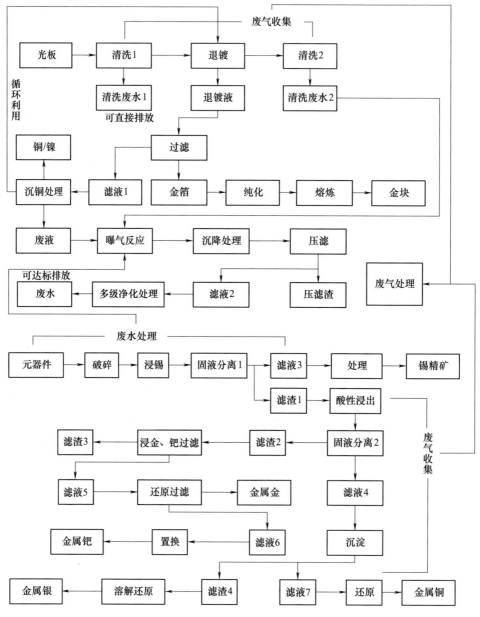

图7-20 电路板有价金属提取工艺设计

进行破碎和研磨处理成一定颗粒度的粉体。手机IC芯片是由环氧树脂添加炭黑和硅粉封装固化后形成的集成电路，是塑料基的，贴片元器件是陶瓷基的，两种元件力学性质完全不同，不能混合在一起破碎和研磨，必须分类处理。IC芯片材料既含有塑性金属材料又含有高分子材料，破碎成一定颗粒度的粉体比较困难，选择合适的破碎和研磨方式及研磨设备对后续的浸出处理至关重要，将性质不同的 IC 芯片和陶瓷贴片元器件分类处理，脆性的陶瓷贴片元器件采用挤压式的破碎机初碎，IC 芯片采用剪切式的破碎机进行初碎，然后放入球磨机中研磨成 100 目的料浆，然后进行金属浸出实验。脱除芯片和元器件的光板进行剥金实验。

处理工艺如下。

（1）拆解　首先把废弃手机印制电路板上的电子元器件拆除，分类收集，IC 芯片和贴片元器件分别收集，备用待破碎，去掉元器件的光板备用进行剥金回收处理。

（2）破碎　将 IC 芯片和元器件放入高速万能破碎机内进行破碎，然后将粗破碎的材料放入立式球磨机内磨浆，将 IC 芯片和元器件研磨到 200 目，依次对原料进行从 1min 到 10min 的不同破碎时间的实验，然后用标准筛进行筛分，对各个破碎时间、各个粒径下的破碎料进行称量，确定达到 200 目的研磨时间，为产业化处理提供基础数据。

取 200gIC 芯片和元器件放入高速万能破碎机内进行破碎实验，破碎机为间歇式操作设备，利用其十字形刀片的高速旋转与物料进行碰撞达到破碎的目的，依次对原料进行从 1min 到 8min 的不同破碎时间的实验，然后用 20 目标准筛进行筛分，对各个破碎时间下的破碎料进行称量，得到其质量，通过的质量分数达到 95% 即可满足下一步研磨工序对进料颗粒度的要求，计算通过 20 目标准筛的原料的质量分数，确定最佳破碎时间，实验结果见表 7-11。

表 7-11　废弃手机电路板元器件破碎时间和粒度的关系

序号	破碎时间/min	20 目粉体质量/g	质量分数（%）
1	1	98.6	49.3
2	2	130.8	65.4
3	3	170.0	85.0
4	4	180.7	90.35
5	5	192.2	96.1
6	6	192.4	96.2
7	7	192.8	96.4
8	8	192.0	96.0

由表 7-11 中可以看出，随着破碎时间的延长，通过 20 目标准筛的粉体质量分数越来越大，5~8min 内粉体质量分数变化不大，都大于 95%，可以满足下一步工序的要求，从节约能源和经济的角度来看，破碎 5min 即可达到工艺要求，同时，延长破碎时间使破碎机破碎产生大量的热能，可能会使一些非金属颗粒

和某些熔点低的金属产生结焦现象，因此，可以确定破碎时间为5min。

采用立式球磨机将元器件粉末研磨成粒度为200目的料浆，为后续的金属浸出提取创造条件，通过调整料浆浓度确定料浆粒度达到200目时所需要的时间，达到金属和非金属完全分离的目的，实验结果见表7-12。

表7-12　料浆浓度和研磨时间的关系

序号	料浆浓度（%）	研磨时间/h
1	15	4
2	20	3
3	25	2
4	30	2.5
5	40	4.5

从表7-12中可以看出，料浆浓度越高，研磨到200目所需时间越少，料浆浓度达到25%时，所需时间最少，存在一个最小值，随着料浆浓度的增加，研磨时间变长。

2. 锡浸出工序工艺参数的确定

传统的处理方法是采用硝酸将其中的铜、锡等贱金属浸出，使贵金属富集，为后续的提取创造条件。采用硝酸和硝酸铁以及高温碱液等退锡工艺。硝酸工艺效率较高，但产生大量氮氧化物，环境污染严重；高温碱液退锡工艺温度高、能耗大、速度慢，特别是工艺中含有有机氧化剂防染盐和硝酸盐，废水非常难处理。

本工艺采用无机酸作为活化剂，采用置换方法将单质金属锡离子化，然后过滤其他金属分离，再利用锡离子的水解沉淀性质提取锡。将经过破碎和研磨的元器件放入浸锡液中进行浸锡处理，进行了单因素实验，在此基础上采用正交实验确定浸锡液的成分，考察浸锡液酸度、固液比、浸出温度、浸出时间对锡浸出率的影响，确定适宜的浸出工艺条件，见表7-13。

表7-13　锡浸出工艺条件

Sn^{2+}浓度/（g/L）	酸度（%）	固液比	浸出温度/℃	浸出时间/h	浸出率（%）
15	10	1:5	40	1	95

由于Sn^{2+}离子在水溶液中很不稳定，硫酸亚锡很容易发生水解反应，调整锡浸出液的pH值，向溶液中加入适宜的氧化剂将Sn^{2+}氧化成Sn^{4+}离子，使Sn^{4+}离子以锡酸的形式析出，过滤即可固液分离，反应式为

$$Sn^{4+} + 4H_2O = 4H^+ + Sn(OH)_4 \downarrow \tag{7-1}$$

通过实验确定浸出液适宜的 pH 值，筛选合适的氧化剂，确定其添加量，以其理论过量倍数表示，适宜的工艺条件见表 7-14。

表 7-14　离子水解沉淀的工艺条件

pH 值	理论过量倍数	回收率（%）
2	1.2	98

▶ 3. 铜、银浸出工序工艺参数确定

经过锡浸出提取工序以后，滤渣采用硫酸和催化剂浸出铜和银，然后添加氯化钠将银沉淀再过滤和铜离子分离，再将含铜滤液加入沉铜剂回收铜。考察硫酸酸度、固液比、浸出温度、浸出时间和催化剂的理论过量系数，确定适宜的工艺条件见表 7-15。

表 7-15　铜、银浸出的工艺条件

酸度（%）	固液比	浸出温度/℃	浸出时间/h	铜浸出率（%）	银浸出率（%）
25	1:5	90	2	95	98

▶ 4. 金、钯无氰浸出及还原工艺

元器件经过去除锡、铜等贱金属和贵金属银以后，采用无氰氯化浸金工艺浸出金和钯，将金和钯离子化然后固液分离，选择具有选择性的金还原剂，也就是说该还原剂只还原金不还原钯，通过这种方法将液体中的金、钯还原分离，再用锌粉将溶液中的钯离子置换回收。本项目采用氯酸钠在酸性条件下的氯化法浸出金、钯，通过实验确定了浸金液的成分和适宜的工艺条件见表 7-16 和表 7-17。

表 7-16　金浸出液成分

名称	组成/（g/L）
硫酸	100
氯酸钠	30
促进剂	5
水	865

表 7-17　金、钯浸出的工艺条件

固液比	浸出温度/℃	浸出时间/h	金浸出率（%）	钯浸出率（%）
1:5	90	2	99	99

选用恰当还原性能的还原剂，可以有效避免溶液中的杂质元素进入金粉中，影响金粉的质量。还原剂的纯度要求严格，尽量避免带入其他杂质。常用的还

原剂有草酸、甲醛、亚硫酸氢钠、氯化亚铁、亚硫酸钠等。草酸的选择性好，草酸还原金时，溶液中的铂、钯不易被还原；而亚硫酸钠还原金的速率快，产品纯度高；亚硫酸氢钠还原金时，金粉容易沉淀。本实验选择亚硫酸钠、草酸和亚硫酸氢钠还原剂做对比试验，结果见表7-18。

表7-18 还原剂还原金的对比结果

还原剂	pH 值	温度/℃	还原时间/h	金回收率（%）	金纯度（%）
亚硫酸钠	1.0	25	2	99.82	97.65
草酸	2.0	80	2	99.92	99.97
亚硫酸氢钠	1.5	25	2	99.75	97.87

从表7-18中可以得出，用亚硫酸钠和亚硫酸氢钠还原，还原温度低，还原时间短，反应进行完全，但需要在较高的酸度下还原金；用草酸还原，酸度较低，欲使反应完全，须在较高温度下进行，草酸能够选择性还原金，且还原金的纯度高，达到国标二级标准。

5. 光板剥金工艺实验

废弃手机电路板光板中的金是采用电镀或者化学镀附着在铜、镍金属基材上，传统处理方法是采用焚烧将金属富集，然后使用硝酸、硝基盐酸、氰化物浸金，造成巨大的环境污染。本项目采用氧化剂和络合剂将金镀层底下的铜和镍部分溶解，将金镀层剥离，将最有回收价值的金首先回收，然后将脱除金镀层的电路板送到物理破碎分选生产线进行物理破碎分选，将电路板光板分选成金属铜粉和树脂粉。剥金剂采用氧化剂、络合剂以及无机酸表面活性剂复配而成，将底层贱金属轻微溶解，然后过滤富集金箔，直接获得金箔，处理过程简单，反应条件温和，金箔干燥后直接熔炼得到金块。经过实验确定适宜的剥金工艺条件见表7-19。

表7-19 剥金工艺条件

温度/℃	浸出时间/h	回收率（%）
30	3.0	98

6. 废弃手机电路板元器件浸出后五种金属的提取率

将元器件破碎，取元器件粉200g，浸出剂1L，固液比1∶5，对其中的金、银、钯、锡和铜进行浸出测试，由第三方检测机构检测浸出液中金属含量，再检测提取五种金属后废液中的上述五种金属残留量，计算目标金属的回收率见表7-20。

表 7-20 目标金属的回收率

种类	浸出液中金属含量/(g/L)	浸出液体积/L	提取后废液中金属残留量/(mg/L)	废液体积/L	金属回收率(%)	回收率的计算
金	1.208	1	3.79	1.5	99.53	$(1208-3.79\times1.5)/1208=0.9953$
银	6.702	1	27.4	1.5	99.39	$(6702-27.4\times1.5)/6702=0.9939$
钯	0.2238	1	1.00	1.5	99.33	$(223.8-1.00\times1.5)/223.8=0.9933$
锡	18.76	1	11.75	2	99.87	$(18760-11.75\times2)/18760=0.9987$
铜	61.80	1	145.0	2	99.53	$(61800-145\times2)/61800=0.9953$

7. 主要项目技术经济指标的比较分析

主要项目技术经济指标见表 7-21。

表 7-21 主要项目技术经济指标

主要项目	绿色环保处理工艺	焚烧酸洗	湿法(硝基盐酸/氰化物)
化学品耗费总体费用	低	高	高
废弃物处理费用	低	高	高
设备费用	低	高	低
环境影响	低(不产生剧毒和难处理废气、废水)	大(放出二噁英等致癌气体)	大(放出有毒的氮氧化物和氰化氢气体及含氰废水)
有价金属回收效率	98%	中等	98%
能耗	低	高	低
设备自动化程度	高	低	中等

7.2.4 废弃手机电路板有价金属湿法提取工程示范

1. 废弃手机电路板设备配置

第一模块和第二模块的成套装备见表 7-22 和表 7-23。

表 7-22 第一模块——废弃手机电路板元器件有价金属回收成套装备

序号	名　　称	数量	单位
一、破碎筛分单元			
1	一次破碎装置	1	套
2	二次磨研装置	1	套
3	送料机	2	台
二、分选单元			
1	分选装置	1	套
2	搅拌槽	1	个
3	储液槽	2	个
4	耐蚀化工泵	3	台
5	过滤装置	1	套
三、浸锡单元			
1	浸锡槽	1	个
2	固液分离装置	1	套
3	溶液槽	4	个
4	耐蚀化工泵	5	台
5	过滤装置	2	套
四、浸铜单元			
1	浸铜反应器	1	套
2	固液分离装置	1	套
3	溶液槽	3	个
4	浸铜剂储槽	2	个
5	自动加料装置	2	套
6	耐蚀化工泵	3	台
五、分银单元			
1	分银沉淀槽	1	个
2	自动加药装置	1	套
3	分银剂储槽	1	个
4	过滤装置	1	套
5	分银滤液储槽	1	个
6	银回收装置	1	套
7	耐蚀化工泵	3	台

序号	名　称	数量	单位
六、浸金、钯单元			
1	浸金反应器	1	台
2	沉金剂储槽	4	个
3	自动加药装置	4	套
4	过滤装置	2	套
5	沉钯槽	1	个
6	清水槽	1	个
7	废液储槽	1	个
8	耐蚀化工泵	4	台
9	固液分离装置	1	套
10	熔金炉	1	台
11	离子回收机	1	台
七、配套设备单元			
1	进排水管路	1	套
2	钢构平台	1	套
3	应急槽	3	个
4	液位开关槽	3	个
5	人行走道	1	套
八、控制系统			
1	控制电器系统	1	套

表 7-23　第二模块——废弃手机电路板光板有价金属回收成套装备

序号	名　称	数量	单位
一、主机部分			
1	龙门式机架	1	套
2	龙门行车	1	台
3	控制电器系统	1	套
4	滚筒	6	个
5	滚筒驱动	1	套
二、槽体部分			
1	格水洗槽	2	个
2	过滤机	1	台
3	脱金槽	5	个
4	开合盖	5	个

（续）

序号	名　　称	数量	单位
三、过滤提金部分			
1	固液分离装置	1	套
2	隔膜泵	5	台
3	管道	1	套
4	阀门	15	个
5	储槽	4	套
6	耐蚀化工泵	4	台
7	脱金液净化装置	1	套
8	自动加液装置	2	套
四、环保气体处理部分			
1	废气处理塔	1	套
五、周边配套部分			
1	槽体高低水位支架	1	套

▶▶ **2. 经济效益**

按照一年处理 1200 万台废弃手机计算，大约 5 万台废弃手机可以拆解出 1t 电路板，若回收的废弃手机绝大多数是功能机，每台手机平均质量 120g 计算，大约需要年处理 1440t 手机，其中废弃手机电路板年处理量大约 240t，其主要金属含量及销售价格见表 7-24。

表 7-24　1t 手机电路板主要金属含量及销售价格

种类	光板	元器件	芯片	合计	单价	光板上价格（万元）	元器件上价格（万元）	芯片上价格（万元）	总价（万元）
手机电路板	900kg	50kg	50 kg	1t					
金	70g	48.52g	272.5g	391.02g	230 元/g	1.61	1.12	6.27	9.00
银		747.5g		747.5g	3.5 元/g		0.26		0.26
钯		50.71g		50.71g	120 元/g		0.61		0.61
铜	306.2kg	3.44kg	9.84kg	319.48kg	30 元/kg	0.99	0.01	0.03	1.03
锡		5.26kg	1.65kg	6.91kg	70 元/kg		0.037	0.013	0.05
合计									10.95

注：每块电路板大约 20g，50 块电路板大约 1kg，其中元器件和芯片合计 100g。

通过表 7-24 可以看出 1t 废弃手机电路板所含有价金属的价值大约在 11 万

元左右，有价金属销售价格 240×11 万元＝2640 万元。

本项目的研究成果经过工业化改良处理，目前已在广东某企业进行示范应用，反映良好。

3. 社会效益

近年来，信息技术、信息载体和信息材料得到了飞速发展。信息材料使用一段时间以后，最终都将被淘汰并进入废弃物行列。手机电路板和其他类的废弃电路板若不经适当的处理，其所含的重金属会渗入土壤、进入河流和地下水，造成当地土壤和地下水的污染，直接或间接地对当地的居民及其他生物造成危害，而其所含的有机物若经过焚烧，则会释放出大量的有害气体，如呋喃及多氯联苯等。

广东省作为产生电子废弃物的主要区域之一，有统计数据显示，2013 年，广东省废弃的"四机一脑"共约 1282.88 万台，废弃手机约 1462.34 万台。在电子废弃物中，废弃手机以其特有的更新速度快、可回收价值高，越来越成为电子废弃物未来回收处理的重点。广东省 2013 年废弃手机，约 1462.34 万台，以平均每台手机 150g 计算，废弃手机的质量约为 2193.51t，其中电路板的质量约为 490.91t，根据主要金属在电路板中所占的大体比例，计算得到，手机电路板中所含的金属金、钯、银、铜、锡、镍的量分别约为 0.717t、0.221t、3.760t、127.931t、17.427t 和 9.524t。如将这些金属回收，除了能获得直接可观的经济效益外，还会在一定程度上解决就业问题，有较好的社会效益。

目前废弃手机的拆解和回收有价金属等属于个体粗放式的处理方式，典型例子是广东贵屿，其技术水平非常简陋，常用的工具及设备有螺钉旋具、各类钳子、榔头、煤炉、极其简易的酸洗池、木桶、油漆刷等，稍微高级一些的设备就是小型的破碎机。分散经营，拆解工作以露天作业为主，大部分拆解场地没有硬底化，没有建设雨棚、隔油地、排污沟等，更谈不上建设配套的环保处理设施，使废弃的电器电子产品经雨水冲刷，油污横流，渗入地面，污染土壤与河流；其元器件拆解过程产生的废气污染大气环境；固体废渣因为没有集中利用而被丢弃在生活垃圾之中。以简单的焚烧、酸浸等落后的技术手段提取电子废物中的金、钯、铂等有价金属势必造成严重的环境污染。电路板中含有卤族元素的阻燃剂在燃烧的过程中会产生致癌物质，对人类的健康和周围的环境造成威胁；而随后的酸浸传统工艺多采用氰化物剧毒试剂或硝基盐酸等危险试剂，在处理过程中产生的废水、废气和残渣难以处理，任意排放，对生态环境和人类将造成严重危害。因此，本项目的实施具有重要的环保效益。

7.2.5 废水及废气处理

1. 工程概况

手机废弃电路板提取有价金属生产中产生含重金属的酸性和碱性废水，废气主要是生产过程中产生的酸雾和含氯废气，每天产生的废水按 3t 计算，根据相关要求按不回收及可回收做两个治理方案。基于对重金属废水的全面检测分析以及对当前主要重金属废水处理技术优缺点的了解，结合所掌握的领先的电凝聚技术，研发设计了电凝聚技术系统处理重金属废水。该技术工艺简单、占地面积小、运行效果好、费用低、对重金属去除有较好的效果，能够有效地去除水中的重金属离子，使之完全排放达标。本项目主要重金属污染物为金、银、铜、铁、锡、钯等金属，电凝聚技术系统能够通过电解凝聚、电解气浮以及电解氧化还原将重金属离子通过络合物的形式以其最稳定的方式结合成固体颗粒，从水中沉淀出来得以去除。

酸性废气采用车间设置风管、风机收集废气，采用碱性吸收塔进行中和反应吸收，吸收液循环利用。含氯废气采用二级碱液吸收，碱液循环利用，次氯酸钠可以作为消毒杀菌剂使用。

▶ 2. 编制依据

《中华人民共和国环境保护法》

《中华人民共和国水污染防治法》

《建设项目环境保护管理条例》

《中华人民共和国清洁生产促进法》

《中华人民共和国水污染防治法实施细则》

《给排水设计手册》（第二、四、六、九分册）

GB 50013—2018《室外给水设计标准》

GB 50015—2019《建筑给水排水设计标准》

GB 50108—2008《地下工程防水技术规范》

GB 50052—2009《供配电系统设计规范》

GB 50054—2011《低压配电设计规范》

GB 50093—2013《自动化仪表工程施工及质量验收规范》

GB 50217—2018《电力工程电缆设计标准》

GB 8978—1996《污水综合排放标准》

GB 21900—2008《电镀污染物排放标准》

GB 16297—1996《大气污染物综合排放标准》

建设单位提供的其他相关资料

▶ 3. 编制原则

1）根据国家统一制定颁布的含重金属水治理相关标准规范、环保法规以及建设单位的要求进行设计。

2）根据设计进出水质条件要求，积极采用新技术和新材料，选用国内外的先进工艺和设备。在确保稳定达标的前提下，努力降低工程造价及项目运行费用，优化工程技术经济指标。

3）废水处理工艺的选择应因地制宜并遵循"技术合理、经济合算、运行可靠、管理简单"的原则；采用合理的建设实施方案，充分考虑工程实施的经济性和合理性。

4）处理设施操作方便、运行稳定。废水处理站建成后，现场具备良好的工作条件并拥有自动化运行能力，人工操作强度低、管理维护简单；工艺可靠、处理高效，能够抵抗较大的进水冲击负荷。

5）系统实际运行中具有较大的灵活性。构（建）筑物设计及设备选型应充分保证处理设施对来水的适应性和耐冲击能力。采用可靠的自动化控制技术，提高废水处理的管理水平，保证废水处理系统运行在最佳状态。

6）选用具有节能低耗特点的处理设备，降低处理运行成本。

7）新建构（建）筑物布置上要求简洁明快、美观大方，并与其周围环境整体协调。

▶ 4. 设计进水水量及出水水质要求

1）进行废水处理站新建工艺段总体处理工艺、管道、电器、仪表自控等专业设计，并提出施工要求，指导设备安装、试机调试与用户培训。

2）进行废水处理站新建工艺段内构（建）筑物设计、废水处理用标准设备的选型和非标准设备设计。为客户设计生产非标准设备或根据客户需要代购或协助采购标准设备。

3）本设计仅包括引入废水工艺段的新建，不包括该废水处理站区域外废水的引入、道路的修建、处理后废水排出管路和供电、通信电路的引入等。

① 设计进水水量。系统总进水量为 $3m^3/d$，每天平均工作时间为 8h，预留增容后，系统设计平均废水处理量为 $Q=1m^3/h$。

② 出水水质要求。具体水质指标按照实际水样测定。

根据相关政策要求，废水处理要求达到 GB 21900—2008《电镀污染物排放标准》，具体执行数据见表 7-25，水处理设备设计效果图如图 7-21 所示。

表 7-25　污染物排放标准

序号	污染物项目	排放浓度限值	污染物排放监控位置
1	总铬/（mg/L）	1.0	
2	六价铬/（mg/L）	0.2	
3	总镍/（mg/L）	0.5	车间或生产设施废水排放口
4	总镉/（mg/L）	0.05	
5	总银/（mg/L）	0.3	

（续）

序号	污染物项目	排放浓度限值	污染物排放监控位置
6	总铅/（mg/L）	0.2	车间或生产设施废水排放口
7	总汞/（mg/L）	0.01	
8	总铜/（mg/L）	0.5	企业废水总排放口
9	总锌/（mg/L）	1.5	
10	总铁/（mg/L）	3.0	
11	总铝/（mg/L）	3.0	
12	pH 值	6~9	
13	悬浮物/（mg/L）	50	
14	化学需氧量/（mg/L） COD$_{Cr}$	80	
15	氨氮/（mg/L）	15	
16	总氮/（mg/L）	20	
17	总磷/（mg/L）	1.0	
18	石油类/（mg/L）	3.0	

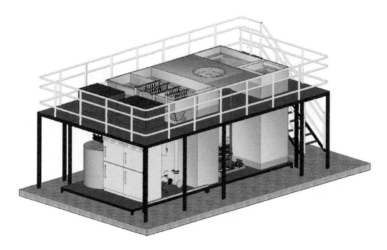

图 7-21　水处理设备设计效果图

▶▶ 5. 废水处理工艺流程

废水处理工艺流程如图 7-22 和图 7-23 所示。

工艺流程说明：

1）废水提升至 pH 调节池，根据废水的酸碱度进行 pH 调节，废水自流进入一体化电凝聚设备反应器内，将废水中重金属去除后达标排放。污泥经过压滤机压滤后交由有资质的单位处理。

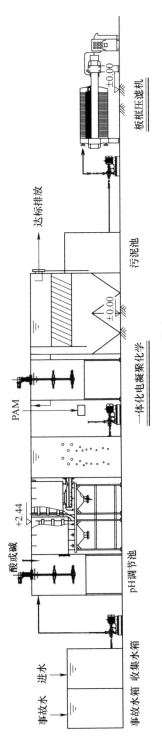

图 7-22 达标治理工艺流程图

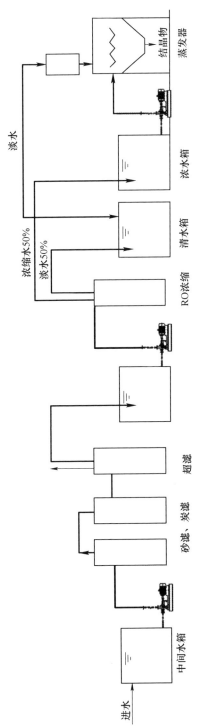

图 7-23 回用治理工艺流程图

2）处理后达标废水再经过砂滤、炭滤、超滤过滤去除微小悬浮物后进入 RO 浓缩装置（采用浓缩高压膜），浓缩后的废水再经过蒸发器蒸发，淡水回收。

6. 废气处理工艺流程

酸雾（含氯废气）──→风管──→风机──→碱液吸收塔──→废水──→废气达标。

7. 废气、废水处理设备

一体化电凝聚设备见表 7-26。

表 7-26　一体化电凝聚设备

序号	名称	主要设备	主要参数	单位	数量	备注
1	pH 调节池	进水泵	$Q=1.5m^3/h$，$H=10m$	台	2	1用1备
		PE 水箱	$V=5m^3$	个	1	PE 材质
		pH 反应槽	$V=0.3m^3$	个	2	PP 材质
		加药泵	$Q=20L/h$	台	2	1用1备
		反应搅拌器	钢制衬塑料	套	2	
2	一体化电凝聚技术	电凝聚技术反应系统	5.5kW	套	2	主体 PP 材质
		增氧系统	$V=0.6m^3$	套	1	含增氧机，池体构造为 PP 材质
		旋流絮凝系统	$V=0.3m^3$	套	1	主体 PP 材质
		自动加药系统	$Q=60L/h$	套	1	耐蚀加药泵
		固液分离系统	$V=4m^3$	套	1	主体 PP 材质，含排泥系统
3	污泥泵	污泥泵	$Q=6m^3/h$	台	1	
4	压滤机	压滤机	$6m^2$	台	1	
5	电气及自控系统	PLC 自控系统		套	1	
		GGD 电控系统		套	1	
6	其他	管道、阀门、电缆		套	1	

废水回收设备见表 7-27。

废气处理设备见表 7-28。

表 7-27　废水回收设备

序号	名称	主要设备	主要参数	单位	数量
1	砂滤、炭滤系统	进水泵	$Q=1.5\text{m}^3/\text{h}$, $H=10\text{m}$	台	2
		石英石过滤器	$Q=1\text{m}^3/\text{h}$	台	1
		活性炭过滤器	$Q=1\text{m}^3/\text{h}$	台	2
		PE 水箱	2m^3	个	1
2	UF 系统	UF 系统	$Q=1\text{m}^3/\text{h}$	套	1
		反洗泵	$Q=3\text{m}^3/\text{h}$, $H=10\text{m}$	台	1
		水箱	2m^3	个	1
3	高压 RO 浓缩设备	高压泵	5.5kW	台	1
		RO 装置	$Q=1\text{m}^3/\text{h}$	套	1
		PE 水箱	$Q=1\text{m}^3/\text{h}$	个	2
		自动加药系统	$Q=60\text{L}/\text{h}$	套	1
4	蒸发装置	蒸发器	$Q=0.125\text{m}^3/\text{h}$,	台	1
		冷却器		台	1
		加热器	55kW	台	1
5	电气及自控系统	PLC 自控系统		套	1
		GGD 电控系统		套	1
6	其他	管道、阀门、电缆		套	1

表 7-28　废气处理设备

序号	设备名称	主要参数	单位	数量
1	含氯废气处理塔	主塔规格：ϕ1200mm×3500mm（BLS 或同等产品）×2 套；风机：PP-HY-F4-72-7.5kW；循环水泵：$Q=23\text{m}^3/\text{h}$, $H=22\text{m}$, 1.5kW，自动补水系统（一次来水客户提供，川源或同等产品）；气液交换器：鲍尔环（PP）；投药箱：500mm×500mm×500mm（BLS 或同等产品）；加药阀：12L/h（韩国千世或同等产品）；pH 计：测定范围 0～14（FLS 或同等产品）；电器：1.5kW 交流接触器，6A 空开，过热保护；缺相保护风管：ϕ200mm 配作；收集罩：1200mm×600mm×250mm×2 组	套	2

（续）

序号	设备名称	主要参数	单位	数量
2	酸雾废气处理塔	主塔规格：φ1200mm×3500mm（BLS 或同等产品）×2 套；风机：PP-HY-F4-72-7.5kW；循环水泵：$Q = 23m^3/h$，$H = 22m$，1.5kW，自动补水系统（一次来水客户提供，川源或同等产品），气液交换器：鲍尔环（PP）；投药箱：500mm×500mm×500mm（BLS 或同等产品）；加药阀：12L/h（韩国千世或同等产品）；pH 计：测定范围 0 ~ 14（FLS 或同等产品）；电器：1.5kW 交流接触器，6A 空开，过热保护；缺相保护风管：φ200mm 配作；收集罩：1200mm×600mm×250mm×2 组	套	1

▶▶ 8. 项目运行成本估算

项目达标排放成本费用见表 7-29。

表 7-29　项目达标排放成本费用

序号	名称	处理/t 水费用（元）	年处理费用
1	药剂费用	6.0	每年废水产生量 1000t 计算，1000×6 元＝6000 元＝0.6 万元
2	污泥处理费用	5000	每年污泥量按 50t 计算，50×0.5 万元＝25 万元
3	耗电费用	2	2×1000 元＝2000 元＝0.2 万元
4	人工费用	50000	一班一人，三班三人，3×5 万元＝15 万元
5	易耗品	20	20×1000 元＝20000 元＝2 万元
合计			42.8 万元

废水回收运行成本见表 7-30。

表 7-30　废水回收运行成本

序号	名称	处理/t 水费用（元）	年处理费用
1	膜处理系统耗材费用	8	8×1000 元＝8000 元＝0.8 万元
2	耗电费用	400	400×1000 元＝400000 元＝40 万元
合计			40.8 万元

参 考 文 献

[1]《贵金属生产技术实用手册》编委会. 贵金属生产技术实用手册：上册［M］. 北京：冶金工业出版社，2011.

[2] 陈家镛. 湿法冶金手册 [M]. 北京：冶金工业出版社，2008.

[3] 李洪桂. 冶金原理 [M]. 北京：科学出版社，2005.

[4] 胡嘉琦，胡彪，符永高，等. 电加热丝切割显像管装置：CN200820206115.6 [P]. 2009-11-25.

[5] 符永高，赵新，胡嘉琦，等. 一种废旧电器回收处理系统及方法：CN200710032389.8 [P]. 2009-12-30.

[6] 胡嘉琦，符永高，廖见松，等. 一种废弃电器电子产品回收处理系统：CN201310564593.X [P]. 2014-04-16.

[7] 邓梅玲，胡嘉琦，符永高，等. 一种塔叠式废旧冰箱破碎设备：CNL201420599372.6 [P]. 2015-07-15.

[8] 王鹏程，赵新，符永高，等. 一种从底层电镀铜/镍材料中回收稀贵/惰性金属的方法：CN201410454635 [P]. 2016-03-17.

[9] 韩文生，刘阳，赵新，等. 从底层电镀铜/镍材料中回收稀贵/惰性金属的生产线：CN201510036651.0 [P]. 2015-06-03.

[10] 王鹏程，韩文生，刘阳，等. 一种用于回收废旧电路板中的金的脱金装置：CN201420514534.1 [P]. 2015-03-11.